教 育 部 首 批 课 程 思 政 示 范 课 成 果
教 育 部 产 学 合 作 协 同 育 人 项 目 成 果
配 套 国 家 高 等 教 育 智 慧 教 育 平 台 M O O C 课 程

Angular Web
前端框架开发基础

慕课版

杜春涛 著

案例驱动，轻松掌握知识点
配套MOOC+微视频

中国铁道出版社有限公司
CHINA RAILWAY PUBLISHING HOUSE CO., LTD.

内容简介

本书主要介绍了利用 Angular 框架开发 Web 应用程序的方法，通过案例方式介绍了 TypeScript 编程基础和 Angular Web 开发。全书共分为 7 章，设计了 44 个案例，主要内容包括 TypeScript 编程基础，Angular 编程基础，数据绑定及数据传递，指令与表单，类、服务和依赖注入，装饰器、管道、路由和生命周期函数以及 Ng-Zorro-Antd 组件库和服务器部署。每个案例都采用案例描述→实现效果→案例实现→知识要点的讲解步骤，符合读者的一般认知规律，让读者能够快速掌握 Angular 框架开发方法。本书配有 MOOC（"国家高等教育智慧教育平台"上线），书中所有案例都配有微视频，通过扫码即可观看。

本书适合作为高等院校 Web 开发相关课程的教材，也可以作为 Angular Web 开发爱好者的入门参考书。

图书在版编目（CIP）数据

Angular Web 前端框架开发基础：慕课版/杜春涛著. —北京：
中国铁道出版社有限公司，2022.6
ISBN 978-7-113-29101-3

Ⅰ.①A… Ⅱ.①杜… Ⅲ.①网页制作工具－程序设计
Ⅳ.①TP392.092.2

中国版本图书馆 CIP 数据核字（2022）第 074055 号

书　　名：Angular Web 前端框架开发基础（慕课版）
作　　者：杜春涛

策划编辑：贾　星	编辑部电话：（010）63549501
责任编辑：贾　星	
封面设计：刘　颖	
责任校对：孙　玫	
责任印制：樊启鹏	

出版发行：中国铁道出版社有限公司（100054，北京市西城区右安门西街 8 号）
网　　址：http://www.tdpress.com/51eds/

印　　刷：三河市国英印务有限公司

版　　次：2022 年 6 月第 1 版　2022 年 6 月第 1 次印刷
开　　本：787 mm×1 092 mm　1/16　印张：17.75　字数：454 千
书　　号：ISBN 978-7-113-29101-3
定　　价：60.00 元

版权所有　侵权必究

凡购买铁道版图书，如有印制质量问题，请与本社教材图书营销部联系调换。电话：（010）63550836
打击盗版举报电话：（010）63549461

前言

Angular 是一个基于 TypeScript 构建的应用设计框架与开发平台，用于创建高效、复杂、精致的单页面应用。它包括：一个基于组件的框架，用于构建可伸缩的 Web 应用；一组完美集成的库，涵盖各种功能，包括路由、表单管理、客户端 – 服务器通信等；一套开发工具，可帮助开发、构建、测试和更新代码。它横跨所有平台，通过 Web Worker 和服务端渲染能够达到如今（以及未来）的 Web 平台上所能达到的最高速度，使用简单的声明式模板快速实现各种特性，在几乎所有的 IDE 中获得针对 Angular 的即时帮助和反馈，受到百万用户的热捧。

本书共 7 章，全部采用案例方式进行介绍。

第 1 章：TypeScript 编程基础。本章首先介绍了 TypeScript 及其开发环境的搭建，然后设计了 9 个案例，演示了 TypeScript 项目的创建、代码编写、编译及运行过程，以及 TypeScript 数据类型（包括字符串类型、数值型、布尔型、数组、元组、枚举等）、函数（包括无参函数、有参函数、可选参数函数、默认参数函数、剩余参数函数、重载函数和箭头函数）、类和对象（包括类的定义、对象的创建与使用、静态属性和静态方法、类的继承、抽象类和抽象方法等）、接口（包括属性接口、函数接口和类接口）、泛型（包括泛型函数、泛型类、泛型函数接口）、模块和命名空间、类装饰器（包括普通类装饰器和类装饰器工厂）的定义及使用方法。

第 2 章：Angular 编程基础。本章首先介绍了 Angular 的发展历程、特点、功能和三驾马车，然后设计了 4 个案例，主要演示了 Angular 的基本编程方法，包括：文本与图片的使用方法、Flex 布局、组件的创建和布局等。

第3章：数据绑定及数据传递。本章设计了6个案例，主要演示了数据绑定、事件绑定、属性绑定、双向数据传递、模板文件向逻辑文件传值的工作原理和实现方法。

第4章：指令与表单。本章设计了10个案例，主要演示了指令（包括ngStyle、ngClass、ngIf、ngSwitch、ngFor）、模板式表单、复选框、单选按钮和表单以及其他组件的使用方法。

第5章：类、服务和依赖注入。本章设计了5个案例，演示了类、服务和依赖注入的功能和使用方法。

第6章：装饰器、管道、路由和生命周期函数。本章设计了6个案例，演示了装饰器、管道、路由和生命周期函数的功能和使用方法。

第7章：Ng-Zorro-Antd组件库和服务器部署。本章设计了4个案例，演示了Ng-Zorro-Antd组件库中各种组件的功能和使用方法，以及将利用Angular设计的网站部署到服务器的方法。

本书采用MOOC+微课模式，配套MOOC及资源都已经在"国家高等教育智慧教育平台"上线，读者也可以直接扫描书中的二维码观看每个案例的教学视频。本书由杜春涛教授编写，在编写过程中，南京师范大学泰州学院倪红军副教授提供了一些重要资源，北方工业大学康守冲和白帆两位研究生设计了部分案例，中国铁道出版社有限公司的编辑给了大力支持和帮助，在此表示衷心感谢。

限于编者水平，加之时间仓促，书中难免存在疏漏和不足之处，恳请各位专家、老师、学者和广大读者批评指正。

本书受2022年北方工业大学教材出版基金、教育部产学合作协同育人项目（项目编号：202102183001、202102183006）、全国高等院校计算机基础教育研究会项目（中国铁道出版社有限公司支持，项目编号：2021-AFCEC-002、2022-AFCEC-004）、北京市高等教育学会重点项目（项目编号：ZD202110）支持。

著　者

2022年1月

目录

第 1 章　TypeScript 编程基础 / 1

1.1　TypeScript 概述 / 1
　　1.1.1　TypeScript 简介 / 1
　　1.1.2　开发环境搭建 / 2
1.2　案例：Hello World / 9
　　1.2.1　案例描述 / 9
　　1.2.2　实现效果 / 9
　　1.2.3　案例实现 / 9
　　1.2.4　知识要点 / 10
1.3　案例：数据类型 / 10
　　1.3.1　案例描述 / 10
　　1.3.2　实现效果 / 10
　　1.3.3　案例实现 / 11
　　1.3.4　知识要点 / 13
1.4　案例：函数 / 14
　　1.4.1　案例描述 / 14
　　1.4.2　实现效果 / 14
　　1.4.3　案例实现 / 15
　　1.4.4　知识要点 / 16
1.5　案例：类和对象 / 20
　　1.5.1　案例描述 / 20
　　1.5.2　实现效果 / 20
　　1.5.3　案例实现 / 21
　　1.5.4　知识要点 / 23
1.6　案例：接口 / 25

1.6.1 案例描述 / 25
1.6.2 实现效果 / 25
1.6.3 案例实现 / 25
1.6.4 知识要点 / 28
1.7 案例：泛型 / 29
1.7.1 案例描述 / 29
1.7.2 实现效果 / 29
1.7.3 案例实现 / 29
1.7.4 知识要点 / 30
1.8 案例：类、接口和泛型的综合应用 / 31
1.8.1 案例描述 / 31
1.8.2 实现效果 / 31
1.8.3 案例实现 / 31
1.8.4 知识要点 / 32
1.9 案例：模块和命名空间 / 33
1.9.1 案例描述 / 33
1.9.2 实现效果 / 33
1.9.3 案例实现 / 33
1.9.4 知识要点 / 35
1.10 案例：类装饰器 / 36
1.10.1 案例描述 / 36
1.10.2 实现效果 / 36
1.10.3 案例实现 / 36
1.10.4 知识要点 / 37

习题一 / 37

第 2 章　Angular 编程基础 / 45

2.1 Angular 简介 / 45
2.1.1 Angular 的发展历程 / 45
2.1.2 Angular 的特点 / 47
2.1.3 Angular 的功能 / 47
2.1.4 Angular 的三驾马车 / 47
2.1.5 Angular 的核心概念 / 47
2.2 案例：编程基础——Hello Angular / 48
2.2.1 案例描述 / 48

2.2.2　实现效果 / 48
　　　2.2.3　案例实现 / 48
　　　2.2.4　知识要点 / 50
　2.3　案例：编程基础——文本与图片 / 51
　　　2.3.1　案例描述 / 51
　　　2.3.2　实现效果 / 51
　　　2.3.3　案例实现 / 52
　　　2.3.4　知识要点 / 53
　2.4　案例：编程基础——Flex 布局 / 53
　　　2.4.1　案例描述 / 53
　　　2.4.2　实现效果 / 53
　　　2.4.3　案例实现 / 54
　　　2.4.4　知识要点 / 57
　2.5　案例：创建组件——多组件布局 / 59
　　　2.5.1　案例描述 / 59
　　　2.5.2　实现效果 / 59
　　　2.5.3　案例实现 / 59
　　　2.5.4　知识要点 / 60
　习题二 / 61

第 3 章　数据绑定及数据传递 / 67

　3.1　案例：数据与事件绑定——计时器 / 67
　　　3.1.1　案例描述 / 67
　　　3.1.2　实现效果 / 67
　　　3.1.3　案例实现 / 68
　　　3.1.4　知识要点 / 70
　3.2　案例：属性与事件绑定——图片与声音 / 71
　　　3.2.1　案例描述 / 71
　　　3.2.2　实现效果 / 71
　　　3.2.3　案例实现 / 73
　　　3.2.4　知识要点 / 75
　3.3　案例：数据和属性绑定——动态格式设置 / 75
　　　3.3.1　案例描述 / 75
　　　3.3.2　实现效果 / 75
　　　3.3.3　案例实现 / 76
　　　3.3.4　知识要点 / 79

3.4 案例：双向数据传递——摄氏/华氏温度转换器 / 80
    3.4.1 案例描述 / 80
    3.4.2 实现效果 / 80
    3.4.3 案例实现 / 80
    3.4.4 知识要点 / 84

3.5 案例：双向数据传递——三角形面积计算器 / 85
    3.5.1 案例描述 / 85
    3.5.2 实现效果 / 85
    3.5.3 案例实现 / 85
    3.5.4 知识要点 / 88

3.6 案例：模板文件向逻辑文件传值——数学公式计算 / 88
    3.6.1 案例描述 / 88
    3.6.2 实现效果 / 88
    3.6.3 案例实现 / 89
    3.6.4 知识要点 / 91

习题三 / 91

第 4 章　指令与表单 / 95

4.1 案例：ngStyle 指令——自动随机变化的颜色 / 95
    4.1.1 案例描述 / 95
    4.1.2 实现效果 / 95
    4.1.3 案例实现 / 96
    4.1.4 知识要点 / 98

4.2 案例：ngClass 指令——页面布局 / 99
    4.2.1 案例描述 / 99
    4.2.2 实现效果 / 99
    4.2.3 案例实现 / 100
    4.2.4 知识要点 / 103

4.3 案例：ngIf 指令——阶乘计算器 / 103
    4.3.1 案例描述 / 103
    4.3.2 实现效果 / 103
    4.3.3 案例实现 / 104
    4.3.4 知识要点 / 106

4.4 案例：ngSwitch 指令——选择颜色 / 107
    4.4.1 案例描述 / 107

4.4.2　实现效果 / 107
　　　4.4.3　案例实现 / 108
　　　4.4.4　知识要点 / 111
　4.5　案例：ngIf 和 ngSwitch——成绩等级计算器 / 111
　　　4.5.1　案例描述 / 111
　　　4.5.2　实现效果 / 111
　　　4.5.3　案例实现 / 112
　　　4.5.4　知识要点 / 114
　4.6　案例：ngFor 指令——神舟飞船载人航天历程 / 114
　　　4.6.1　案例描述 / 114
　　　4.6.2　实现效果 / 114
　　　4.6.3　案例实现 / 114
　　　4.6.4　知识要点 / 116
　4.7　案例：ngIf 和 ngFor 指令——打印九九乘法表 / 117
　　　4.7.1　案例描述 / 117
　　　4.7.2　实现效果 / 117
　　　4.7.3　案例实现 / 118
　　　4.7.4　知识要点 / 119
　4.8　案例：模板式表单——个人信息管理 / 120
　　　4.8.1　案例描述 / 120
　　　4.8.2　实现效果 / 120
　　　4.8.3　案例实现 / 120
　　　4.8.4　知识要点 / 122
　4.9　案例：复选框和单选按钮——设置字体样式和大小 / 126
　　　4.9.1　案例描述 / 126
　　　4.9.2　实现效果 / 126
　　　4.9.3　案例实现 / 127
　　　4.9.4　知识要点 / 129
　4.10　案例：表单综合应用——代办事项 / 130
　　　4.10.1　案例描述 / 130
　　　4.10.2　实现效果 / 130
　　　4.10.3　案例实现 / 131
　　　4.10.4　知识要点 / 133
　习题四 / 133

第 5 章　类、服务和依赖注入 / 138

5.1 案例：创建类——数据管理 / 138
5.1.1 案例描述 / 138
5.1.2 实现效果 / 138
5.1.3 案例实现 / 139
5.1.4 知识要点 / 140

5.2 案例：服务——宠物商店 / 140
5.2.1 案例描述 / 140
5.2.2 实现效果 / 140
5.2.3 案例实现 / 141
5.2.4 知识要点 / 143

5.3 案例：服务和依赖注入——产品展示 / 143
5.3.1 案例描述 / 143
5.3.2 实现效果 / 143
5.3.3 案例实现 / 144
5.3.4 知识要点 / 147

5.4 案例：服务和依赖注入——子组件向父组件传值 / 150
5.4.1 案例描述 / 150
5.4.2 实现效果 / 150
5.4.3 案例实现 / 151
5.4.4 知识要点 / 154

5.5 案例：服务和依赖注入——随机数 / 154
5.5.1 案例描述 / 154
5.5.2 实现效果 / 154
5.5.3 案例实现 / 155
5.5.4 知识要点 / 158

习题五 / 159

第 6 章　装饰器、管道、路由和生命周期函数 / 161

6.1 案例：Input 装饰器——父组件向子组件传值 / 161
6.1.1 案例描述 / 161
6.1.2 实现效果 / 161
6.1.3 案例实现 / 162

6.1.4 知识要点 / 164

6.2 案例：Input 和 ViewChild 装饰器——父子组件之间的通信 / 165

    6.2.1 案例描述 / 165

    6.2.2 实现效果 / 165

    6.2.3 案例实现 / 165

    6.2.4 知识要点 / 169

6.3 案例：ViewChild 装饰器——获取 Dom 节点和与子组件通信 / 171

    6.3.1 案例描述 / 171

    6.3.2 实现效果 / 171

    6.3.3 案例实现 / 172

    6.3.4 知识要点 / 175

6.4 案例：管道——数据格式化 / 177

    6.4.1 案例描述 / 177

    6.4.2 实现效果 / 177

    6.4.3 案例实现 / 177

    6.4.4 知识要点 / 181

6.5 案例：路由——组件间跳转 / 183

    6.5.1 案例描述 / 183

    6.5.2 实现效果 / 183

    6.5.3 案例实现 / 185

    6.5.4 知识要点 / 190

6.6 案例：生命周期函数——函数的执行顺序 / 193

    6.6.1 案例描述 / 193

    6.6.2 实现效果 / 193

    6.6.3 案例实现 / 196

    6.6.4 知识要点 / 198

习题六 / 199

第 7 章 Ng-Zorro-Antd 组件库和服务器部署 / 203

7.1 案例：Ng-Zorro-Antd——按钮、图标和分隔线 / 203

    7.1.1 案例描述 / 203

    7.1.2 实现效果 / 203

    7.1.3 案例实现 / 204

    7.1.4 知识要点 / 208

7.2 案例：Ng-Zorro-Antd——页面布局 / 209

　　　　　7.2.1　案例描述 / 209

　　　　　7.2.2　实现效果 / 209

　　　　　7.2.3　案例实现 / 210

　　　　　7.2.4　知识要点 / 216

　　7.3　案例：Ng-Zorro-Antd——组件综合应用 / 217

　　　　　7.3.1　案例描述 / 217

　　　　　7.3.2　实现效果 / 217

　　　　　7.3.3　案例实现 / 222

　　　　　7.3.4　知识要点 / 238

　　7.4　案例：服务器部署——网站发布 / 260

　　　　　7.4.1　案例描述 / 260

　　　　　7.4.2　实现效果 / 260

　　　　　7.4.3　案例实现 / 261

　　　　　7.4.4　知识要点 / 263

　　习题七 / 263

附　　录　习题参考答案 / 269

参考文献　/ 272

第 1 章
TypeScript 编程基础

本章概要

本章首先对 TypeScript 进行了介绍，然后设计了 9 个教学案例，演示了利用 TypeScript 进行程序设计的方法，以及 TypeScript 数据类型、函数、类和对象、接口、泛型、模块和命名空间、类装饰器的功能及使用方法。

学习目标

◆ 掌握 Angular 开发环境的配置方法。
◆ 掌握 TypeScript 程序设计的基本方法。
◆ 掌握 TypeScript 数据类型、函数、类和对象、接口、泛型、模块和命名空间以及类装饰器的功能及使用方法。

1.1 TypeScript 概述

1.1.1 TypeScript 简介

TypeScript 是微软开发的一个开源和跨平台的编程语言，设计目标是开发大型应用。它可以编译成纯 JavaScript，编译出来的 JavaScript 可以运行在任何浏览器和操作系统上。

TypeScript 添加了很多尚未正式发布的 ECMAScript 新特性（如装饰器等），扩展了 JavaScript 语法，是 JavaScript 的一个超集，遵循最新的 ES6、ES5 规范，如图 1.1 所示。任何现有的 JavaScript 程序可以运行在 TypeScript 环境中。

TypeScript 支持为已存在的 JavaScript 库添加类型信息的头文件，扩展了它对于流行库的支持，如 jQuery、MongoDB、Node.js 和 D3.js 等。这些第三方库的类型定义本身也是开源的，所有开发者都能参与贡献。

谷歌也在大力支持 TypeScript 的推广，谷歌的 Angular 2.x+ 就是基于 TypeScript 语法的。最新的 Vue、React、微信小程序等也都集成了 TypeScript。NodeJS 框架 NestJS、Midway 中使用的都是 TypeScript 语法。

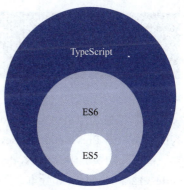

图 1.1 TypeScript 是 ES6 和 ES5 的超集

1.1.2 开发环境搭建

Angular 开发环境包含了 TypeScript 开发环境，因此这里仅介绍 Angular 开发环境的搭建。搭建 Angular 开发环境需要安装以下软件：Node.js、NPM、CNPM、TypeScript、Typings、Angular CLI、Visual Studio Code（以下简称 VS Code）、ts-node、rimraf 等。其中必须安装的软件包括：Node.js、TypeScript、Angular CLI 和 VS Code。

1. 安装 Node.js

Node 就是 JavaScript 语言在服务器端的运行环境（类似于 Java 的 JVM），可以用来构建 Web 服务应用、操作文件、操作网络等。

（1）下载并安装 Node.js。打开 Node.js 的官方网站：https://nodejs.org/en/，如图 1.2 所示。网站会根据你的操作系统类型弹出一些相应的 Node.js 版本。图中是 Windows 系统下的两种版本，一种是 LTS（Long Term Support）类型，即长期支持类型的版本，优先选择这种类型的版本，另一种是 Current，即最新版本。目前这两种类型的版本号分别是 16.13.1 和 17.3.0，需要在 Windows 8 以上的操作系统上安装。

图 1.2 Node.js 软件下载

如果你的操作系统是 Windows 7 及以下的版本，则单击 Other Downloads 链接，在打开的页面中单击 Previous Releases 链接，如图 1.3 所示。

在打开的页面中选择 Node.js 12.20.1 版本，如果是 64 位 Windows 7 操作系统，可以选择 node-v12.20.1-x64.msi 版本，下载完成后即可进行安装。

（2）NPM 自动安装。NPM（Node Package Manager，节点包管理器）是 NodeJS 的包管理器，用于节点插件的管理（包括安装、卸载和管理依赖等）。NPM 是随同新版的

NodeJS 一起安装的包管理工具，能解决 NodeJS 代码部署上的很多问题，常见的使用场景有以下几种：

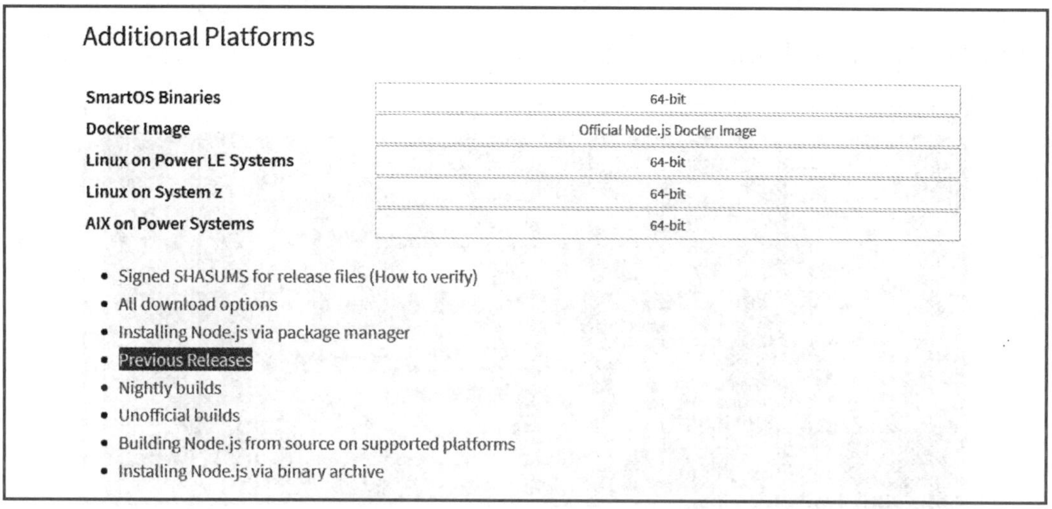

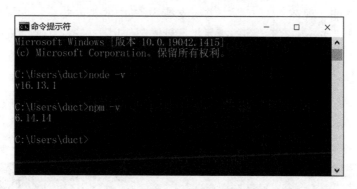

图 1.3 以前版本软件下载

◆ 允许用户从 NPM 服务器下载别人编写的第三方包到本地使用。
◆ 允许用户从 NPM 服务器下载并安装别人编写的命令行程序到本地使用。
◆ 允许用户将自己编写的包或命令行程序上传到 NPM 服务器供别人使用。

安装完 NodeJS 后，可以直接在命令窗口通过 node -v 命令查看 NodeJS 的版本号和通过 npm -v 命令查看 NPM 的版本号来测试是否成功安装，如图 1.4 所示。

图 1.4 查看 Node.JS 和 NPM 的版本号

（3）安装 CNPM。NPM 安装插件是从 NPM 官网下载对应的插件包，该网站的服务器在国外，经常会出现下载缓慢或异常情况，阿里巴巴的淘宝团队把 NPM 官网的插件都同步到了中国的服务器，即 CNPM，从这个服务器上可以稳定地下载资源。CNPM 同样是 NPM 的一个插件，安装时需要在 cmd 命令行控制台执行以下命令：

```
npm install -g cnpm --registry = https://registry.npm.taobao.org
```

安装完成后，可以通过以下命令查看版本号：

```
cnpm -v
```

如果安装成功，查看版本号的结果如图 1.5 所示。

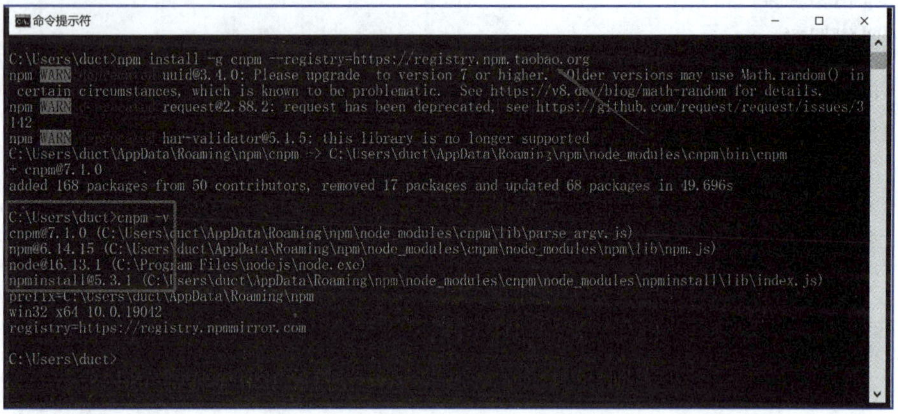

图 1.5　查看 CNPM 的版本号

2. 安装 TypeScript 和 Typings

TypeScript 是 JavaScript 的强类型版本，它可以在编译时去掉类型和特有的语法生成纯粹的 JavaScript，由于最终在浏览器运行的仍然是 JavaScript，所以 TypeScript 并不依赖于浏览器的支持，也不会带来兼容性问题。2016 年 9 月底发布的 Angular 2 框架就是由 TypeScript 编写的。

Node.js 的 Typings 工具，可以用于 VS Code 的代码补全，VS Code 默认只有 ES 原生 API 带有自动补全的功能。现在，V1.9 版本默认支持 NodeJS 的智能补全。如果想获取 JQuery、NodeJS、RequireJS、Express 等更多的提示扩展就需要使用 Typings 工具。安装方法如下：

```
npm install -g TypeScript typings
```

安装成功后，可以通过 tsc -v 和 typings -v 命令测试两种工具是否安装成功及其版本号，如图 1.6 所示。

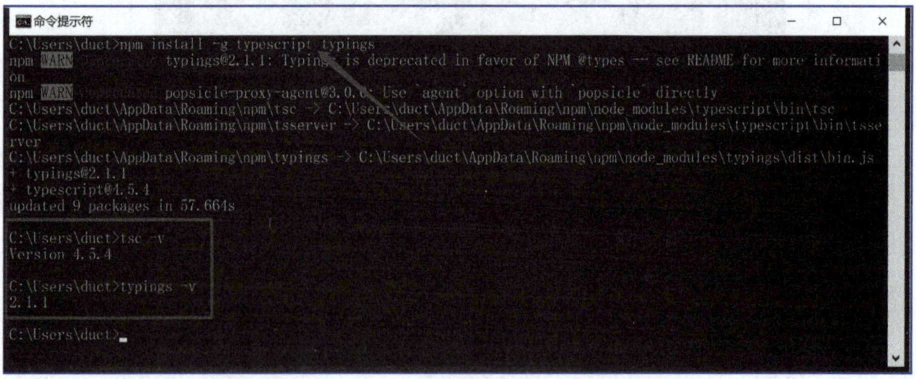

图 1.6　查看 TypeScript 和 Typings 版本号

3. 安装 Angular CLI

关于 Angular 版本，Angular 官方已经统一命名，Angular 1.x 统一为 Angular JS，Angular 2.x 及以上统称 Angular。

CLI 是 Command Line Interface 的简写，是一种命令行接口，实现自动化开发流程，如 Ionic CLI、Vue CLI 等。它可以创建项目、添加文件以及执行其他开发任务，如测试、打包和发布等。

（1）安装 Angular CLI，使用命令：

```
npm install -g @angular/cli
```

查看版本号，使用 ng v 命令，如果安装成功，将出现图 1.7 所示的界面。

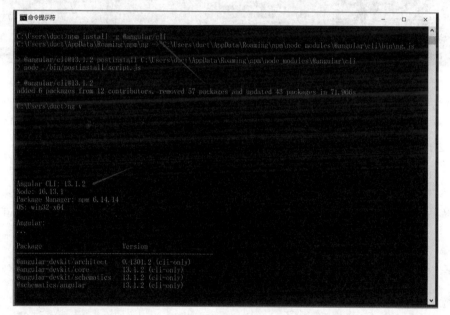

图 1.7 Angular CLI 安装及查看版本号

如果安装失败，先利用以下命令卸载，然后重新安装。

```
npm uninstall -g @angular/cli
```

（2）安装 ts-node，该命令可以直接运行 ts 文件，相当于将 ts 文件编译成 js 文件，然后运行 js 文件。利用以下命令进行安装：

```
npm install -g ts-node
```

安装完成后，可以使用以下命令查看是否安装成功及其版本号：

```
ts-node -v
```

如果安装成功，将显示版本号，如图 1.8 所示。

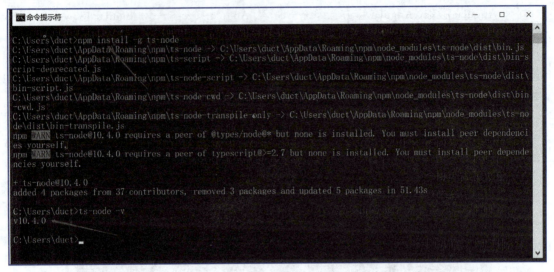

图 1.8　ts-node 的安装及版本号的查看

（3）安装 rimraf 命令。该命令可以快速删除 node_modules 文件夹。如果对项目结构和内容进行修改，一般情况下需要删除项目中原有的 node_modules 文件夹，直接删除往往需要较长时间，因此可以通过 rimraf 命令删除。安装命令如下：

```
npm install -g rimraf
```

安装好 rimraf 命令后，即可进入 node_modules 的上一级文件夹删除 node_modules，命令如下：

```
rimraf node_modules
```

4. 下载安装 VS Code

VS Code 是 Microsoft 在 2015 年 4 月 30 日 Build 开发者大会上正式宣布的运行于 Mac OS X、Windows 和 Linux 之上的，针对于编写现代 Web 和云应用的跨平台源代码编辑器。它具有对 JavaScript、TypeScript 和 Node.js 的内置支持，并具有丰富的其他语言（如 C++、C#、Java、Python、PHP、Go）和运行时（如 .NET 和 Unity）扩展的生态系统。

该编辑器集成了现代编辑器所应该具备的特性，包括：语法高亮（syntax high lighting）、可定制的热键绑定（customizable keyboard bindings）、括号匹配（bracket matching）以及代码片段收集（snippets）、对 Git 开箱即用的支持。VS Code 提供了丰富的快捷键，用户可通过快捷键【Ctrl + K + S】（按住【Ctrl】键不放，再按字母【K】键和【S】键）调出快捷键面板，查看全部的快捷键定义。支持多种语言和文件格式的编写，截至 2019 年 9 月，已经支持 37 种语言或文件。

（1）下载。打开 VS Code 官网：https://code.visualstudio.com/，如图 1.9 所示，根据操作系统版本直接下载安装。

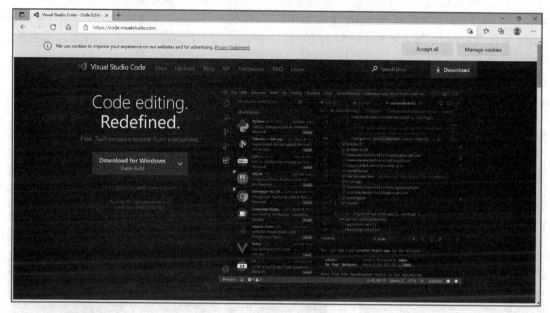

图 1.9　VS Code 软件下载界面

（2）安装。双击下载后的程序，按照向导进行安装即可。安装后，打开 VS Code 界面，如图 1.10 所示。左侧的按钮从上到下分别表示 Explorer、Search、Source Control、Run、Extensions。

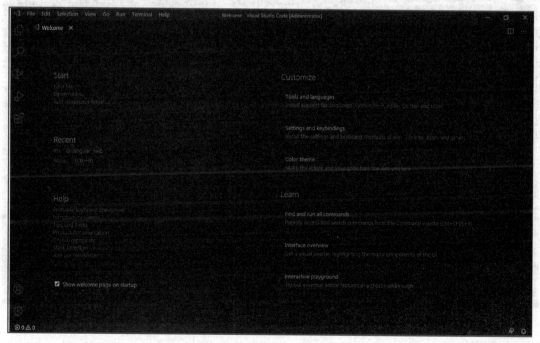

图 1.10　VS Code 初次运行界面

（3）安装Chinese(Simplified) Language插件。如果想使用中文界面，需要安装中文插件，安装方法是单击界面左侧的Extensions按钮，在弹出的图1.11所示的Search Extensions in Marketplace输入框中输入Chinese(Simplified) Language，找到该插件后单击Install按钮安装。安装完成后会要求自动启动中文插件，单击"启动"按钮即可。如果没有提示启动中文插件，则按【F1】键，在出现的图1.12所示界面中选择Configure Display Language，然后选择zh-cn，此时要求重新启动软件，启动后的中文界面如图1.13所示。

图1.11 VS Code安装插件界面

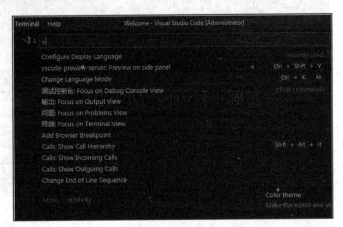

图1.12 VS Code配置显示语言界面

图1.13 VS Code中文界面

（4）安装Debugger for Chrome插件。如果要使用Chrome浏览器运行Angular项目，需要在VS Code中安装Debugger for Chrome插件。单击界面左侧的"扩展"按钮（快捷键为

【Ctrl+Shift+X】），在上面的文本框中输入 Debugger for Chrome 进行搜索，找到后单击"安装"按钮安装即可。

（5）安装 Angular Snippets 插件。该插件可以实现 html 和 ts 文件的代码提示功能。

（6）安装 Angular Language Service 插件。编辑器会自动检测到正在打开 Angular 文件。然后使用 Angular Language Service 读取 tsconfig.json 文件，查找应用程序中具有的所有模板，然后为打开的任何模板提供以下服务：

- ◇ 自动补全功能。可以在输入内容时提供上下文可能性和提示，从而可以缩短开发时间。
- ◇ 错误检查。警告代码中的错误。
- ◇ 查看定义和快速定位。可以将鼠标悬停以查看组件、指令、模块等的来源。然后单击"转到定义"按钮或按【F12】键直接转到定义。

（7）安装 formate: CSS/LESS/SCSS formatter 插件。可用于 CSS/LESS/SCSS 文件的格式化。

1.2 案例：Hello World

1.2.1 案例描述

设计一个 TypeScript 案例，案例运行后显示：Hello World。

1.2.2 实现效果

案例实现后的效果如图 1.14 所示。从图中可以看出，在窗口右下角的终端窗口第一次运行时显示 Hello，第二次运行时显示 Hello World。窗口中下部的终端窗口在随时监视代码窗口中的变化，一旦有变化，当保存代码时就会将 ts 代码编译成 js 文件，利用 node 命令执行 js 文件就会显示最终的结果。

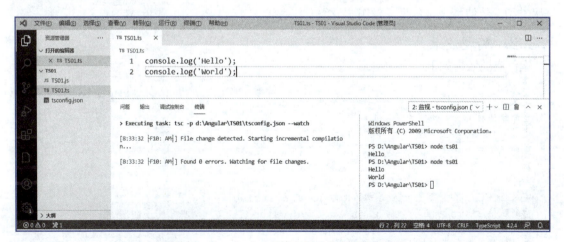

图 1.14　TypeScript 环境配置后的案例实现效果

1.2.3 案例实现

（1）创建项目。利用 VS Code 打开某一个文件夹（可以提前创建好，也可以在打开过程中创建），这里的文件夹假设为 tsConfig。

（2）创建 ts 文件。在 VS Code 资源管理器中单击"新建文件"按钮或单击菜单：文件→新建文件，假设文件名为 TS01.ts（注：文件扩展名必须为 ts），然后打开该文件并在其中输入代码后保存，此时没有生成 js 文件。

（3）生成配置文件。在 VS Code 终端利用命令：tsc --init 生成配置文件 tsconfig.json。

（4）监视 tsconfig.json 文件。单击：终端→运行任务→ TypeScript → tsc: 监视 -tsconfig.json，此时的 ts 文件将自动编译成 js 文件，并实时监视 ts 文件的变化，当 ts 文件中的代码发生变化并进行保存时，ts 文件将自动编译成 js 文件。

（5）运行 js 文件。单击终端窗口右侧的"拆分终端"工具（或者使用快捷键【Ctrl+Shift+5】），在新出现的另一个终端窗口中利用 node 命令运行 js 文件，如本案例执行：node ts01，就会显示运行结果，如图 1.14 所示。

1.2.4　知识要点

（1）项目创建方法。
（2）ts 文件创建方法。
（3）生成配置文件的方法。
（4）监视 ts 文件的方法。
（5）运行 js 文件的方法。

1.3　案例：数据类型

数据类型

1.3.1　案例描述

设计一个案例，演示 TypeScript 各种数据类型的定义和使用的方法。数据类型包括：字符串类型、数值型、布尔型、数组、元组、枚举等。

1.3.2　实现效果

案例实现效果如下：

```
定义 boolean 类型变量 bool 并初始化为: true
重新赋值后 bool 的值为: false
定义 number 类型变量 num 并初始化为: 10
重新赋值后 num 的值为: 21.5
11
2607
定义 string 类型变量 str 并初始化为: hello string
重新赋值后 str 的值为: this is another value
今天是 中国共产党 成立 100 周年纪念日
定义数值型数组并初始化为: 1,2,3,4,5
重新赋值后 arr 的值为: 1.1,2.2,3.3,4.4
另一种方式定义字符串数组 arr2 并初始化为: aa,bb,cc,dd
重新赋值后 arr2 的值为: xxx,yyy,zzz
xxx
北方工业大学
```

```
[ '北方工业大学', 110 ]
0
4
8
定义any类型变量arr3并初始化为: 100
arr3重新赋值为: 中国,1949,true
first = 10, second = 20
first = 20, second = 10
hello
world
```

1.3.3 案例实现

案例代码实现如下:

```
/* 案例TS02: 变量定义及使用方法 */

// 布尔类型示例
let bool: boolean = true;         // 定义布尔型变量bool
console.log("定义boolean类型变量bool并初始化为: " + bool);   // 打印bool的值
bool = false;                     // 修改变量b1的值
console.log("重新赋值后bool的值为: " + bool);    // 打印修改后bool的值
// bool = 1;                      // 报错,不能把数字赋值给boolean类型变量

// 数字类型示例
let num: number = 10;             // 定义数值型变量num
console.log("定义number类型变量num并初始化为: " + num);   // 打印num的值
num = 21.5;                       // 修改num的值
console.log("重新赋值后num的值为: " + num);     // 打印修改后num的值
// num = true                     // 错误,不能将boolean类型赋值给number类型变量
let binaryLiteral: number = 0b1011;        // 二进制,以0b开头
console.log(binaryLiteral);
let octalLiteral: number = 0o275;          // 八进制,以0o开头
let decimalLiteral: number = 35;           // 十进制
let hexadecimalLiteral: number = 0xa2f;    // 十六进制,以0x开头
console.log(hexadecimalLiteral);

// 字符串类型示例
var str: string = "hello string";          // 定义字符串类型变量str
console.log("定义string类型变量str并初始化为: " + str);   // 打印str的值
str = "this is another value";             // 修改str的值
console.log("重新赋值后str的值为: " + str);    // 打印修改后str的值
let party: string = '中国共产党';
let years: number = 100;
let str2: string = '今天是 ${party} 成立 ${years} 周年纪念日';
console.log(str2);

// 数组类型示例
let arr: number[] = [1, 2, 3, 4, 5];       // 定义数值型数组变量arr
```

```typescript
console.log("定义数值型数组并初始化为: " + arr);        // 打印 arr 的值
arr = [1.1, 2.2, 3.3, 4.4];                            // 修改 arr 的值
console.log("重新赋值后 arr 的值为: " + arr);          // 打印修改后 arr 的值
let arr2: Array<string> = ["aa", "bb", "cc", "dd"];   // 定义字符串型变量 arr2
console.log("另一种方式定义字符串数组 arr2 并初始化为: " + arr2);   // 打印 arr2 的值
arr2 = ["xxx", "yyy", "zzz"];                          // 修改 arr2 的值
console.log("重新赋值后 arr2 的值为: " + arr2);        // 打印修改后 arr2 的值
console.log(arr2[0]);

// 元组类型示例
let tup1: [string, number];
tup1 = ['北方工业大学', 110];  // 运行正常
console.log(tup1[0]);          // 输出: 北方工业大学
console.log(tup1);             // 输出: ['北方工业大学', 110 ]


// 枚举类型示例
enum Color { RED, GREEN, BLUE };
let c: Color = Color.RED;
console.log(c);                // 输出: 0
enum Week { Monday = 3, Tuesday, Wednesday = 7, Thursday };
let day: Week = Week.Tuesday;
console.log(day);              // 输出: 4
day = Week.Thursday;
console.log(day);              // 输出: 8

// null 和 undefined 类型示例
let x: number;
x = 1;                         // 正确
// x = undefined;              // 错误
// x = null;                   // 错误

let y: number | undefined;
y = 1;                         // 正确
y = undefined;                 // 正确
// y = null;                   // 错误

let z: number | undefined | null;
z = 1;                         // 正确
z = undefined;                 // 正确
z = null;                      // 正确

// any 类型示例
let arr3: any = 100;                                   // 定义 any 类型变量 arr3
console.log("定义 any 类型变量 arr3 并初始化为: " + arr3);    // 打印 arr3 的值
arr3 = ["中国", 1949, true];                           // 给 arr3 赋值
console.log("arr3 重新赋值为: " + arr3);              // 打印 arr3 的值
```

```
// 数组解构示例
let input = [10, 20];
let [first, second] = input;
console.log('first = ${first}, second = ${second}');    //输出: first = 10, second = 20
[first, second] = [second, first];
console.log('first = ${first}, second = ${second}');    //输出: first = 20, second = 10

// 对象解构示例
let obj = { first: 'hello', last: 'world' };
let { first: f, last: l } = obj;
console.log(f);         //输出: hello
console.log(l);         //输出: world
```

1.3.4 知识要点

（1）变量或常量的声明方式。在 TypeScript 中支持 var、let 和 const 三种声明方式。但它们之间有区别：

- ◆ var 是函数作用域，let 是块作用域。在函数中声明了 var 类型的变量，该变量在整个函数内都是有效的，例如，在 for 循环内定义的一个 var 变量，其在 for 循环外也是可以访问的。由于 let 是块作用域，在块作用域内使用 let 定义的变量，在块外不能访问，如在 for 循环内定义的变量，在 for 循环外不可被访问，所以 for 循环内部推荐使用 let 声明变量。
- ◆ 利用 let 定义的变量不能在定义之前访问该变量，但是 var 定义的变量可以，只不过直接使用时变量的值是 undefined。
- ◆ let 不能被重新定义，但是 var 可以重新定义。
- ◆ const 与 let 声明类似，但 const 声明的是常量，不能被重新赋值，如果定义的常量是对象，对象中的属性是可以被重新赋值的。

（2）TypeScript 提供了以下基本数据类型：

- ◆ 布尔类型（boolean）。
- ◆ 数字类型（number）。
- ◆ 字符串类型（string）。
- ◆ 数组类型（Array）。
- ◆ 元组类型（tuple）。
- ◆ 枚举类型（enum）。
- ◆ 任意值类型（any）。
- ◆ null 和 undefined 类型。
- ◆ void 类型。
- ◆ never 类型。

其中，元组、枚举、任意值、void 和 never 类型是 TypeScript 不同于 JavaScript 的特有类型。

（3）在 TypeScript 中声明变量时需要加上类型声明，如 boolean 或 string 等。

（4）布尔类型（boolean）。是最简单的数据类型，只有 true 和 false 两种值，其他类型的值不能直接赋值给布尔类型的变量。

（5）数字类型（number）。在 TypeScript 中，数字都是浮点型，并支持二进制、八进制、十进制和十六进制字面量。

（6）字符串类型（string）。TypeScript 支持使用单引号（'）或双引号（"）来表示字符串类型。除此之外，还支持使用模板字符串反引号（`）来定义多行文本和内嵌表达式。使用 ${ expression } 的形式嵌入变量或表达式，在处理拼接字符串时很有用。

（7）数组类型（array）。TypeScript 有两种数组定义方式，示例如下：

```
let arr1: number[] = [10, 20];    //TypeScript 建议最好只给数组元素赋一种类型的值
let arr2: Array<number> = [100, 200];    // 使用数组泛型
```

（8）元组类型（tuple）。用来表示已知元素数量和类型的数组，各元素的类型不必相同。

（9）枚举类型（enum）。是一个可被命名的整型常数的集合，该类型为集合成员赋予有意义的名称，增强了可读性。

（10）null 和 undefined 类型。默认情况下，这两种类型是其他类型的子类型，可以赋值给其他类型。当 TypeScript 启用严格的空校验（--strictNullChecks）时，null 和 undefined 类型就只能赋值给 void 或本身对应的类型。

（11）void 类型。表示没有任何类型，一般用于没有返回值的函数。

（12）never 类型。是其他类型（包括 null 和 undefined）的子类型，表示从不会出现的值。

（13）解构。是 ES6 的一个重要特征，是将声明的一组变量与相同结构的数组或对象的元素值一一对应，并对变量相对应的元素进行赋值。解构可以帮助开发者很容易实现多返回值的问题，不仅使代码简洁，还可以增加代码的可读性。在 TypeScript 中，解构包括数组解构和对象解构。

1.4 案例：函数

1.4.1 案例描述

设计一个案例，演示无参函数、有参函数、可选参数函数、默认参数函数、剩余参数函数、重载函数和箭头函数的定义及使用方法。

1.4.2 实现效果

案例实现效果如下：

```
无参函数 fun01(): 无参函数
有参函数 fun02(" 张三 ", 20): 张三的年龄是: 20 岁。
匿名函数 fun03(): 匿名函数
无返回值函数 fun04()
可选参数函数 fun05(" 张三 "): 张三 ----年龄保密
可选参数函数 fun05(" 张三 ", 30): 张三 --- 30
默认参数函数 fun06(" 张三 "): 张三 --- 20
默认参数函数 fun06(" 张三 ",30): 张三 --- 30
剩余参数函数 fun07(10, 1, 2, 3): 16
剩余参数调用 02——fun07(100, 1, 2, 3, 4, 5, 6): 121
```

```
重载函数 fun08("张三")：我的名字是：张三
重载函数 fun08(20)：我的年龄是：20
箭头函数的使用方法
Alice Green
Paul Pfifer
Louis Blakenship
箭头函数在 setTimeout() 函数中作为回调函数被调用！
```

1.4.3 案例实现

案例实现代码如下：

```
/** 函数的定义及使用方法 */

// 无参函数的定义和调用
function fun01(): string {                              // 函数的定义
    return '无参函数';
}
console.log("无参函数 fun01(): " + fun01());            // 函数调用

// 有参数函数的定义和调用
function fun02(name: string, age: number): string {    // 函数定义
    return '${name} 的年龄是: ${age} 岁。';
}
console.log('有参函数 fun02("张三", 20): ' + fun02("张三", 20)); // 函数调用

// 匿名函数的定义和调用
var fun03 = function(): string {                        // 函数定义
    return '匿名函数';
}
console.log("匿名函数 fun03(): " + fun03());            // 数函数调用

// 无返回值函数的定义和调用
function fun04(): void {                                // 函数定义
    console.log('无返回值函数 fun04()');
}
fun04();                                                // 函数调用

// 可选参数的定义和调用，可选参数必须配置到必选参数的后面
function fun05(name: string, age?: number): string {   // 函数定义
    if (age) {
        return '${name} --- ${age}';
    } else {
        return '${name} --- 年龄保密';
    }
}
console.log('可选参数函数 fun05("张三"): ' + fun05('张三'));        // 函数调用
console.log('可选参数函数 fun05("张三", 30): ' + fun05('张三', 30));
```

```typescript
// 默认参数函数定义和调用
function fun06(name: string, age: number = 20): string {      // 函数定义
    return '${name} --- ${age}';
}
console.log('默认参数函数 fun06("张三"): ' + fun06('张三'));      // 函数调用
console.log('默认参数函数 fun06("张三",30): ' + fun06('张三', 30));

// 剩余参数函数定义和调用
function fun07(a: number, ...residue: number[]): number {     // 函数定义
    var sum = a;
    for (var i = 0; i < residue.length; i++) {
        sum + = residue[i];
    }
    return sum;
}
console.log('剩余参数函数 fun07(10, 1, 2, 3): '+fun07(10, 1, 2, 3)); // 函数调用
console.log('剩余参数调用 02——fun07(100, 1, 2, 3, 4, 5, 6): ' + fun07(100, 1, 2, 3, 4, 5, 6));                       // 函数调用

// 重载函数的定义和调用
function fun08(name: string): string;         // 函数的定义
function fun08(age: number): string;
function fun08(str: any): any {
    if (typeof str == = 'string'){
        return '我的名字是: ' + str;
    } else {
        return '我的年龄是: ' + str;
    }
}
console.log('重载函数 fun08("张三"): ' + fun08('张三')); // 函数调用
console.log('重载函数 fun08(20): ' + fun08(20));        // 函数调用

// 箭头函数的定义和调用
console.log('箭头函数的使用方法');
setTimeout(() = > {                                      // 函数的定义和调用
    console.log('箭头函数在 setTimeout() 函数中作为回调函数被调用! ');
}, 2000);
let data: string[] = ['Alice Green', 'Paul Pfifer', 'Louis Blakenship'];
data.forEach((line) = > console.log(line));
```

1.4.4 知识要点

1. TypeScript 中的函数类型

TypeScript 中的函数类型包括：无参函数、有参函数、可选参数函数、默认参数函数、剩余参数函数、重载函数和箭头函数。

2. 函数的定义及调用方法

在 TypeScript 中支持函数声明和函数表达式的写法，示例如下：

```typescript
// 函数声明法
function maxA(x: number, y: number): number {
```

```typescript
    return x > y ? x : y;
}
console.log(maxA(10, 20));          // 输出: 20

// 函数表达式法
let maxB = function (x: number, y: number): number {
    return x > y ? x : y;
}
console.log(maxB(30, 40));          // 输出: 40
```

3. 可选参数函数

TypeScript 提供了可选参数语法，在参数名后边加上 "?" 使其变为可选，在调用函数时可以不为可选参数提供实参，示例如下：

```typescript
function maxC(x: number, y?: number): number {
    if (y) {
        return x > y ? x : y;
    } else {
        return x;
    }
}
console.log(maxC(1, 2));            // 为可选参数提供实参，输出: 2
console.log(maxC(3));               // 不为可选参数提供实参，输出: 3
```

注意：可选参数必须位于必选参数后面。

4. 默认参数函数

如果函数的某个参数设置了默认值，该函数被调用时，如果没有给该参数传值或传值为 undefined，则该参数的值就是默认值。如果默认参数放在必选参数之前，则必须给默认参数传值或传入 undefined。示例如下：

```typescript
function maxD(x: number, y: number = 4): number {
    return x > y ? x : y;
}
console.log(maxD(3));               // 输出: 4
console.log(maxD(10, 20));          // 输出: 20

function maxE(x: number = 4, y: number): number {
    return x > y ? x : y;
}
console.log(maxE(3, 5));            // 输出: 5
console.log(maxE(undefined, 20));   // 输出: 20
```

5. 剩余参数函数

当需要同时操作多个参数，或者不知道会有多少个参数时就可以使用剩余参数。在 TypeScript 中，所有可选参数都可以放在一个变量中，示例如下：

```typescript
function sum(x: number, ...rest: number[]): number {
    let result = x;
    for (let i = 0; i < rest.length; i++) {
```

```
        result + = rest[i];
    }
    return result;
}
console.log(sum(1));                    // 输出: 1
console.log(sum(1, 2, 3, 4, 5));        // 输出: 15
```

6. 重载函数

通过为同一个函数提供多个函数类型定义来达到实现多种功能的目的。示例如下：

```
function attr(name: string): string;
function attr(age: number): string;
function attr(nameorage: any): any {
    if (nameorage && typeof nameorage === "string") {   // 代表当前是名字
        console.log("ming")
    } else {
        console.log("age");
    }
}
attr("hello");
attr(10);
```

上面例子中，attr 函数有 3 个重载类型，编译器会根据参数类型依次判断调用哪个函数。TypeScript 通过查找重载列表来实现匹配，根据定义的优先顺序来依次匹配，因此在实现函数重载时，应该把最精确的定义放在最前面。

7. 箭头函数

ES6 标准新增了一种新的函数：Arrow Function(箭头函数)。箭头函数相当于匿名函数，没有函数名，简化了函数定义。定义箭头函数的顺序是：参数、箭头、函数体。箭头函数在以下情况下可以简写：

◇ 只有一个参数时，( ) 可省略。例如：

以下函数：

```
var demo = (x) = >{
    console.log(x);
}
```

可以简写为：

```
var demo = x = >{
    console.log(x);
}
```

◇ 函数体只有一句时，{ } 可以省略。例如：

以下函数：

```
var demo = x = >{
    console.log(x);
}
```

可以简写为：

```
var demo = x = > console.log(x);
```

✧ 函数体只有一条返回语句时，{ } 和 return 都可以省略。例如：
以下函数：

```
var demo = (x) = > {
    return x;
}
```

可以简写为：

```
var demo = (x) = > x;
```

以上简写可以概况为：

箭头函数的"参数"放在 ( ) 内，没有参数时 ( ) 必须写，只有一个参数时 ( ) 可写可不写，多个参数时 ( ) 必须写。

箭头函数的"函数体"放在 { } 内，函数体只有一条语句时，{ } 可省略，函数体中有多条语句时，{ } 必须写。

如果不知道 ( ) 和 { } 该不该省略时，那就不省略。

箭头函数对 this 指向问题进行了重大改进。this 默认指向定义它时所处上下文对象，而非箭头函数中的 this 则默认指向 window 对象，示例如下：

下列代码演示了非箭头函数中的 this，在没有明确调用对象时，默认指向 window 对象，此时 console.log(this) 中的 this 会显示错误提示。

```
const obj = {
    num: 10,
    hello: function () {
        console.log(this);      // 后面 obj 调用了 hello 函数，this 指向 obj
        setTimeout(function () {
            console.log(this);  // 错误：没有对象调用 setTimeout 函数，this 默认指向 window 对象
        });
    }
}
obj.hello();                    // 调用 hello 函数
```

下列代码演示了箭头函数中的 this 默认指向定义它时所处上下文的对象的 this 指向，因为 obj 调用 hello() 函数时，hello 函数又调用了 setTimeout 函数，此时 setTimeout 中的回调函数（即箭头函数）中的 this 默认指向了调用 hello 函数的对象（即上下文对象）obj。

```
const obj = {
  num: 10,
```

```
    hello: function() {
      console.log(this);        // obj
      setTimeout(() = > {
        console.log(this);      // 正确：箭头函数中的 this 指向调用 hello 函数的对象 obj
      });
    }
  }
  obj.hello();                  // 调用 hello 函数
```

这段代码的运行结果为：

```
{ num: 10, hello: [Function: hello] }
{ num: 10, hello: [Function: hello] }
```

1.5 案例：类和对象

类和对象

1.5.1 案例描述

设计一个案例，演示类的定义、对象的创建与使用、静态属性和静态方法、类的继承、抽象类和抽象方法等。

1.5.2 实现效果

案例实现效果如下：

```
*** 类和对象示例 ***
对象的初始名字是：张三
修改后对象的名字是：李四
*** 类的静态属性和方法示例 ***
静态方法 print 被调用：男
静态属性 sex 的值是：男
静态方法 print 被调用：女
Father is running.
*** 类的继承示例 ***
Child is running.
Child is working.
*** 抽象类、继承和多态示例 ***
小黑狗吃粮食
抽象类 Animal 中的非抽象方法 run()
小花猫吃老鼠
抽象类 Animal 中的非抽象方法 run()
小花猫在爬树
*** 参数属性示例 ***
my name is zhangsan, and my age is 20
```

1.5.3 案例实现

案例的实现代码如下：

```typescript
/** 类的定义 */
class Person {                              //定义类
    private name: string;                   //私有属性
    constructor(name: string) {             //构造函数，实例化类的时候触发的方法
        this.name = name;
    }
    getName(): string {                     //方法
        return this.name;
    }
    setName(name: string): void {           //方法
        this.name = name;
    }
}

console.log('*** 类和对象示例 ***');
var p = new Person('张三');                  //创建对象
console.log('对象的初始名字是: ' + p.getName());   //结果: 对象的初始名字是: 张三
p.setName('李四');                           //调用实例方法设置属性的值
console.log('修改后对象的名字是: '+p.getName());   //结果: 修改后对象的名字是: 李四

/** 类的静态属性和方法 */
class Per {
    public name: string;                    // 实例属性
    static sex: string = "男";              //静态属性的定义及初始化
    constructor(name: string) {
        this.name = name;
        // 注意: 静态属性不能在构造函数中进行初始化
    }
    run() {   /* 实例方法 */
        // 实例方法可以使用实例属性和静态属性
        console.log('${this.name} 在运动, 他的性别是: ${Per.sex}');
    }
    work() {        // 实例方法
        // 实例方法可以使用实例属性和静态属性
        console.log('${this.name} 在工作, 他的性别是: ${Per.sex}');
    }
    static print() {    /*静态方法 */
        // 静态方法只能使用静态属性和静态方法
        console.log('静态方法 print 被调用: ' + Per.sex);   //只能通过类名调用
    }
}

console.log('*** 类的静态属性和方法示例 ***');
Per.print();                                //只能通过类名调用, 结果: 静态方法 print 被调用: 男
console.log('静态属性 sex 的值是: ' + Per.sex);   //结果: 静态属性 sex 的值是: 男
Per.sex = '女';                              //给静态属性赋值
```

```typescript
    Per.print();                                    // 调用静态方法

// 类的继承
class Father {                                      // 定义父类
    name: string;
    constructor(name: string) {
        this.name = name
    }
    run(): void {
        console.log(this.name + ' is running.')
    }
}
let father = new Father('Father');                  // 创建父类对象
father.run()                                        // 结果: Father is running.

class Child extends Father {                        // 定义子类
    constructor(name: string) {
        super(name)  /* 子类构造函数必须初始化父类的构造函数 */
    }
    work(): void {
        console.log(this.name + ' is working.')
    }
}

console.log('*** 类的继承示例 ***');
let child = new Child('Child');                     // 创建子类对象
child.run();                                        // 继承父类方法，运行结果: Child is running.
child.work();                                       // 子类对象调用子类方法，运行结果: Child is working.

/** 抽象类、继承和多态 */
abstract class Animal {                             // 定义抽象类，该类不能被实例化
    public name: string;
    constructor(name: string) {
        this.name = name;
    }
    abstract eat(): void;                           // 抽象方法，不包含具体实现但必须在派生类中实现
    run(): void {                                   // 抽象类中也可以包含非抽象方法
        console.log('抽象类Animal中的非抽象方法run()');
    }
}
// var a = new Animal()  /*错误，抽象类不能实例化 */

class Dog extends Animal {                          // 定义Animal类的子类
    constructor(name: string) {                     // 定义子类的构造函数
        super(name)                                 // 使用super调用父类的构造函数
    }
    eat(): void {                                   // 抽象类的子类必须实现抽象类中的抽象方法
        console.log(this.name + '吃粮食')
    }
```

```typescript
}
class Cat extends Animal {
    constructor(name: any) {
        super(name)      // 调用父类的构造函数
    }
    eat(): void {       // 抽象类的子类必须实现抽象类中的抽象方法
        console.log(this.name + ' 吃老鼠 ')
    }
    climb(): void { // 定义子类特有的方法
        console.log(this.name + ' 在爬树 ')
    }
}

console.log('*** 抽象类、继承和多态示例 ***');
var dog = new Dog(' 小黑狗 ');              // 创建子类的对象
dog.eat();         // 调用子类的方法，表现出多态性。结果: 小黑狗吃粮食
dog.run();         // 调用父类的方法，结果: 抽象类 Animal 中的非抽象方法 run()
var cat = new Cat(' 小花猫 ');              // 创建子类对象
cat.eat();         // 调用子类方法，表现出多态性。结果: 小花猫吃老鼠
cat.run();         // 调用父类的方法，结果: 抽象类 Animal 中的非抽象方法 run()
cat.climb();       // 调用子类方法，结果: 小花猫在爬树

// 参数属性
class Info {
    constructor(
        private name: string;         // 参数属性
        private age: number
    ) { }
    show(): void {
        console.log('my name is ${this.name}, and my age is ${this.age}');
    }
}

console.log('*** 参数属性示例 ***');
let p3 = new Info('zhangsan', 20);
p3.show();         // 运行结果: my name is zhangsan, and my age is 20
```

1.5.4 知识要点

TypeScript 支持基于类的面向对象编程。类（class）来源于 OOP（Object Oriented Programming，面向对象编程），具有封装、继承、多态三种特性。而类在 OOP 中是实现信息封装的基础。类是一种用户定义类型，又称类类型。每个类包含数据说明和一组操作数据或传递消息的函数。类的实例称为对象。

（1）类的定义。示例如下：

```typescript
class Person {                  // 定义类
    private name: string;       // 私有属性
```

```
    constructor(name: string) {      // 构造函数，实例化类时触发的方法
        this.name = name;
    }
    getName(): string {               // 方法
        return this.name;
    }
    setName(name: string): void {     // 方法
        this.name = name;
    }
}
```

上面代码定义了一个 Person 类，该类包含 4 个成员：属性 name、构造方法 constructor() 以及方法 getName() 和 setName()。其中类的属性 name 在成员函数中可通过 this.name 来访问。

（2）类成员的权限修饰符。上述代码中定义了 Person 类，其属性 name 前面使用了权限修饰符 private，其他没有使用权限修饰符的类成员默认权限为 public。

权限修饰符用于设置属性和方法的访问权限，包括：public、private 和 protected。

- public 修饰符：标识的属性或者方法是公有的，不管在父类、子类和外部都可以使用。在 TypeScript 中属性和方法默认的权限是 public。
- private 修饰符。标记的属性或者方法是私有的，只能在类中被访问。
- protected 修饰符。标记的属性或者方法是保护类型，除了可以在本类中使用外，还可以在基础类的子类和衍生类中访问。
- readonly 修饰符。用来修饰只读属性。

（3）封装。是把客观事物封装成抽象的类，并且类可以把自己的数据和方法只让可信的类或者对象操作，对不可信类或者对象进行信息隐藏。

（4）对象。类的实例，其创建和使用方法如下：

```
var p = new Person('张三');           // 创建对象
console.log('对象的初始名字是：' + p.getName());       // 调用实例方法获取属性的值
p.setName('李四');                   // 调用实例方法设置属性的值
console.log('修改后对象的名字是：' + p.getName());
```

上述代码使用 new 关键字创建了对象 p，此时会自动调用类的构造函数，然后利用 p 调用了类的 getName() 和 setName() 方法。

（5）静态成员。是指使用 static 修饰符修饰的属性和方法，和类同时创建。使用静态成员时需要注意以下几点：

- 只能使用类名访问，不能通过实例名访问。
- 静态方法中只能使用静态成员，不能使用实例成员。
- 实例方法中既可以使用实例成员，也可以使用静态成员。

（6）继承。是指可以使用现有类的所有功能，并在无须重新编写原来类的情况下对这些功能进行扩展。

（7）多态（polymorphism）。是指父类中定义的方法在子类中进行了重新定义，每个子类中的方法有不同的表现。

（8）抽象方法。使用 abstract 修饰符修饰的方法，该方法不包含具体实现，但必须在派生类中实现。

（9）抽象类。使用 abstract 修饰符修饰的类，该类不能被实例化（即不能用于创建对象）。抽象类中不一定包含抽象方法，但包含抽象方法的类一定是抽象类。

（10）参数属性。TypeScript 中可以通过构造函数的参数直接定义属性，即参数属性。参数属性需要在参数前面添加权限访问符，它能方便在一个地方定义并初始化类成员。

1.6 案例：接口

1.6.1 案例描述

设计一个案例，演示接口的定义和使用方法，包括：属性接口、函数接口和类接口。

1.6.2 实现效果

案例实现效果如下：

```
--- 属性类型接口示例 ---
春涛 -- 杜
--- 可选属性类型接口示例 ---
春涛 --undefined
春涛 -- 杜
--- 函数类型接口示例 ---
姓名：张三
年龄：20
--- 类类型接口示例 ---
小黑狗吃粮食
小花猫吃老鼠
--- 接口扩展示例 ---
小李喜欢吃馒头
小李写代码
小李写 ts 代码
小李在跑步
```

1.6.3 案例实现

案例实现代码如下：

```
/**1、属性接口 */
console.log("--- 属性类型接口示例 ---");
interface FullName01 {
    firstName: string;
    secondName: string;
}
```

```typescript
// 属性接口用做函数参数
function printName01(name: FullName01) {
    console.log(name.firstName + '--' + name.secondName);
}

// 调用函数时实参中必须包含接口中的firstName和secondName属性
printName01({
    firstName: '春涛',
    secondName: '杜'
})

/**2、可选属性接口 */
console.log("--- 可选属性类型接口示例 ---");
interface FullName02 {
    firstName: string;
    secondName?: string;         // 属性名后有符号"?"
}

// 可选属性接口用作函数参数
function printName02(name: FullName02) {
    console.log(name.firstName + '--' + name.secondName);
}

// 调用函数时只提供一个接口属性实参
printName02({
    firstName: '春涛'
});     // 运行结果: 春涛--undefined

// 调用函数时提供两个接口属性实参
printName02({
    firstName: '春涛',
    secondName: '杜'
})      // 运行结果: 春涛 -- 杜

/**3、函数类型接口：对方法传入的参数以及返回值进行约束   */
console.log("--- 函数类型接口示例 ---");
interface Encrypt {              // 函数类型接口定义
    (key: string, value: number): void;
}
// 函数类型接口类型函数: 函数参数和返回值类型必须和函数接口定义的一致，参数名称可以不同
var md5: Encrypt = function (name: string, age: number): void {
    console.log('姓名: ${name}\n年龄: ${age}');
}
md5('张三', 20);                 // 调用函数

/** 4、类类型接口：对类的约束，和抽象类有点相似    */
console.log("--- 类类型接口示例 ---");
interface Animal01 {             // 定义类类型接口
```

```typescript
    name: string;
    eat(str: string): void;           // 抽象方法
}
class Dog implements Animal01 {       // 定义 Dog 类实现接口 Animal
    name: string;                     // 必须实现接口中的属性
    constructor(name: string) {
        this.name = name;
    }
    eat() {    // 必须实现接口中的方法，但方法的参数可以不同
        console.log(this.name + '吃粮食');
    }
}

var dog = new Dog('小黑狗');           // 创建实例对象
dog.eat();                            // 运行结果：小黑狗吃粮食

class Cat implements Animal01 {       // 定义 Cat 类实现接口 Animal
    name: string;                     // 必须实现接口中的属性
    constructor(name: string) {
        this.name = name;
    }
    eat(food: string) {               // 必须实现接口中的方法
        console.log(this.name + food);
    }
}
var cat = new Cat('小花猫');
cat.eat('吃老鼠');                     // 运行结果：小花猫吃老鼠

/** 5、接口扩展：接口可以继承接口   */
console.log("--- 接口扩展示例 ---");
interface Animal {                    // 定义 Animal 接口
    eat(): void;                      // 抽象方法
}

interface Person extends Animal {     // 定义 Person 接口，该接口继承 Animal 接口
    work(): void;                     // 子接口中的抽象方法
}

class Programmer {                    // 定义 Programmer 类
    public name: string;
    constructor(name: string){
        this.name = name;
    }
    coding(code: string) {
        console.log(this.name + code);
    }
}
```

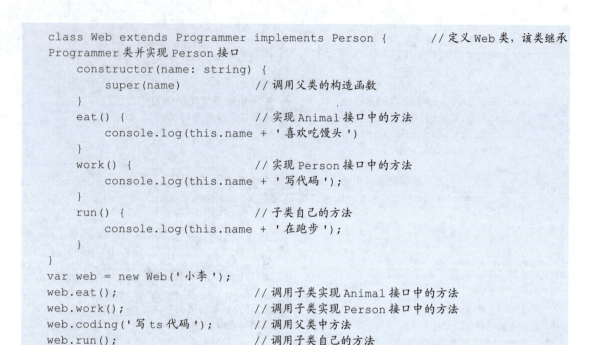

```
class Web extends Programmer implements Person {      // 定义Web类，该类继承
Programmer 类并实现 Person 接口
    constructor(name: string) {
        super(name)                // 调用父类的构造函数
    }
    eat() {                        // 实现Animal接口中的方法
        console.log(this.name + '喜欢吃馒头')
    }
    work() {                       // 实现Person接口中的方法
        console.log(this.name + '写代码');
    }
    run() {                        // 子类自己的方法
        console.log(this.name + '在跑步');
    }
}
var web = new Web('小李');
web.eat();                         // 调用子类实现Animal接口中的方法
web.work();                        // 调用子类实现Person接口中的方法
web.coding('写ts代码');            // 调用父类中方法
web.run();                         // 调用子类自己的方法
```

1.6.4 知识要点

（1）接口的含义。在面向对象编程中，接口定义了某一批类所需要遵守的规范，接口不关心这些类的内部状态数据，也不关心这些类方法的实现细节，它只规定这批类中必须提供某些数据和方法。TypeScript 中的接口类似于 Java，同时还增加了更灵活的接口类型，包括属性、函数、索引和类等。

（2）属性接口。在 TypeScript 中，使用 interface 定义接口。属性接口是指接口中只包含属性，不包含方法。当属性接口用于规范函数参数时，传递给函数参数的对象只要"形式上"满足接口的要求即可，如本例中传递给 printName() 函数的对象参数 myObj 必须包含 firstName 和 secondName 属性，且类型都为 string。此外，接口类型检查器不检查属性的顺序，只要属性存在且类型匹配即可。

（3）可选属性接口。TypeScript 还提供了可选属性。可选属性对可能存在的属性进行预定义，并兼容不传值的情况。带有可选属性的接口与普通属性接口定义的区别只在于可选属性变量名后面添加了一个"？"。

（4）函数类型接口。用于对方法传入的参数以及返回值进行约束，要求函数参数和返回值类型必须与函数接口的定义一致，参数名称可以不同。

（5）类类型接口。是对类的约束，和抽象类相似，但接口中的方法不能定义函数体。实现接口的类必须实现接口中的属性和方法，实现方法的名称必须和接口中方法的名称相同，但参数可以不同。

（6）接口扩展。是指接口可以继承接口。接口继承和类继承一样，通过 extends 关键字来实现。另外，实现子接口的类除了实现子接口中的所有属性和方法外，还必须实现父接口中的所有属性和方法。

1.7 案例：泛型

1.7.1 案例描述

设计一个案例，演示泛型函数、泛型类、泛型函数接口的定义和使用方法。

1.7.2 实现效果

案例实现效果如下：

```
--- 泛型函数示例 ---
将 number 类型数据传递给泛型函数: 123
将 string 类型数据传递给泛型函数: 字符串
--- 泛型类示例 ---
--- 利用 number 类型实例化泛型类 ---
最小数值为: 22
--- 利用 string 实例化泛型类 ---
最小字符串为 aa
--- 泛型函数接口示例 ---
利用 string 类型参数调用函数: 张三
利用 number 类型参数调用函数: 123
```

1.7.3 案例实现

案例实现代码如下：

```typescript
// 泛型函数，其中 T 表示泛型，具体类型在调用该方法时决定
console.log('--- 泛型函数示例 ---');
function getData<T>(value: T): T {          // 泛型函数定义
    return value;
}
// 泛型函数调用
console.log('将 number 类型数据传递给泛型函数: ' + getData<number>(123));
console.log('将 string 类型数据传递给泛型函数: ' + getData<string>('字符串'));

// 泛型类：同时支持数值类型和字符串类型
console.log('--- 泛型类示例 ---');
class MinClas<T>{                           // 定义泛型类
    public list: T[] = [];                  // 定义泛型属性
    add(value: T): void {                   // 定义泛型方法
        this.list.push(value);
    }
    min(): T {                              // 定义泛型方法
        var minNum = this.list[0];
        for (let e of this.list) {
            if (minNum > e) {
```

```
                minNum = e;
            }
        }
        return minNum;
    }
}

console.log('--- 利用 number 类型实例化泛型类 ---');
var m1 = new MinClas<number>();        // 利用 number 类型实例化泛型类
m1.add(55);
m1.add(33);
m1.add(22);
console.log('最小数值为: ' + m1.min());

console.log('--- 利用 string 实例化泛型类 ---');
var m2 = new MinClas<string>();        // 利用 string 实例化泛型类
m2.add('cc');
m2.add('aa');
m2.add('bb');
console.log('最小字符串为' + m2.min());

// 泛型函数接口
console.log('--- 泛型函数接口示例 ---');
interface ConfigFn {                    // 定义泛型函数接口
    <T>(value: T): T;
}
var fun: ConfigFn = function <T>(value: T): T {  // 定义泛型函数实现接口
    return value;
}
// 泛型函数调用
console.log('利用 string 类型参数调用函数: '+fun<string>('张三'));
console.log('利用 number 类型参数调用函数: '+fun<number>(123));
```

1.7.4 知识要点

（1）泛型的功能。软件工程中，不仅要创建一致的、定义良好的 API，同时也要考虑可重用性。组件不仅能够支持当前的数据类型，同时也能支持未来的数据类型，这在创建大型系统时提供了十分灵活的功能。在 C# 和 Java 等语言中，可以使用泛型来创建可重用的组件，一个组件可以支持多种类型的数据。这样用户就可以以自己的数据类型来使用组件。

（2）泛型函数。将函数的参数或/和返回值类型定义为泛型，在调用函数时指定具体类型。

（3）泛型类。将类的属性定义为泛型，或者将类的方法的参数或返回值类型定义为泛型，在创建对象时再指定类的具体类型。

（4）泛型函数接口。将函数接口类型定义为泛型，在定义泛型函数时实现该接口，在调用泛型函数时再指定函数的具体类型。

1.8 案例：类、接口和泛型的综合应用

视频

类、接口和泛型的综合应用

1.8.1 案例描述

设计一个案例，综合利用类、接口和泛型，演示分别向用户数据库和图书数据库中添加用户信息和图书信息的过程。假设用户信息数据库使用 MsSql 类型数据库，图书信息数据库使用 MySql 类型数据库。为了统一数据库的规范以及实现数据库的重用，要求定义一个泛型数据库接口，MsSql 和 MySql 数据库类都要实现该接口，这样 MsSql 和 MySql 数据库类也必须定义成泛型类。然后再定义用户信息类 User 和图书信息类 Book，这两个类分别作为泛型类 MsSql 和 MySql 的泛型参数，从而限制数据信息的错误输入。

1.8.2 实现效果

案例运行后的效果如下：

```
用户信息数据库建立连接...
用户信息已添加到 MsSql 数据库
User { username: '张三', password: '123456' }
图书信息数据库已建立连接...
图书信息已添加到 MySql 数据库
Book { title: 'Angular 框架网络编程', desc: '计算机类图书', status: 1 }
```

1.8.3 案例实现

案例实现代码如下：

```typescript
interface DBI<T> {                        // 定义泛型接口，用于规范数据库类
    add(info: T): boolean;
}

class MsSqlDb<T> implements DBI<T>{      // 定义泛型类实现泛型接口
    constructor() {
        console.log('用户信息数据库建立连接...');
    }
    add(info: T): boolean {               // 实现接口中的方法
        console.log('用户信息已添加到 MsSql 数据库')
        console.log(info);
        return true;
    }
}

class User {                              // 定义用户类
    constructor(
        public username: string | undefined, // 属性参数
```

```
        public password: string | undefined
    ) { }
}
var user = new User('张三', '123456');          // 创建用户对象
// 创建 MsSql 数据库对象, User 类当作泛型类 MsSqlDb 的参数
var msSql = new MsSqlDb<User>();
msSql.add(user);                                // 将用户添加到 MsSql 数据库中

class MySqlDb<T> implements DBI<T>{              // 定义泛型类实现泛型接口
    constructor() {
        console.log('图书信息数据库已建立连接...');
    }
    add(info: T): boolean {                      // 实现泛型接口中的函数
        console.log('图书信息已添加到 MySql 数据库')
        console.log(info);
        return true;
    }
}

class Book {                                     // 定义图书类
    constructor(                                 // 构造函数
        public title: string | undefined'        // 属性参数
        public desc: string | undefined'
        public status?: number | undefined
    ) { }
}
var book = new Book('Angular 框架网络编程','计算机类图书',1);// 创建 Book 类对象
var mySqlDb = new MySqlDb<Book>();               // 创建 Book 类型数据库对象
mySqlDb.add(book);                               // 将 book 添加到 MySql 数据库
```

1.8.4 知识要点

（1）MySql 和 MsSql 数据库的功能一样，都有添加数据信息的方法，因此有必要利用接口和泛型对这些数据库进行统一约束并实现代码重用。

（2）泛型接口的定义方法。代码如下，其中 add() 函数的参数使用了泛型，因为向数据库中添加的信息是不确定的，可以是用户信息，也可以是图书信息，从而实现了代码重用。

```
interface DBI<T> { add(info: T): boolean; }
```

（3）实现泛型接口类的定义方法，代码如下，需要在类名和接口名后面都使用泛型。MsSqlDb 实现 DBI 接口后，MsSqlDb 数据库就必须按照 DBI 接口的规范进行定义。

```
class MsSqlDb<T> implements DBI<T>{...}
```

（4）利用普通类作为泛型类的参数创建对象的方法，代码如下，User 类和 Book 类分别作为泛型类 MsSqlDb 和 MySqlDb 的参数，这样就限制了其他信息错误地录入到 MsSqlDb 和

MySqlDb 数据库中，从而规范了数据库行为。

```
var msSql = new MsSqlDb<User>();        //User 类当作泛型类 MsSqlDb 的参数
var mySqlDb = new MySqlDb<Book>();      //Book 类当作泛型类 MySqlDb 的参数
```

1.9 案例：模块和命名空间

视频

模块和命名空间

1.9.1 案例描述

设计一个案例，演示模块和命名空间的实现方法。

1.9.2 实现效果

案例运行结果如下：

```
*** 模块的引用 ***
module01 模块中定义的变量 ...
module01 中的函数被调用 ...
利用 module01 中定义的类创建对象 ...

*** 命名空间的引用 ***
命名空间 A 中定义的变量
命名空间 A 中定义的函数
命名空间 A 中的 小黑狗 在吃狗粮。
命名空间 A 中的 小花猫 吃猫粮。
命名空间 B 中的 小黄狗 在吃狗粮。
命名空间 B 中的 小狸猫 在吃猫粮。
```

1.9.3 案例实现

（1）建立文件 module01.ts，在该文件中定义变量、函数和类并进行暴露，代码如下：

```
/**module01.ts */
// 模块中定义的变量、函数和类需要在其他模块中使用，需要暴露
export var str: string = 'module01 模块中定义的变量 ...';
export function fun(): void {
    console.log("module01 中的函数被调用 ...")
}
export class clssInModule01 {
    constructor() {
        console.log(' 利用 module01 中定义的类创建对象 ...');
    }
}
```

（2）建立文件 namespace.ts，在该文件中定义命名空间 A 和 B，在 A 中定义变量、函数、接口和类，并对变量、函数和类进行暴露，在 B 中定义接口和类，并对类进行暴露，代码如下：

```typescript
/**namespace.ts */
export namespace A {                              // 定义命名空间 A
    // 命名空间中定义的变量和函数，由于在外部使用，需要暴露
    export var varA: string = '命名空间 A 中定义的变量';
    export function funA(): void {
        console.log("命名空间 A 中定义的函数");
    }

    interface Animal {                            // 仅在命名空间 A 中使用的接口，不用暴露
        name: string;
        eat(): void;
    }
    export class Dog implements Animal {          // 外部使用，需要暴露
        name: string;
        constructor(theName: string) {
            this.name = theName;
        }
        eat() {                                   // 类中的方法不用暴露
            console.log(' 命名空间 A 中的 ${this.name} 在吃狗粮。');
        }
    }

    export class Cat implements Animal {          // 外部使用，需要暴露
        name: string;                             // 实现接口中的属性
        constructor(theName: string) {
            this.name = theName;
        }
        eat() {                                   // 类中的方法不需要暴露
            console.log(' 命名空间 A 中的 ${this.name} 吃猫粮。');
        }
    }
}

export namespace B {                              // 定义命名空间 B, 外部使用，需要暴露
    interface Animal {                            // 仅在 B 中使用，不用暴露
        name: string;
        eat(): void;
    }

    export class Dog implements Animal {          // 外部使用，需要暴露
        name: string;
        constructor(theName: string) {
            this.name = theName;
        }
        eat() {
            console.log(' 命名空间 B 中的 ${this.name} 在吃狗粮。');
        }
    }
```

```
    export class Cat implements Animal {    // 外部使用，需要暴露
        name: string;
        constructor(theName: string) {
            this.name = theName;
        }
        eat() {
            console.log(' 命名空间 B 中的 ${this.name} 在吃猫粮。');
        }
    }
}
```

（3）建立文件 main-module.ts，在该文件中引用模块 module01.ts 中定义的变量、函数和类，引用模块 namespace.ts 中命名空间 A 和 B 中定义的变量、函数和类，代码如下：

```
/**main-module.ts */
console.log('*** 模块的引用    ***');
// 引入 module01 模块中的变量、函数和类
import { str, fun, clssInModule01 as myClass } from './module01';
console.log(str);                  // 引用 module01 模块中定义的变量
fun();                             // 引用 module01 模块中定义的函数
var obj = new myClass();           // 利用 module01 模块中定义的类创建对象

console.log('\n*** 命名空间的引用    ***');
// 引入 namespace 中定义的命名空间 A 和 B
import { A, B } from './namespace'
// 引用命名空间 A 中定义的变量和函数
console.log(A.varA);
A.funA();
// 引用命名空间 A 和 B 中定义的类
let dogA = new A.Dog(" 小黑狗 ");       // 引用命名空间 A 中定义的类创建对象
let catA = new A.Cat(' 小花猫 ');
let dogB = new B.Dog(" 小黄狗 ");       // 引用命名空间 B 中定义的类创建对象
let catB = new B.Cat(' 小狸猫 ');

dogA.eat();
catA.eat();
dogB.eat();
catB.eat();
```

1.9.4 知识要点

（1）模块。一个文件就是一个模块，模块中定义的变量、函数、类等默认是私有的，如果要在外部模块中访问这些数据，需要首先通过 export 暴露这些数据，然后在使用的模块中通过 import 引入需要的数据，这样就可以在引入模块中使用这些数据了。

（2）模块的设计原则。①尽可能在顶层暴露，顶层暴露可以降低使用难度，过多的"."操作需要开发者记住过多的细节。②明确列出导入对象的名称，这样只要接口不变，调用方

式就不会变,从而降低了导入与导出模块的耦合度,做到面向接口编程。

(3)命名空间。在代码量较大的情况下,为了避免各种标识符命名冲突,可将相似功能的变量、函数、类、接口等放置到命名空间内。同 Java 的包和 .NET 的命名空间一样,TypeScript 的命名空间可以将代码包裹起来,只暴露需要在外部访问的对象。命名空间内的对象,包括变量、函数和类等通过 export 关键字对外暴露,但类中的属性和方法不用暴露就可以直接使用。

(4)命名空间和模块的区别。命名空间相当于内部模块,主要用于组织代码,避免命名冲突。模块是 ts 文件的简称,侧重代码的复用,一个模块可包含多个命名空间。

1.10 案例:类装饰器

1.10.1 案例描述

设计一个案例,演示普通类装饰器和类装饰器工厂的定义及使用方法。

1.10.2 实现效果

案例运行结果如下:

```
普通类装饰器示例...
[Function: HttpClient01]
普通装饰器扩展类的属性
普通装饰器中扩展类的方法


类装饰器工厂示例...
http://www.ncut.edu.cn
[Function: HttpClient02]
http://www.ncut.edu.cn
装饰器工厂扩展类的方法
```

1.10.3 案例实现

案例实现代码如下:

```typescript
/** 普通类装饰器示例 */
console.log('普通类装饰器示例...');
function logClass01(target: any) {        // 装饰器函数,taget 表示修饰的类
    console.log(target);
    target.prototype.name = '普通装饰器扩展类的属性';     // 为类添加原型属性
    target.prototype.run = function () {                // 为类添加原型方法
        console.log('普通装饰器中扩展类的方法');
    }
}

@logClass01
class HttpClient01 { }                    // 定义带有装饰器的类,扩展类的功能
```

```
var http01: any = new HttpClient01();        // 创建对象，调用装饰器函数
console.log(http01.name);                     // 引用扩展类的属性
http01.run();                                 // 调用扩展类的方法

/** 装饰器工厂示例：（可传参）*/
console.log('\n类装饰器工厂示例...');
function logClass02(params: string) {          // 装饰器工厂，params 表示传递的参数
    return function (target: any) {            // 参数 taget 表示修饰的类
        console.log(params);                   // 显示装饰器参数
        console.log(target);                   // 显示装饰的目标类
        target.prototype.apiUrl = params;      // 为修饰的类中添加属性 apiUrl 并赋值
        target.prototype.run = function (){    // 为修饰的类中添加方法
            console.log(" 装饰器工厂扩展类的方法 ");
        }
    }
}

@logClass02('http://www.ncut.edu.cn')         // 带参装饰器，后面不能带有分号
class HttpClient02 { }                         // 定义带有参数装饰器的类

var http02: any = new HttpClient02();          // 创建对象，调用装饰器函数
console.log(http02.apiUrl);                    // 引用扩展类属性
http02.run();                                  // 调用扩展类方法
```

1.10.4 知识要点

（1）装饰器。是过去几年中 js 最大的成就之一，已是 ES7 的标准特性之一。装饰器是一个方法，可以注入到类、方法、属性参数上来扩展类、属性、方法、参数的功能。

（2）装饰器的类型。根据装饰对象可分为：类装饰器、属性装饰器、方法装饰器、参数装饰器，根据参数可分为：普通装饰器（不能传参）和装饰器工厂（可传参）。

（3）类装饰器。在类声明之前进行声明（紧靠着类声明），应用于类构造函数，可以用来监视、修改或替换类定义。类装饰器表达式会在运行时当作函数被调用，类的构造函数作为其唯一的参数。如果类装饰器返回一个值，它会使用提供的构造函数替换类的声明。

习 题 一

一、判断题

1．TypeScript 是 ES6 的超集。   （   ）
2．安装 Node.js 时能够自动安装 NPM。   （   ）
3．NMP 是 CNMP 的一个插件。   （   ）
4．安装 TypeScript 的命令是：npm install -g TypeScript。   （   ）
5．监视 TypeScript 文件时，如果保存 TypeScript 文件，则可以将 TypeScript 文件直接编

译为 JavaScript 文件。 ( )
6．TypeScript 中可以把数字常量赋值给 boolean 类型的变量。 ( )
7．TypeScript 中的单引号、双引号和反引号都可以用于标记字符串常量。 ( )
8．TypeScript 中利用反引号标记的字符串常量中可以嵌入变量。 ( )
9．TypeScript 中数组元素的类型都必须相同。 ( )
10．元组中元素的类型可以相同也可以不同。 ( )
11．定义类时必须要显式定义该类的构造函数。 ( )
12．类成员的访问权限范围越广，则该类的安全性就越高。 ( )
13．类的静态数据成员只能使用类名访问。 ( )
14．在类的静态方法中可以引用类的实例成员。 ( )
15．在类的实例方法中可以引用类的静态成员。 ( )
16．多态是指父类中定义的方法在子类中进行了重新定义，每个子类中的方法有不同的表现。 ( )
17．抽象类中不一定包含抽象方法，但包含抽象方法的类一定是抽象类。 ( )
18．TypeScript 中可以通过构造函数的参数直接定义属性，定义参数属性时需要在参数前面添加权限访问符。 ( )
19．在类的实例方法中访问类的实例属性时既可以使用 this 关键字，又可以使用类名。 ( )
20．在类的静态方法中访问类的静态属性时既可以使用 this 关键字，又可以使用类名。 ( )
21．不能使用抽象类创建对象。 ( )
22．继承抽象类的类必须重新定义抽象类中的抽象方法，而且要给出抽象方法的具体实现。 ( )
23．一个抽象类可以由多个子类继承，而且每个子类都必须重新定义抽象父类中的抽象方法，各个子类重新定义的抽象方法可以有不同的表现。 ( )
24．TypeScript 中一个类只能有一个父类。 ( )
25．属性接口中可以定义方法。 ( )
26．一个接口可以继承另一个接口。 ( )
27．一个接口可以继承多个接口。 ( )
28．一个类可以实现多个接口。 ( )
29．实现接口的类必须实现接口中的所有方法。 ( )
30．接口中的函数可以给出函数体。 ( )
31．实现子接口的类除了重新定义子接口中的所有属性和方法外，还必须重新定义父接口中的所有属性和方法。 ( )
32．定义泛型时必须使用符号 T。 ( )
33．定义泛型时必须使用符号 <>。 ( )
34．定义泛型函数时，泛型符号 <T> 必须放在函数参数的后面。 ( )
35．定义泛型类时，泛型符号 <T> 必须放在类名后面而且紧靠类名。 ( )
36．利用泛型类创建对象时，可以不用给出泛型的具体类型。 ( )
37．以下关于泛型接口的定义是否正确？ ( )

```
interface <T>DBI {
    add(info: T): boolean;
}
```

38. 以下关于实现泛型接口的泛型类的定义是否正确？（　　）

```
class MsSqlDb<T> implements DBI<T>{
    ...
}
```

39. 以下利用泛型类创建对象的代码是否正确？（Book 为具体类）（　　）

```
var mySqlDb = new MySqlDb<Book>();
```

40. 默认情况下，一个模块中定义的变量和函数在另一个模块中是可以直接访问的。（　　）
41. 默认情况下，一个模块中定义的 public 类型的类在另一个模块中是可以直接访问的。（　　）
42. 一个模块中只能定义一个命名空间。（　　）
43. 如果一个命名空间通过 export 进行了暴露，那么该命名空间中定义的所有变量、函数和类等都可以在其他模块中访问。（　　）
44. 如果一个模块要使用另一个模块中定义的函数，则首先必须在该函数的定义模块中通过 export 暴露该函数，然后再在引用模块中通过 import 引入该函数。（　　）
45. 装饰器可以用来扩展类、属性、方法和参数的功能。（　　）
46. 装饰器只能装饰类，不能装饰属性和方法。（　　）
47. 装饰器不能传递参数。（　　）
48. 装饰器没有返回值。（　　）
49. 类装饰器必须在类声明之前进行声明，而且要紧靠着类的声明。（　　）
50. 以下箭头函数的写法是否正确？（　　）

```
var demo = x = > console.log(x);
```

二、选择题

1. TypeScript 是（　　）公司开发的软件。
   A. 谷歌　　　　　　B. 微软　　　　　　C. 苹果　　　　　　D. 腾讯
2. Angular 是（　　）公司开发的软件。
   A. 谷歌　　　　　　B. 微软　　　　　　C. 苹果　　　　　　D. 腾讯
3. Visual Studio Code 是（　　）公司开发的软件。
   A. 谷歌　　　　　　B. 微软　　　　　　C. 苹果　　　　　　D. 腾讯
4. 下载 Node.js 软件的网址是（　　）。
   A. https://node.com　　　　　　　　B. https://nodejs.com/en
   C. https://node.org　　　　　　　　D. https://nodejs.org/en/

5. 测试 Angular CLI 是否安装成功的命令是（　　）。
   A. angular -v　　　　　　　　　　　　B. angular v
   C. ng -v　　　　　　　　　　　　　　D. ng v
6. ts-node 命令的主要功能是（　　）。
   A. 将 ts 文件编译成 js 文件
   B. 将 js 文件编译成 ts 文件
   C. 将 ts 文件编译成 js 文件并运行 js 文件
   D. 将 js 文件编译成 ts 文件并运行 ts 文件
7. rimraf 命令的主要功能是（　　）。
   A. 快速删除 node_modules 文件夹
   B. 快速保存 node_modules 文件夹
   C. 快速恢复 node_modules 文件夹
   D. 快速删除 assets 文件夹
8. 生成 TypeScript 配置文件的命令是（　　）。
   A. ts --init　　　　　　　　　　　　B. tc --init
   C. tsc --init　　　　　　　　　　　D. tsc --node
9. 运行 JavaScript 文件的命令是（　　）。
   A. node　　　B. tsc　　　C. tsc-node　　　D. tsc-js
10. TypeScript 文件的扩展名是（　　）。
    A. ts　　　B. tsc　　　C. tc　　　D. tcs
11. 定义数值类型变量的关键字是（　　）。
    A. int　　　B. float　　　C. double　　　D. number
12. 下列（　　）是二进制数。
    A. 0b1011　　　B. 0o275　　　C. 147　　　D. 0xa2f
13. 下列（　　）是八进制数。
    A. 0b1011　　　B. 0o275　　　C. 147　　　D. 0xa2f
14. 下列（　　）是十六进制数。
    A. 0b1011　　　B. 0o275　　　C. 147　　　D. 0xa2f
15. 利用反引号标记的常量字符串中嵌入变量时使用的符号是（　　）。
    A. ${ }　　　B. $[ ]　　　C. $( )　　　D. #{ }
16. 以下代码的输出结果是（　　）。

```
let tup1: [string, number];
tup1 = ['北方工业大学', 110];
console.log(tup1[0]);
```

    A. 北方工业大学　　　　　　　　　　B. 110
    C. ['北方工业大学', 110]　　　　　D. 空字符
17. 下列（　　）不是定义变量的关键字。
    A. var　　　B. let　　　C. const　　　D. int

18．代码：enum Week { Monday = 3, Tuesday, Wednesday = 7, Thursday } 中定义的枚举常量 Thursday 的值是（　　）。

　　A．3　　　　　　　B．4　　　　　　　C．7　　　　　　　D．8

19．代码：enum Color { RED, GREEN, BLUE } 中定义的枚举常量 GREEN 的值是（　　）。

　　A．0　　　　　　　B．1　　　　　　　C．2　　　　　　　D．3

20．以下代码的输出结果是（　　）

```
let obj = { first: 'hello', last: 'world' };
let { first: f, last: l } = obj;
console.log(f);        // 输出：
```

　　A．first　　　　　B．hello　　　　　C．last　　　　　　D．world

21．下列代码的输出结果是（　　）。

```
function maxA(x: number, y: number): number {
    return x > y ? x : y;
}
console.log(maxA(10, 20));
```

　　A．10　　　　　　　B．20　　　　　　　C．30　　　　　　　D．40

22．下列代码的输出结果是（　　）。

```
let maxB = function (x: number, y: number): number {
    return x > y ? x : y;
}
console.log(maxB(30, 40));
```

　　A．10　　　　　　　B．20　　　　　　　C．30　　　　　　　D．40

23．下列代码的输出结果是（　　）。

```
function maxC(x: number, y?: number): number {
    if (y) {
        return x > y ? x : y;
    } else {
        return x;
    }
}
console.log(maxC(3));
```

　　A．运行错误

　　B．运行正确，结果为 1

　　C．运行正确，结果为 2

　　D．运行正确，结果为 3

24．下列代码的输出结果是（　　）。

```
function maxC(x?: number, y: number): number {
    if (y) {
        return x > y ? x : y;
    } else {
        return x;
    }
}
console.log(maxC(1,2));
```

  A．运行错误

  B．运行正确，结果为1

  C．运行正确，结果为2

  D．运行正确，结果为3

25．下列代码的输出结果是（　　）。

```
function maxD(x: number, y: number = 4): number {
    return x > y ? x : y;
}
console.log(maxD(3));
```

  A．运行错误

  B．运行正确，结果为2

  C．运行正确，结果为3

  D．运行正确，结果为4

26．下列代码的输出结果是（　　）。

```
function maxE(x: number = 4, y: number): number {
    return x > y ? x : y;
}
console.log(maxE(3, 5));
```

  A．运行错误

  B．运行正确，结果为3

  C．运行正确，结果为4

  D．运行正确，结果为5

27．下列代码的输出结果是（　　）。

```
function maxE(x: number = 4, y: number): number {
    return x > y ? x : y;
}
console.log(maxE(undefined, 3));
```

  A．运行错误

B. 运行正确，结果为 3

C. 运行正确，结果为 4

D. 运行正确，结果为 5

28．下列代码的输出结果是（　　）。

```
function sum(x: number, ...rest: number[]): number {
    let result = x;
    for (let i = 0; i < rest.length; i++) {
        result + = rest[i];
    }
    return result;
}
console.log(sum(1, 2, 3, 4, 5));
```

A. 运行错误

B. 运行正确，结果为 5

C. 运行正确，结果为 10

D. 运行正确，结果为 15

29．下列代码的输出结果是（　　）。

```
function attr(name: string): string;
function attr(age: number): string;
function attr(nameorage: any): any {
    if (nameorage && typeof nameorage === "string") {   //代表当前是名字
        console.log("ming")
    } else {
        console.log("age");
    }
}
attr("hello");
```

A. 运行错误

B. 运行正确，结果为 h

C. 运行正确，结果为 he

D. 运行正确，结果为 hello

30．类成员的默认访问权限是（　　）。

A. public　　　　　　　　　　　　B. protected

C. private　　　　　　　　　　　　D. readonly

31．下列哪种类成员的访问权限是只允许自己的其他成员访问（　　）。

A. public　　　　　　　　　　　　B. protected

C. private　　　　　　　　　　　　D. readonly

32．下列哪种类成员的访问权限是只允许自己的其他成员或自己的子类成员访问（　　）。

A. public　　　　　　　　　　　　B. protected

C. private D. readonly

33．创建对象时必须使用的关键字是（   ）。
   A．class B．new C．var D．let
34．类继承时使用的关键字是（   ）。
   A．class B．abstract
   C．extends D．implements
35．定义抽象类使用的关键字是（   ）。
   A．class B．abstract
   C．extends D．implements
36．定义接口使用的关键字是（   ）。
   A．class B．interface
   C．extends D．implements
37．一个类实现接口时使用的关键字是（   ）。
   A．class B．interface
   C．extends D．implements
38．一个接口继承另一个接口时使用的关键字是（   ）。
   A．class B．interface
   C．extends D．implements
39．装饰器是一个（   ）。
   A．属性 B．方法 C．类 D．接口
40．类装饰器表达式会在运行时当作函数被调用，类的（   ）作为其唯一的参数。
   A．属性 B．普通函数
   C．构造函数 D．类名

第 2 章
Angular 编程基础

本章概要

本章首先介绍 Angular，然后利用 Hello Angular 案例演示了 Angular Web 开发的基本方法和步骤，最后利用三个案例分别演示了文本和图片的使用方法、Flex 布局方法、组件创建及布局方法。

学习目标

◆ 掌握利用 Angular 进行 Web 前端框架开发的基本方法和步骤。
◆ 掌握文本和图片的使用方法。
◆ 掌握 Flex 布局方法。
◆ 掌握组件的创建及其布局方法。

2.1 Angular 简介

视频
Angular简介

目前流行的 Web 前端三大框架是 Vue、Angular、React。其中 Angular（简称 ng）是一个用于设计动态 Web 应用的结构框架，它的核心是对 HTML 标签的增强，即能够用 HTML 原生没有的标签/属性（即指令）完成一部分页面逻辑。所谓动态 Web 应用，是指与传统 Web 系统相比，Web 应用能够为用户提供丰富的操作，能够随用户操作不断更新视图而不进行 url 跳转。ng 更适用于开发数据操作较多的应用，而非游戏或图像处理类应用，为此 ng 引入了一些特性，包括：模板机制、数据绑定、模块、指令、依赖注入、路由等。通过数据与模板的绑定，能够让用户摆脱烦琐的 DOM 操作，而将注意力集中在业务逻辑上。

2.1.1 Angular 的发展历程

1. 背景

前端开发的基础仍然是 HTML+CSS+JavaScript。原始的 JavaScript（以下简称 JS）写法是程序员撰写的 JS 代码，和发布版 JS 基本相同，最多用混淆工具对单个文件做一些混淆处理。这个阶段的 JS 开发模式是手工 + 工具。

JQuery 的出现让 JS 在前端开发中的重要性大大提高，HTML 和 CSS 的所有动态调整都可以由 JS 完成。但是由于 JQuery 只是对 JavaScript 的框架封装，开发者的开发模式依然是手工 + 工具。

Node.js 是对 JS 开发方式的一种重要改进。程序员基于 Node.js 编译器开发 JS 代码，开发后的文件由 Node.js 转换成发布版 JS。发布过程中的优化、整合、混淆等完全由 Node.js 编译器完成。至此 JS 开发进入集成开发环境阶段。

Angular、React、Vue 以及很多最新的前端开发框架都基于 Node.js，它们都具有 Node.js 提供的特性，因此也被前端开发工程师形象地称为"脚手架"，即有人把这个开发过程中要用到的工具、环境都配置好了，方便开发工程师直接开发，专注业务，而不用再花时间去配置这个开发环境，这个开发环境就是脚手架。

Angular 开发的一个主要特点在于使用 TypeScript 作为开发语言，源码文件以 .ts 结尾。TypeScript 是一种 JavaScript 超集，最终也依赖 Node.js 编译器转化成发布的 js 文件。使用 TypeScript 的一个好处是开发者可以明显区分开发用的 ts 和发布的 js 文件。

2. 发展历程

Angular 主要发展历程如图 2.1 所示。

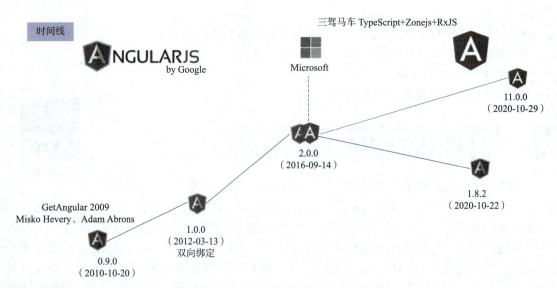

图 2.1 Angular 主要发展历程

Angular 一般意义上是指 Angular v2 及以上版本。它是一种前端应用框架，使用 TypeScript 语言。第一个版本使用 JavaScript 语言，因此被称为 AngularJS。

AngularJS。于 2009 年开始开发，于 2010 年发布初始版本。由于 Angular 和 AngularJS 开发语言不同，AngularJS 仍在维护，1.7.5 版本于 2018 年 10 月发布。

Angular 2。于 2014 年 10 月宣布，于 2016 年 5 月推出第一个发布版。该版本不再受 JS 的作用域、控制器等特性要求，而是使用组件等更适应开发阶段的特性。

Angular 4。由于路由包已经占用了版本编号 v3.3.0，为了避免混淆，Angular 直接从 v2 跳到 v4。第一个发布版于 2017 年 3 月发布，并完全向下兼容 Angular 2。

Angular 5。于 2017 年 11 月发布。新特性包括支持渐进式网站应用（PWA），并对 Material 设计框架等有更好的支持。

Angular 6。于 2018 年 5 月发布。该版本主要改进了工具链，使其对开发者更加友好。

Angular 7。于 2018 年 10 月发布。该版本同步依赖 TypeScript 3.1，RxJS 6.3 和 Node10（兼容 Node8）。

Angular 13。最新版本，于 2021 年 11 月发布。

2.1.2 Angular 的特点

（1）横跨所有平台。学会用 Angular 构建应用，然后把这些代码复用在多种不同平台的应用上 —— Web、移动 Web、移动应用、原生应用和桌面原生应用。

（2）速度与性能。通过 Web Worker 和服务端渲染，达到在如今(以及未来)的 Web 平台上所能达到的最高速度。Angular 可有效掌控可伸缩性，基于 RxJS、Immutable.js 和其他推送模型，能适应海量数据需求。

（3）美妙的工具。使用简单的声明式模板，快速实现各种特性。使用自定义组件和大量现有组件，扩展模板语言。在几乎所有 IDE 中获得针对 Angular 的即时帮助和反馈。所有这一切，都是为了编写漂亮的应用，而不是绞尽脑汁地让代码"能用"。

（4）百万用户热捧。从原型到全球部署，Angular 都能支撑 Google 大型应用的那些高延展性基础设施与技术。

2.1.3 Angular 的功能

（1）开发 App 和微信上的单页面应用。

（2）借助 Ionic、React Native 开发跨平台的原生 App。

（3）可以开发桌面应用，创建在桌面环境（Mac、Windows、Linux）下安装的应用。

2.1.4 Angular 的三驾马车

Angular 能够高速发展是因为有以下三驾马车全力牵引着它。

（1）TypeScript。简称 TS，它已经成为目前各个开发框架的首选语言。Vue 3.0 也使用 TypeScript。TypeScript 是 JS 的超集，提供了比 JS 更多的语法特性，具有面向对象的全部特性，非常适合开发大型项目。而 Angular 就采用了 TypeScript 进行框架的构建，这样使得它的开发迭代变得异常迅猛。

（2）RxJS。它是使用 Observables 进行响应式编程库，表示可以订阅异步数据流。该库提供了内置的运算符，用于观察、转换和过滤流，甚至将多个流组合在一起以一次创建更强大的数据流。Angular 将所有信息作为从路由参数到 HTTP 响应的可观察流处理。

（3）Zone.js。js 是异步执行的，当代码较多时，统计执行时间将非常困难，而 Zone.js 解决了这些问题，Zone.js 能实现异步 Task 跟踪、分析、错误记录、开发调试跟踪等。通过它的"钩子"，只要将函数执行挂载到它的上面，就能统计分析函数执行效率。

2.1.5 Angular 的核心概念

Angular 包含了八大核心概念：模块、组件、模板、元数据、数据绑定、指令、服务和依赖注入，如图 2.2 所示。

图 2.2　Angular 的八大核心概念

2.2　案例：编程基础——Hello Angular

2.2.1　案例描述

设计一个 Angular 案例，案例运行后显示：Hello Angular!

2.2.2　实现效果

案例运行后的结果如图 2.3 所示。

图 2.3　编程基础——Hello Angular 案例实现效果

2.2.3　案例实现

（1）创建项目 HelloAngular。利用 VS Code 打开某一文件夹（也可以在打开的同时新建一个文件夹），然后在 VS Code 终端输入命令：ng new HelloAngular --skip-install，在出现的提示中统一输入 yes，这样就可以在当前路径下创建一个名称为 HelloAngular 项目。创建完成后，在 VS Code 的"资源管理器"中显示 HelloAngular 文件夹。

（2）安装依赖。在创建项目命令时使用了 --skip-install，表示创建项目过程中跳过了安装依赖，需要安装依赖。安装方法是：在 VS Code 中打开创建的项目，利用命令：cnpm install 安装依赖，因为使用 cnpm 命令安装速度快。安装完成后会在 HelloAngular 文件夹中添加

node_modules 文件夹，如图 2.4 所示。

图 2.4　创建项目和安装依赖后的资源管理器

（3）编译运行。在终端中输入：ng serve --open，编译完成后如果显示 Compiled successfully 的提示，表示项目编译成功，并在默认浏览器中打开结果界面，如图 2.5 所示。也可以先使用命令：ng serve 编译代码，编译完成后再打开浏览器，在浏览器地址栏中输入：localhost:4200，按【Enter】键即可。

图 2.5　项目运行结果

（4）修改代码。删除 app.component.html 文件中原有代码，添加代码如下：

```
<!-- app.component.html -->
<h1 style = "text-align: center;">Hello Angular!</h1>
```

保存代码（代码必须保存，因为编译时不能自动保存），浏览器自动显示更新后的内容，如图 2.2 所示。

2.2.4 知识要点

（1）创建项目。利用命令：ng new 项目名称 --skip-install 创建项目，命令属性 --skip-install 要求在创建项目时跳过安装依赖，如果在创建项目时安装依赖，即使用 NPM 安装，需要的时间较长。

（2）安装项目依赖。首先进入项目文件夹，然后利用命令：cnpm install 安装项目依赖，依赖安装完成后，会在项目中出现 node_modules 文件夹。由于 CNPM 是从国内服务器中下载资源，因此执行的速度比较快。

（3）编译运行项目。可以先编译再运行，也可以编译后直接运行。编译项目的命令是：ng serve，编译完成后在浏览器地址栏中输入：http://localhost:4200/，按【Enter】键，显示运行结果。也可以利用命令：ng serve -open，编译完成后直接在默认浏览器中打开执行结果。

（4）修改显示内容。如果要修改显示内容，需要在 app.component.html 文件中进行修改，修改完成后直接保存，即可在浏览器中显示修改后的内容。

（5）不能创建和运行项目的解决方案。在利用 ng new 命令创建项目时，有时候会出现"无法加载文件 ng.ps1，因为在此系统上禁止运行脚本"的错误提示，解决方法如下：

- 以管理员身份运行 VS Code 软件。
- 在终端执行：get-ExecutionPolicy，显示 Restricted，表示状态是禁止的。
- 在终端执行：set-ExecutionPolicy RemoteSigned。
- 这时再执行：get-ExecutionPolicy，就显示 RemoteSigned。

（6）程序执行的主要过程：

- 程序显示的主页面是 index.html，在该文件中利用 body 中的 `<app-root></app-root>` 引用了根组件 app。代码如下：

```html
<!--index.html-->
<!doctype html>
<html lang = "en">
<head>
  <meta charset = "utf-8">
  <title>Ex0302CreateComponents</title>
  <base href = "/">
  <meta name = "viewport" content = "width = device-width, initial-scale = 1">
  <link rel = "icon" type = "image/x-icon" href = "favicon.ico">
</head>
<body>
  <app-root></app-root>
</body>
</html>
```

- 根组件的选择器（标签）在组件类的装饰器中定义，代码如下：

```typescript
// app.component.ts
import { Component } from '@angular/core';

@Component({
```

```
  selector: 'app-root',
  templateUrl: './app.component.html',
  styleUrls: ['./app.component.scss']
})
export class AppComponent {
  title = 'HelloAngular';
}
```

◆ 根组件显示模板文件内容，即 app.component.html 文件中的内容，该文件修改后的代码如下：

```
<!-- app.component.html -->
<h1 style = "text-align: center;">Hello Angular!</h1>
```

从以上分析可以看出，本案例代码文件执行的流程是：index.html → app.component.ts → app.component.html。

2.3 案例：编程基础——文本与图片

2.3.1 案例描述

设计一个 Angular 案例，案例运行后显示具有一定格式的文本和图片内容。

2.3.2 实现效果

案例运行后的效果如图 2.6 所示。从图中可以看出，最上面是一行标题文本，标题下面是一条水平线，水平线的下方是两段文本，这两段文本的样式是不一样的，第一段文本是红色字体，第二段文本是绿色字体。文本下方是一张图片，图片居中对齐。

图 2.6　编程基础——文本与图片案例实现效果

2.3.3 案例实现

（1）创建项目：TextAndImage。
（2）准备图片素材，将图片所在的文件夹复制到项目中的 assets 文件夹。
（3）设计根组件模板文件内容。删除原有内容，并在该文件中添加如下代码：

```html
<!-- app.component.html -->
<h1>文本与图片</h1>
<hr>
<div style="color: red; font-size: large; margin: 10px;">
    延安精神培育了一代代中国共产党人，是我们党的宝贵精神财富。要坚持不懈用延安精神教育广大党员、干部，用以滋养初心、淬炼灵魂，从中汲取信仰的力量、查找党性的差距、校准前进的方向。
    ——摘自 2020 年 4 月习近平总书记在陕西考察时的讲话
</div>
<div class="myClass">
    延安时期，我们党为什么能从之前经历的挫折中快速成熟起来，
    成为中国人民革命事业当之无愧的领导核心？中央党史和文献研究院第一研究部副主任张贺福说，其中最根本的原因，就是确立了毛泽东思想的指导地位，形成了以毛泽东同志为核心的中央领导集体，实现了全党在思想上、政治上、组织上的空前团结和统一。
</div>
<div style="text-align: center;">
    <img src="assets/images/yajs.png" alt="">
</div>
```

（4）定义根组件的模板样式类，代码如下：

```scss
/**app.component.scss*/
h1{
    text-align: center;         //设置文本对齐方式
}
img{
    width: 70%;
}
```

（5）在 styles.scss 文件中定义样式类，代码如下：

```scss
.myClass{
    font-size: large;           //设置字体大小
    color: green;               //设置字体颜色
    margin: 10px;               //设置外边距为 10px
}
```

（6）编译执行项目。创建完成后使用以下命令编译运行项目。

```
ng serve --open
```

2.3.4 知识要点

(1) Angular 项目结构。如图 2.7 所示,其中 src 路径下的 app 是根组件,app.component.html 是组件模板文件,用于与用户直接交互,组件的内容在该文件中进行设计。app.component.scss 是组件的样式文件,用于定义组件样式类。app.component.ts 文件是组件的功能逻辑文件,用于维护组件的数据模型及功能逻辑,当向应用中添加组件和服务时,与这个根组件相关联的视图就会成为视图树的根。app-routing.module.ts 文件用于实现组件路由,驱动应用界面的跳转和切换。app.module.ts 文件定义了名为 AppModule 的根模块,该模块实现 Angular 组装应用,当向应用中添加更多组件时,它们也必须在这里声明。项目中 assets 文件夹用来存放音频、视频等资源。styles.scss 文件用来定义整个项目中组件的样式类。

图 2.7 Angular 项目结构

(2) 设置文本和图片样式的方法。在组件模板文件中直接利用 style 标签属性进行设置,也可以通过在 app.component.scss 或 styles.scss 文件中定义样式类,然后在组件模板文件中利用标签属性 class 进行设置。

2.4 案例:编程基础——Flex 布局

视 频

编程基础——
Flex布局

2.4.1 案例描述

设计一个案例,利用 Flex 布局实现页面基本布局和混合布局效果。

2.4.2 实现效果

案例实现效果如图 2.8 所示。第一行为水平布局,第二行为左右混合布局,第三行为上下混合布局。

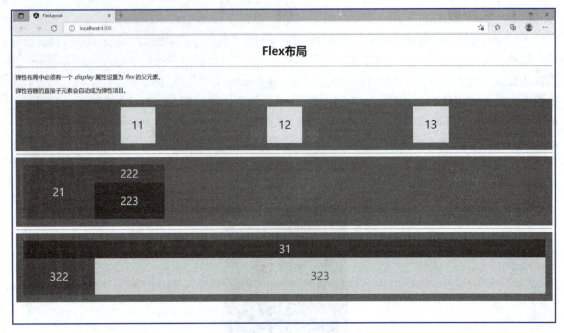

图 2.8　编程基础——Flex 布局案例实现效果

2.4.3　案例实现

（1）创建项目：FlexLayout。

（2）编写 app.component.html 文件代码。

```
<!-- app.component.html -->
<h1>Flex 布局 </h1>
<hr>
<p>弹性布局中必须有一个 <em>display</em> 属性设置为 <em>flex</em> 的父元素。</p>
<p>弹性容器的直接子元素会自动成为弹性项目。</p>

<div class = "flex-container1">
  <div>11</div>
  <div>12</div>
  <div>13</div>
</div>
<hr>

<div class = "flex-container2">
  <div class = "div21">21</div>
  <div class = "div22">
    <div class = "div222">222</div>
    <div class = "div223">223</div>
  </div>
</div>
<hr>
```

```html
<div class = "flex-container3">
  <div class = "div31">31</div>
  <div class = "div32">
    <div class = "div322">322</div>
    <div class = "div323">323</div>
  </div>
</div>
```

（3）编写 app.component.scss 文件代码。

```scss
// app.component.scss
// app.component.scss
h1 {
    text-align       : center;
}

.flex-container1 {
    display          : flex;
    background-color: DodgerBlue;
    justify-content : space-evenly;    // 均匀排列每个元素，每个元素之间的间隔相等
}

.flex-container1 div {
    background-color: #f1f1f1;
    margin           : 20px;
    font-size        : 30px;
    text-align       : center;
    width            : 100px;
    line-height      : 100px;          // 设置行高，使文本垂直方向居中
}

.flex-container2 {
    display          : flex;
    background-color: DodgerBlue;
    text-align       : center;
    font-size        : 30px;
    color            : #f1f1f1;
}

.div21 {
    background-color: red;
    width            : 200px;
    line-height      : 150px;
    margin           : 20px 0px;
    margin-left      : 20px;
}

.div22 {
    display          : flex;
```

```
        flex-direction   : column;
        margin           : 20px 0px;
    }

    .div222 {
        line-height      : 50px;
        width            : 200px;
        background-color : green;
    }

    .div223 {
        flex-grow        : 1;              //占据主轴方向全部剩余空间
        width            : 200px;
        background-color : blue;
        line-height      : 100px;
    }

    .flex-container3 {
        display          : flex;
        flex-direction   : column;
        background-color : DodgerBlue;
        font-size        : 30px;
        text-align       : center;
        color            : #f1f1f1;
    }

    .div31 {
        line-height      : 50px;
        background-color : blue;
        margin           : 20px 20px 0px 20px;
    }

    .div32 {
        height           : 100px;
        display          : flex;
        background-color : green;
        margin           : 0px 20px 20px 20px;
    }

    .div322 {
        line-height      : 100px;
        width            : 200px;
        background-color : red;
    }

    .div323 {
        line-height      : 100px;
        flex-grow        : 1;
```

```
    background-color: yellow;
    color           : red;
}
```

2.4.4 知识要点

本案例主要涉及盒模型、Flex 布局和利用 line-height 属性设置盒模型中文本垂直居中对齐的方法。

1. 盒模型

所有 HTML 元素都可以看作盒子，在 CSS 中，"box model"这一术语用来设计和布局时使用。盒模型本质上是一个盒子，封装周围的 HTML 元素，它包括：边距、边框、填充和实际内容，模型结构如图 2.9 所示，各部分说明如下：

（1）element(元素)：盒子的内容，包括文本和图像。

（2）padding(内边距)：清除内容周围的区域，内边距是透明的。

（3）border(边框)：内边距之外是边框。允许指定边框的样式、宽度和颜色。

（4）margin(外边距)：边框之外的区域，外边距是透明的。

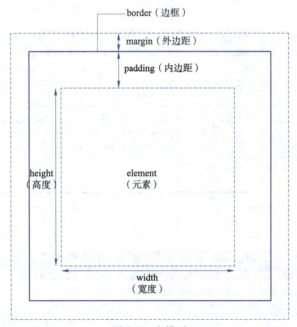

图 2.9 盒模型

2. Flex 布局

Flex 是 Flexible Box 的缩写，意为"弹性盒布局"，用来对盒状模型进行布局。采用 Flex 布局的元素称为 Flex 容器（flex container），简称"容器"，它的所有子元素自动成为容器成员，称为 Flex 项目（flex item），简称"项目"。容器默认存在两根轴：主轴（main axis）和交叉轴（cross axis）。主轴的开始位置（与边框的交叉点）称为 main start，结束位置称为 main end；交叉轴的开始位置称为 cross start，结束位置称为 cross end。项目默认沿主轴排列。单个项目占据的主轴空间称为 main size，占据的交叉轴空间称为 cross size，如图 2.10 所示。

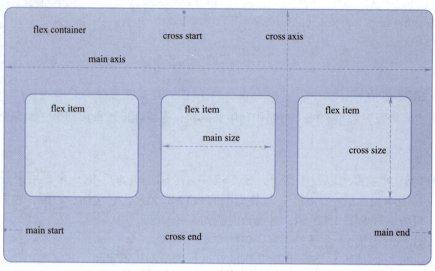

图 2.10 Flex 弹性盒模型布局

（1）Flex 容器布局见表 2.1。

表 2.1　Flex 容器布局属性

属　　性	含　　义	合　法　值
flex-direction	主轴的方向（即项目的排列方向）	row、row-reverse、column、column-reverse
flex-wrap	如果一条轴线排不下，如何换行	nowrap、wrap、wrap-reverse
justify-content	项目在主轴上的对齐方式	flex-start、flex-end、center、space-between、space-around
align-items	项目在交叉轴上的对齐方式	flex-start、flex-end、center、baseline、stretch
align-content	项目在交叉轴上有多根轴线时的对齐方式	flex-start、flex-end、center、space-between、space-around、stretch

（2）Flex 项目布局见表 2.2。

表 2.2　Flex 项目布局属性

属　　性	说　　明
order	项目的排列顺序。数值越小，排列越靠前，默认值为 0
flex-grow	各项目宽度之和小于容器宽度时，各项目分配容器剩余宽度的放大比例，默认值为 0，即不放大
flex-shrink	各项目宽度之和大于容器宽度时，各项目缩小自己宽度的比例，默认值为 1，即该项将缩小
flex-basis	元素宽度的属性，和 width 功能相同，但比 width 的优先级高
flex	是 flex-grow, flex-shrink 和 flex-basis 的简写，默认值为 0, 1, auto。后两个属性可选
align-self	允许单个项目有与其他项目不一样的对齐方式，可覆盖 align-items 属性。默认值为 auto，表示继承父元素的 align-items 属性，如果没有父元素，则等同于 stretch

3. 利用 line-height 设置文本垂直居中原理

line-height 为每行文字所占高度。例如，有一行文字高度为 20 px，如果设置 line-height:50

第 2 章　Angular 编程基础

px，这行文字的高度 50 px，由于每个字的高度只有 20 px，于是浏览器就把其他 30 px（50 px-20 px）在这行文字的上、下各加 15 px，这样文字在 50 px 的空间内为居中。

2.5 案例：创建组件——多组件布局

编程基础——
多组件布局

2.5.1 案例描述

设计一个案例，在案例中创建四个新组件，并在根组件中对这四个新组件进行布局显示。

2.5.2 实现效果

案例的实现效果如图 2.11 所示。从图中可以看出，案例中创建的四个组件进行了两行和两列布局。

图 2.11　创建组件——多组件布局案例实现效果

2.5.3 案例实现

（1）创建项目：MultiCompLayout。
（2）创建组件：comp01、comp02、comp03 和 comp04。创建组件的命令：

```
ng g component 路径名/组件名
```

创建组件后，每个组件的模板文件都会自动生成一行代码，如 comp01.component.html 文件代码是：<p>comp01 works!</p>

（3）在 style.scss 文件中设置新创建的四个组件的格式，代码如下：

```
// style.scss
p {
```

· 59 ·

```
    padding          : 40px 60px;
    margin           : 20px;
    border           : 4px solid red;
    background-color : blue;
    color            : white;
    font-size        : xx-large;
}
```

（4）在根组件中挂载四个新创建的组件，代码如下：

```html
<!-- app.component.html -->
<h1>多组件布局</h1>
<hr>

<div>
  <app-comp01></app-comp01>
  <app-comp02></app-comp02>
</div>

<div>
  <app-comp03></app-comp03>
  <app-comp04></app-comp04>
</div>
```

（5）设置根组件样式类，代码如下：

```scss
// app.component.scss
h1{
    text-align      : center;
}

div{
    display         : flex;
    flex-direction  : row;
    justify-content : center;
}
```

2.5.4 知识要点

（1）组件化。Angular 背后的指导思想之一就是"组件化"。正常情况下，浏览器只能识别 HTML 中的部分标签，如 <select>、<form> 和 <img> 等，它们的功能是由浏览器的开发者预先定义好的，如果想教浏览器认识一些具有自定义功能的新标签，如用来显示天气的 <weather> 标签或用来进行登录的 <login> 标签，然后把项目以组件的形式构建，这就是"组件化"背后的基本思想。

（2）创建组件的方法。使用命令：ng g component 路径名 / 组件名。

（3）组件的显示原理。每个组件都有自己的 selector（选择器，即组件名称），利用组件名称来引用组件，根组件的默认选择器是：app-root，该组件在 index.html 文件中被引用。

（4）实现多个组件布局的方法。多组件布局和其他普通标签布局一样，只是一般情况下在根组件中进行布局。

（5）边框设置。边框属性包括：边框宽度、边框样式和边框颜色，可以一次性设置边框的所有边，设置方法：border:border-width border-style border-color，例如，border: 3px dashed #00ff00。也可以通过 border-top、border-right、border-bottom、border-left 单独设置边框的各条边，例如，border-top: 3px dashed #00ff00。

① 边框宽度（border-width）。用于设置边框线条的粗细，有两种设置方法：

◆ 指定长度值，比如 2 px 或 0.1em（单位为 px、pt、cm、em 等）。

◆ 使用三个关键字之一：thick、medium（默认值）和 thin。

② 边框样式（border-style）。用于定义边框线条的样式，属性值见表 2.3。

表 2.3　边框样式类型及说明

边框样式	说　　明
none	默认无边框
dotted	定义一个点线边框
dashed	定义一个虚线边框
solid	定义实线边框
double	定义两个边框。两个边框的宽度和 border-width 的值相同
groove	定义 3D 沟槽边框。效果取决于边框的颜色值
ridge	定义 3D 脊边框。效果取决于边框的颜色值
inset	定义一个 3D 的嵌入边框。效果取决于边框的颜色值
outset	定义一个 3D 突出边框。效果取决于边框的颜色值

③ 边框颜色（border-color）。用于设置边框的颜色，可以使用以下方法设置：

◆ Name：指定颜色的名称，如 "red"。

◆ RGB：指定 RGB 值，如 "rgb(255,0,0)"。

◆ RGBA：指定 RGBA 值，如 "rgba(255,0,0,1)"。

◆ Hex：指定十六进制值，如 "#ff0000"。

注：R（Red）、G（Green）、B（Blue）的范围为 0 ~ 255，A（alpha）表示透明度，其范围为 0 ~ 1。

习　题　二

一、判断题

1．Angular 横跨所有平台。　　　　　　　　　　　　　　　　　　　　　　　　（　　）

2．Angular 通过 Web Worker 和服务端渲染，达到在如今（以及未来）的 Web 平台上所能达到的最高速度。　　　　　　　　　　　　　　　　　　　　　　　　　　　　（　　）

3．Angular 可以开发 App 和微信上的单页面应用。　　　　　　　　　　　　　　（　　）

4．Angular借助Ionic、React Native可以开发跨平台的原生App。（　　）

5．Angular可以开发桌面应用，创建能在桌面环境（Mac、Windows、Linux）下安装的应用。（　　）

二、选择题

1．Angular、React、Vue以及很多最新的前端开发框架都是基于（　　），因此也被前端开发工程师形象地称为"脚手架"。

　　A．JavaScript　　　　　　　　　　B．TypeScript
　　C．Node.js　　　　　　　　　　　D．Zone.js

2．Angular一般意义上是指Angular v2及以上版本，它是一种前端应用框架，使用（　　）语言。

　　A．JavaScript　　　　　　　　　　B．TypeScript
　　C．Node.js　　　　　　　　　　　D．Zone.js

3．Angular能够高速发展是因为有三驾马车全力牵引着它，这三驾马车不包括（　　）。

　　A．RxJS　　　　　　　　　　　　B．TypeScript
　　C．Node.js　　　　　　　　　　　D．Zone.js

4．创建Angular应用的命令是（　　）。

　　A．ng new　　　　　　　　　　　B．ng g
　　C．ng serve　　　　　　　　　　　D．cnpm install

5．安装Angular依赖的命令是（　　）。

　　A．ng new　　　　　　　　　　　B．ng g
　　C．ng serve　　　　　　　　　　　D．cnpm install

6．编译Angular应用的命令是（　　）。

　　A．ng new　　　　　　　　　　　B．ng g
　　C．ng serve　　　　　　　　　　　D．cnpm install

7．在（　　）文件中修改代码并运行后可以直接看到修改结果。

　　A．app.component.html　　　　　　B．app.component.scss
　　C．app.component.ts　　　　　　　D．app.component.spec.ts

8．Angular应用显示的主页面是（　　）。

　　A．app.component.html　　　　　　B．index.html
　　C．angular.json　　　　　　　　　D．app.component.scss

9．根组件的模板文件是（　　）。

　　A．app.component.html　　　　　　B．app.component.scss
　　C．app.component.ts　　　　　　　D．app.component.spec.ts

10．在（　　）文件中定义根组件的模板样式类。

　　A．app.component.html　　　　　　B．app.component.scss
　　C．app.component.ts　　　　　　　D．app.component.spec.ts

11．在（　　）文件中定义所有组件的模板样式类。

　　A．app.component.html　　　　　　B．app.component.scss
　　C．styles.scss　　　　　　　　　　D．index.html

12. 通过引用CSS样式类来设置CSS标签样式时所使用的标签属性是（　　）。
    A. style　　　　　　B. class　　　　　　C. type　　　　　　D. css
13. 直接设置标签样式时所使用的标签属性是（　　）。
    A. style　　　　　　B. class　　　　　　C. type　　　　　　D. css
14. 采用Flex布局的元素称为Flex容器，又称为（　　），简称"容器"。
    A. cross axis　　　　　　　　　　　　　B. main axis
    C. flex container　　　　　　　　　　　D. flex item
15. Flex容器的所有子元素自动成为容器成员，这些成员又称为（　　），简称"项目"。
    A. cross axis　　　　　　　　　　　　　B. main axis
    C. flex container　　　　　　　　　　　D. flex item
16. Flex容器默认存在两根轴：main axis和（　　）。
    A. cross axis　　　　　　　　　　　　　B. flex axis
    C. flex container　　　　　　　　　　　D. flex item
17. Flex布局主轴的开始位置（与边框的交叉点）称为（　　）。
    A. cross start　　　　　　　　　　　　B. main start
    C. cross end　　　　　　　　　　　　　D. main end
18. Flex布局主轴的结束位置称为（　　）。
    A. cross start　　　　　　　　　　　　B. main start
    C. cross end　　　　　　　　　　　　　D. main end
19. Flex布局交叉轴的开始位置称为（　　）。
    A. cross start　　　　　　　　　　　　B. main start
    C. cross end　　　　　　　　　　　　　D. main end
20. Flex布局交叉轴结束位置称为（　　）。
    A. cross start　　　　　　　　　　　　B. main start
    C. cross end　　　　　　　　　　　　　D. main end
21. Flex项目默认沿（　　）轴排列。
    A. main axis　　　　B. cross axis　　　　C. X　　　　　　　D. Y
22. Flex布局中，单个项目占据的主轴空间称为（　　）。
    A. cross size　　　　　　　　　　　　　B. cross space
    C. main size　　　　　　　　　　　　　D. main space
23. Flex布局中，单个项目占据的交叉轴空间称为（　　）。
    A. cross size　　　　　　　　　　　　　B. cross space
    C. main size　　　　　　　　　　　　　D. main space
24. Flex容器布局中，（　　）属性用于设置主轴的方向（即项目的排列方向）。
    A. align-items　　　　　　　　　　　　B. flex-wrap
    C. justify-content　　　　　　　　　　D. flex-direction
25. Flex容器布局属性中，（　　）用于设置如果一条轴线排不下应如何换行。
    A. align-items　　　　　　　　　　　　B. flex-wrap
    C. justify-content　　　　　　　　　　D. flex-direction

26．Flex 容器布局属性中，（   ）用于设置项目在主轴上的对齐方式。
   A．align-items   B．flex-wrap
   C．justify-content   D．flex-direction
27．Flex 容器布局属性中，（   ）用于设置项目在交叉轴上的对齐方式。
   A．align-items   B．flex-wrap
   C．justify-content   D．flex-direction
28．Flex 容器布局属性中，（   ）用于设置项目在交叉轴上有多根轴线时的对齐方式。
   A．align-items   B．justify-content
   C．flex-direction   D．align-content
29．Flex 项目布局属性中，（   ）用于设置项目的前后排列顺序。
   A．flex   B．flex-grow   C．order   D．flex-basis
30．Flex 项目布局属性中，（   ）用于设置各项目宽度之和小于容器宽度时，各项目分配容器剩余宽度的放大比例。
   A．flex-shrink   B．flex-grow
   C．order   D．flex-basis
31．Flex 项目布局属性中，（   ）用于设置各项目宽度之和大于容器宽度时，各项目缩小自己宽度的比例。
   A．order   B．flex-basis
   C．align-self   D．flex-shrink
32．Flex 项目布局属性中，（   ）用于设置元素宽度。
   A．flex   B．flex-grow   C．order   D．flex-basis
33．Flex 项目布局属性中，（   ）是 flex-grow、flex-shrink 和 flex-basis 的简写，默认值为 0 1 auto。
   A．flex   B．flex-grow   C．flex-shrink   D．flex-basis
34．Flex 项目布局属性中，（   ）允许单个项目有与其他项目不一样的对齐方式，可覆盖 align-items 属性。
   A．order   B．flex-basis
   C．align-self   D．flex-shrink
35．当容器的（   ）属性值大于或等于 height 的属性值时，容器中的文本将垂直居中对齐。
   A．line-height   B．height-line
   C．size   D．width
36．创建组件的命令是（   ）。
   A．ng new component   B．ng g component
   C．ng g pipe   D．ng g service
37．每个组件都有自己的 selector（选择器，也就是组件名称），利用组件名称来引用组件，根组件的默认选择器是（   ）。
   A．app-root   B．appComponent
   C．app   D．root

38．假设创建了一个名称为 comp 的组件，那么该组件默认的 selector 是（　　）。
　　A．comp　　　　　　　　　　　　　B．selector-comp
　　C．app-comp　　　　　　　　　　　D．comp-app
39．假设创建了一个名称为 comp 的组件，那么该组件对应的默认类名是（　　）。
　　A．compComponent　　　　　　　　B．appComponent
　　C．app-compComponent　　　　　　D．comp-appComponent
40．假设创建了一个名称为 comp 的组件，那么该组件对应的模板文件是（　　）。
　　A．comp.component.html　　　　　B．app.component.html
　　C．app-comp.component.html　　　D．comp-app.component.html
41．盒模型本质上是一个盒子，封装周围的 HTML 元素，包括：边距、边框、填充和实际内容。模型的（　　）属性用来设置边框的样式。
　　A．border-style　　　　　　　　　　B．box-model
　　C．padding　　　　　　　　　　　　D．margin
42．边框样式属性值（　　）用于设置点线边框。
　　A．solid　　　　B．dotted　　　　C．dashed　　　　D．double
43．边框样式属性值（　　）用于设置虚线边框。
　　A．solid　　　　B．dotted　　　　C．dashed　　　　D．double
44．边框样式属性值（　　）用于设置实线边框。
　　A．solid　　　　B．dotted　　　　C．dashed　　　　D．double
45．边框样式属性值（　　）用于设置双线边框。
　　A．solid　　　　B．dotted　　　　C．dashed　　　　D．double
46．边框样式属性值（　　）用于设置边框宽度。
　　A．border-color　　　　　　　　　　B．border-bottom
　　C．border-size　　　　　　　　　　　D．border-width
47．边框样式属性值（　　）用于设置边框的颜色。
　　A．border-color　　　　　　　　　　B．border-bottom
　　C．border-top　　　　　　　　　　　D．border-width
48．边框样式属性值（　　）用于一次性设置边框的宽度、样式和颜色。
　　A．border-color　　　　　　　　　　B．border-size
　　C．border　　　　　　　　　　　　　D．border-width
49．边框样式属性值（　　）用于设置下边框样式。
　　A．border-left　　　　　　　　　　　B．border-bottom
　　C．border-top　　　　　　　　　　　D．border-right
50．盒模型属性中（　　）用于设置内边距。
　　A．margin　　　　　　　　　　　　　B．padding
　　C．margin-bottom　　　　　　　　　D．padding-left
51．盒模型属性中（　　）用于设置外边距。
　　A．margin　　　　　　　　　　　　　B．padding

C. margin-bottom   D. padding-left

52．在盒模型中，当上面的模型的下边距为 20 px，下面模型的上边距为 30 px，两个模型之间的边距是（　　）。

A．50 px   B．20 px   C．30 px   D．不确定

53．代码：margin:10px 20px; 表示上下外边距是（　　）。

A．5 px   B．10 px   C．15 px   D．20 px

54．代码：margin:10px 20px; 表示左右外边距是（　　）。

A．5 px   B．10 px   C．15 px   D．20 px

55．代码：margin:10px 20px 30px 40px; 表示左边距是（　　）。

A．10 px   B．20 px   C．30 px   D．40 px

第 3 章
数据绑定及数据传递

本章概要

本章用六个案例演示了数据绑定、事件绑定、属性绑定、双向数据传递以及模板文件向逻辑文件传值的工作原理和实现方法。

学习目标

- ◆ 掌握数据绑定、事件绑定和属性绑定的工作原理和实现方法。
- ◆ 掌握双向数据传递的工作原理和实现方法。
- ◆ 掌握模板文件向逻辑文件传值的工作原理和实现方法。

3.1 案例：数据与事件绑定——计时器

视频

数据与事件绑定——计时器

3.1.1 案例描述

设计一个案例，利用数据和事件绑定原理实现倒计时功能。

3.1.2 实现效果

案例实现效果如图 3.1 所示。开始计时时间为 60，当单击"开始计时"按钮时，时间每隔 1 秒就减少 1；当单击"停止计时"按钮时，计时停止；当单击"重新计时"按钮时，计时时间又回到 60 并开始倒计时。

图 3.1　数据与事件绑定——计时器案例实现效果

3.1.3 案例实现

（1）创建项目：Timer。

（2）设计根组件内容，其中主要包括标题、计时器界面和三个控制按钮。

```html
<!-- app.component.html -->
<h1>计时器</h1>
<hr>
<div class = "flex-container">
    <div>{{num}}</div>
</div>
<div class = "btnLayout">
    <button (click) = "start()">开始计时</button>
    <button (click) = "stop()">停止计时</button>
    <button (click) = "reset()">重新计时</button>
</div>
```

（3）设计根组件样式。这里定义了五种样式类：h1、.flex-container、.flex-container div、.btnLayout、.btnLayout button，其中 .flex-container 用于设置计时器布局样式，.flex-container div 用于设置计时器中的文字样式，.btnLayout 用于设置按钮布局，.btnLayout button 用于设置按钮样式。

```scss
// app.component.scss
h1 {
    text-align      : center;          // 设置文本对齐方式
}

.flex-container {
    display         : flex;            // 设置布局类型
    justify-content : center;          // 设置主轴方向的对齐方式
}

.flex-container div {
    font-size       : 120px;
    font-weight     : bolder;
    letter-spacing  : 0.2em;           // 设置字符间距
    padding         : 50px 150px;      // 内边距
    border          : 2px solid greenyellow;
    border-radius   : 30px;
    color           : yellow;
```

```
    background-color  : purple;
    margin            : 10px;                // 外边距
}

.btnLayout {
    display           : flex;
    justify-content   : center;
}

.btnLayout button {
    font-size         : 24px;
    padding           : 10px 20px;
    background-color  : blue;
    color             : white;
    border-radius     : 30px;
    margin            : 10px;
}
```

（4）设计根组件的业务逻辑。在组件类中定义了三个属性并进行初始化，定义了三个函数：start()、stop() 和 reset()，分别对应单击三个按钮的事件。

```
// app.component.ts
import { Component } from '@angular/core';

@Component({
  selector: 'app-root',
  templateUrl: './app.component.html',
  styleUrls: ['./app.component.scss']
})
export class AppComponent {
  public num: number = 60;                    // 计时器显示的数值
  private timerID: any = undefined;           // 计时器 ID
  private flag: boolean = true;               // 控制计时变量

  start() {
    if (this.flag) {
      this.flag = false;                      // 防止连续单击按钮出现计时混乱
      this.timerID = setInterval(() = > {     // 箭头函数是回调函数
        if (this.num > 0) {
          this.num--;
        }
```

```
      else {
        return;
      }
    }, 1000)
  }

  stop() {                     // 单击"停止计时"按钮时调用的函数
    clearInterval(this.timerID);
    this.flag = true;
  }

  reset() {                    // 单击"重新计时"按钮时调用的函数
    this.num = 60;             // 设置初始值
    if (this.num == 60) {
      this.start();            // 只有在初始值时才启动 start() 函数
    }
  }
}
```

3.1.4 知识要点

（1）Angular 应用的核心模块。一个完整的 Angular 应用主要由六部分构成：组件、模板、指令、服务、依赖注入和路由。这些部分各司其职、紧密合作，它们之间的关系如图 3.2 所示。与用户直接交互的是模板视图，模板视图并不是独立的模块，它是组件的要素之一。组件除了模板视图外，还有另一个要素——组件类。组件类用于维护组件的数据模型及功能逻辑。路由的功能是控制组件的创建与销毁，从而驱动应用界面的跳转和切换。指令与模板相关联，其主要功能是增强模板特性，间接扩展了模板的语法。服务是封装若干功能逻辑的单元，可以通过依赖注入机制引入到组件内部，作为组件功能的扩展。

（2）组件。是模板的控制类，是构成 Angular 应用的基础和核心，用来包装特定的功能。应用程序的有序运行依赖于组件之间的协调工作。

（3）数据绑定。组件模板中的动态数据通过符号 {{ }} 与组件类中的属性进行绑定，这样组件类中的属性数据就可以传给组件模板文件，这种传递是单向的。

（4）事件绑定。通过在模板文件中为某一对象标签设置：(event) = " 函数 " 来实现，其中 event 表示发生在对象上的事件，函数则表示该事件引发的行为，在组件类中进行定义。事件绑定的信息传递方向是单向的，由模板文件向组件类传递。

（5）计时器函数。包括：setInterval()、clearInterval()、setTimeout()、clearTimeout()。

① number setInterval(function callback, number delay, any rest) 函数。设定一个定时器，按照指定的周期（以 ms 计）来执行注册的回调函数。参数 callback 为回调函数。参数 delay 为执行回调函数之间的时间间隔，单位为 ms。参数 rest, param1, param2, …, paramN 等为

附加参数，它们作为参数传递给回调函数。返回值 number 为定时器的编号，该值传递给 clearInterval 取消该定时器。

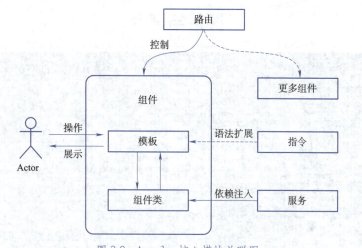

图 3.2　Angular 核心模块关联图

② clearInterval(number intervalID) 函数。取消由 setInterval 设置的定时器。参数 intervalID 为取消的定时器 ID。

③ number setTimeout(function callback, number delay, any rest) 函数。设定一个定时器，在定时结束以后执行注册的回调函数。参数 callback 为回调函数。参数 delay 为延迟的时间，函数的调用会在该延迟之后发生，单位为 ms。参数 rest, param1, param2, …, paramN 等为附加参数，它们会作为参数传递给回调函数。返回值 number 为定时器的编号，该值传递给 clearTimeout 取消该定时。

④ clearTimeout(number timeoutID) 函数。取消由 setTimeout 设置的定时器。参数 timeoutID 为要取消的定时器的 ID。

3.2　案例：属性与事件绑定——图片与声音

3.2.1　案例描述

设计一个案例，利用属性与事件绑定方法实现如下效果：案例运行后显示一张图片，单击图片播放音乐，整个画面出现边框线，标题和图片之间水平线样式也发生变化。再次单击暂停播放音乐，画面边框消失，水平线恢复到最初状态。

3.2.2　实现效果

案例运行后效果如图 3.3 所示，初始画面如图 3.3（a）所示，单击图片播放音乐，画面如图 3.3（b）所示，再次单击图片暂停播放音乐，画面恢复到图 3.3（a）状态。

(a)初始画面

(b)单击图片播放音乐时的画面

图 3.3　属性与事件绑定——图片与声音案例实现效果

3.2.3 案例实现

（1）创建项目 ImageAndMusic。

（2）创建组件 image-and-music。利用以下命令创建组件：

```
ng g component components/image-and-music
```

（3）准备素材。将图片和音乐素材所在的文件夹 images 和 audios 复制到 assets 文件夹中。

（4）设计 image-and-music 组件模板内容。代码：<div [style] = "center" [class] = " tag?'box':" "> 中的 [style] = "center" 对 style 属性进行绑定，属性值变量 center 是在组件类中定义的属性，其中 [class] = " tag? 'box':" " 对 class 属性进行绑定，tag 是在组件类中定义的属性，box 是在组件 scss 文件中定义的样式类。代码：<img [src] = "imgPath" alt = "图片与声音" (click) = 'sing()'> 中的 [src] = "imgPath" 是对图片的 src 属性进行绑定，属性值在组件类中定义，(click) = 'sing()' 是事件绑定，其中 click 表示单击事件，sing() 是 click 事件引发的行为（即函数），该函数在组件类中定义。

```
<!-- image-and-music.component.html -->
<!-- 属性绑定 -->
<div [style] = "center" [class] = " tag?'box':'' ">
    <h1>图片与声音</h1>
    <hr>
    <div>
        <!-- 属性与事件绑定 -->
        <img [src] = "imgPath" alt = "图片与声音" (click) = 'sing()'>
    </div>
</div>
```

（5）定义 image-and-music 组件的样式类。组件模板中使用了 box 和 img 样式类，box 样式类将为组件添加边框，并修改水平线的样式，img 用于设置图片的大小。

```
// image-and-music.component.scss
    .box {                              // 定义边框样式类
        border      : 2px solid blue;   // 设置边框
        margin      : 20px;             // 设置外边距
        padding     : 20px;             // 设置内边距
      hr{                               // 设置水平线样式
        height      : 3px;
        background-color: red;
      }
    }
    img{
```

```
      height: 400px;
    }
```

（6）设计组件 image-and-music 业务逻辑。在 FlagAndSongComponent 组件类中定义四个属性和三个函数，属性 center 用于设置居中对齐，imgPath 用于设置图片路径，属性 song 用于设置声音，属性 tag 用于标记声音播放状态。函数包括：构造函数、sing() 函数和 ngOnInit() 函数，构造函数用于初始化属性，sing() 函数用于实现声音的播放和暂停，ngOnInit() 函数是 OnInit 接口函数，必须定义，但不用实现任何功能。

```typescript
// image-and-music.component.ts
import { Component, OnInit } from '@angular/core';

@Component({
  selector: 'app-image-and-music',
  templateUrl: './image-and-music.component.html',
  styleUrls: ['./image-and-music.component.scss']
})
export class ImageAndMusicComponent implements OnInit {

  public center: string;          // 设置 style 绑定属性的值，实现居中对齐
  public tag: boolean;            // 设置 class 绑定属性值，标记是否播放声音
  public imgPath: string;         // 设置图片路径
  private song: any;              // 定义声音属性

  ngOnInit(): void { }
  constructor() {
    this.center = "text-align: center";
    this.tag = false;             // 暂停播放声音
    this.imgPath = "assets/images/tiananmen.jpg";    // 初始化图片路径
    this.song = new Audio(); // 创建声音对象并赋值给 song 属性
    this.song.src = "assets/audios/tiananmen.m4a";   // 为 song 的 src 属性赋值
    this.song.load();             // 加载声音文件
  }

  sing() {                        // 播放事件引发的方法
    this.tag = !this.tag;         // 切换声音播放状态
    console.log(this.tag);        // 在 console 面板中显示 tag 的值，用于测试
    if (this.tag) {               // tag 为 ture 则播放音乐，否则暂停播放
      this.song.play();           // 播放声音
    } else {
```

```
        this.song.pause();           // 暂停播放声音
    }
  }
}
```

（7）在根组件中引用 image-and-music 组件。

```
<!-- app.component.html -->
<app-image-and-music ></ app-image-and-music >
```

3.2.4 知识要点

（1）属性绑定。Angular 提供属性绑定模板语法 [ ]，在模板文件中利用 [ ] 中放置 DOM 属性名称，并为该属性名称赋值一个变量，该变量为组件类中定义的属性，该属性值将控制 HTML 文件中的 DOM 属性。此外，属性绑定中的属性值也可以是 CSS 或 SCSS 等样式类文件中定义的样式类。

（2）事件绑定。通过在模板文件中为某一对象标签设置：(event) = " 函数 " 来实现，其中 event 表示发生在对象上的事件，函数则表示该事件引发的行为，在组件类中进行定义。事件绑定的信息传递方向是单向的，由模板文件向组件类传递。

（3）声音文件的创建、加载、播放和暂停播放。利用 Audio 对象创建声音文件，并通过给对象的 src 属性赋值实现声音对象与声音文件的关联，也可以在创建 Audio 对象的同时关联声音文件。创建 Audio 对象后通过 load() 函数加载声音文件，play() 函数播放声音文件，pause() 函数暂停播放。

（4）控制声音文件交替播放和暂停的方法。组件类中通过定义 tag 属性来控制声音文件的播放和暂停。sing() 函数中的代码：this.tag = !this.tag 表示 tag 的值随着单击图片事件在不断发生交替变化，从而实现单击图片时声音的播放和暂停。

3.3 案例：数据和属性绑定——动态格式设置

视频●
数据和属性绑定——动态格式设置

3.3.1 案例描述

设计一个案例，利用数据和属性绑定实现学生信息、班级信息和学校信息管理。

3.3.2 实现效果

案例效果如图 3.4 所示。图中三个框中的学生信息、班级信息和学校信息的数据都来自 TS 文件，是绑定的数据。当把光标放到"学生信息"文字上时，显示一个 titile 属性的固定提示信息；当把光标放到"班级信息"和"学校信息"文字上时，显示利用绑定 title 属性实现的提示信息。学生信息中的成绩采用了属性绑定方法，如果成绩大于或等于 60，该字段显示为绿色、加粗、倾斜和带有下划线，如果成绩小于 60，则该字段显示为红色、加粗、倾斜和下划线。此外，利用数据绑定方法显示 HTML 代码时，HTML 代码将完全显示，当利用绑定

innerHTML 属性时，innerHTML 属性值将解析 HTML 代码，显示解析后的结果。

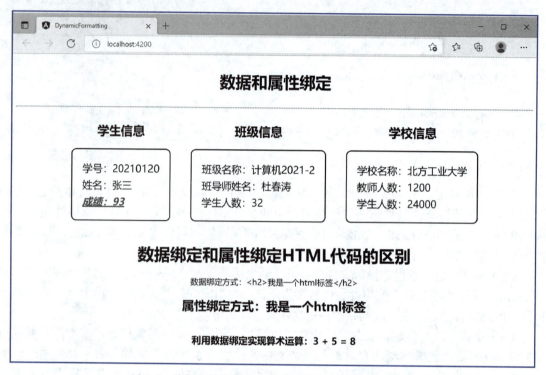

图 3.4　数据和属性绑定——动态格式设置案例实现效果

3.3.3　案例实现

（1）创建项目：DynamicFormatting。

（2）创建组件：dynamic-formatting。

（3）设计 dynamic-formatting 组件内容，代码如下。代码中包含数据绑定和属性绑定，无论是数据绑定还是属性绑定，绑定的数据都是变量，需要在组件类中提供。如果绑定的数据是对象，可以通过对象调用相应的属性，如果对 class 属性进行绑定，属性值需要在样式类文件中进行定义，如代码：<div [class] = "passed? 'green': 'red' "> 中的 green 和 red 都是样式类，需要在 scss 文件中定义，而 passed 则需要在组件类中进行定义，根据 passed 的值动态设置样式类 green 或 red。

```
<!-- dynamic-formatting.component.html -->
<div class = "colLayout">
    <h1> 数据和属性绑定 </h1>
    <div>
        <hr>
    </div>

    <div class = "rowLayout">
        <div>
            <h2 title = " 这是直接显示的学生信息 ">学生信息 </h2>
```

```
            <div class = "box">
                <div>学号: {{stuID}}</div>
                <div>姓名: {{name}}</div>
                <!-- 属性绑定 -->
                <div [class] = "passed? 'green': 'red' ">成绩: {{score}}</div>
            </div>
        </div>

        <div>
            <h2 title = "{{myClass}}">班级信息</h2>     <!-- 数据绑定 -->
            <div class = "box">
                <div>班级名称: {{clasInfo.className}}</div>
                <div>班导师姓名: {{clasInfo.teacherName}}</div>
                <div>学生人数: {{clasInfo.stuNum}}</div>
            </div>
        </div>

        <div>
            <h2 [title] = 'myUniversity'>学校信息</h2>   <!-- 属性绑定 -->
            <div class = "box">
                <div>学校名称: {{uniInfo.uniName}}</div>
                <div>教师人数: {{uniInfo.teacherNum}}</div>
                <div>学生人数: {{uniInfo.stuNum}}</div>
            </div>
        </div>

        <div>
            <h1>数据绑定和属性绑定 HTML 代码的区别</h1>
            <div>数据绑定方式: {{myHTML}}</div>         <!-- 数据绑定 HTML 代码 -->
            <div style = "display: inline-flex;">
                <h2>属性绑定方式: </h2>
                <div [innerHTML] = 'myHTML'></div>   <!-- 属性绑定 HTML 代码 -->
            </div>
        </div>

        <div>
            <h3>利用数据绑定实现算术运算: 3 + 5 = {{ 3 + 5 }} </h3>
        </div>
</div>
```

（4）设计 dynamic-formatting 组件样式类，代码如下。定义的样式类包括：.colLayout、.rowLayout、.box、.red 和 .green。

```
/** dynamic-formatting.component.scss*/
.colLayout{ // 列布局样式类
    display: flex;
    flex-direction: column;
    text-align: center;
```

```css
}
.rowLayout{          // 行布局样式类
    display: flex;
    flex-direction: row;
    justify-content: center;
}

.box{                // 边框样式类
    border: 2px solid black;
    border-radius: 10px;
    line-height: 32px;
    font-size: 20px;
    text-align: justify;
    padding: 20px;
    margin: 20px;
}

.red{                // 红色样式类
    color: red;
    font-weight: bolder;
    font-style: italic;
    text-decoration: underline;
}

.green{              // 绿色样式类
    color:green;
    font-weight: bolder;
    font-style: italic;
    text-decoration: underline;
}
```

（5）设计案例的业务逻辑，包括dynamic-formatting组件类的定义及ClassInfo类的定义，代码如下。在组件类中包括对象类型的属性clasInfo和uniInfo，clasInfo利用定义的ClassInfo类创建，uniInfo是在组件类中创建的对象类型属性。

```typescript
/** dynamic-formatting.component.ts */
import { Component, OnInit } from '@angular/core';

@Component({
  selector: 'app-dynamic-formatting',
  templateUrl: './dynamic-formatting.component.html',
  styleUrls: ['./dynamic-formatting.component.scss']
})
export class DynamicFormattingComponent implements OnInit {

  public stuID: string;    // 学号
  public name: string;     // 学生姓名
```

```
    public score: number;                    // 学生成绩
    public passed: boolean;                  // 是否通过

    public clasInfo = new ClassInfo('计算机2021-2', '杜春涛', 32); // 班级信息
    public myClass: string = '这是利用数据绑定显示的班级信息';
    public myUniversity = '这是利用属性绑定显示的学校信息';
    public myHTML: string = "<h2>我是一个html标签</h2>"; // 带有HTML代码的属性

    public uniInfo = {                       // 定义对象类型的属性,不能使用object类型
      uniName: '北方工业大学',
      stuNum: 24000,                         // 学生数量
      teacherNum: 1200                       // 教师数量
    }

    constructor() {                          // 构造函数
      this.stuID = '20210120';
      this.name = '张三';
      this.score = 93;                       // 学生成绩
      this.passed = this.score >= 60;        // 成绩大于60分则通过
    }
    ngOnInit(): void { }
}

class ClassInfo {                            // 自定义班级信息类
  constructor(
    public className: string,
    public teacherName: string,
    public stuNum: number
  ) { }
}
```

（6）在根组件中引用 dynamic-formatting 组件,代码如下:

```
<!-- app.component.html -->
<app-dynamic-formatting></app-dynamic-formatting>
```

3.3.4 知识要点

（1）数据绑定的实现原理。网页内容由数据和设计两部分组合而成。html 和 css 文件的主要工作是将设计转换成浏览器理解的语言,ts 文件的主要工作是将数据显示在页面上并且有一定的交互效果（例如单击操作会引发页面反应等）。每次更新数据不一定需要刷新页面（get 请求）,而是通过向后端请求相关数据,并通过无刷新加载的方式进行更新页面（post 请求）,这便是数据绑定。在新的框架中（如 Angular、React、Vue 等）通过对数据监视来实现数据绑定。数据绑定是 M(Model,数据)通过 MV(Model-View,数据与页面之间的变换规则)向 V(View)的一个修改。

（2）数据绑定与属性绑定的区别。数据绑定针对数据，属性绑定针对组件属性。此外，数据绑定不能实现对 HTML 代码的解析，属性绑定可以通过标签属性 innerHTML 实现对 HTML 代码的解析。

3.4 案例：双向数据传递——摄氏／华氏温度转换器

视频：双向数据传递——摄氏/华氏温度转换器

3.4.1 案例描述

设计一个案例，利用 Angular 数据双向传递方法实现摄氏温度和华氏温度之间的转换。

3.4.2 实现效果

案例运行效果如图 3.5 所示。界面左侧是运行结果，右侧是 Console 面板（需要按【F12】键打开）。摄氏温度和华氏温度的输入框中默认数值为 0，当在摄氏温度或华氏温度输入框中输入数值时，该数值实时显示在文本框中，输入完成后按【Enter】键或者单击"计算"按钮，转换后的温度将显示在提示文本的后面。

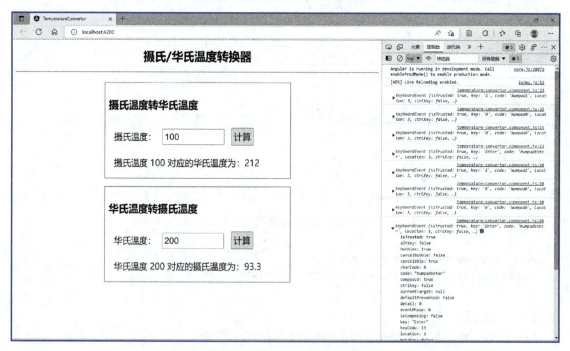

图 3.5 双向数据传递——摄氏／华氏温度转换器案例实现效果

3.4.3 案例实现

（1）创建项目。假设项目名称为：TemperatureConverter。

（2）添加组件。在项目中创建 temperature-converter 组件。

（3）导入 FormsModule 模块。为了使用 ngModel 实现双向数据传递，需要在 app.module.ts

文件中导入 FormsModule 模块。

```
// app.module.ts
import { BrowserModule } from '@angular/platform-browser';
import { NgModule } from '@angular/core';
import { AppRoutingModule } from './app-routing.module';
import { AppComponent } from './app.component';
import { ConvertorComponent } from './components/convertor/convertor.component';
import { FormsModule } from '@angular/forms';      // 手动加入

@NgModule({
  declarations: [
    AppComponent,
    ConvertorComponent
  ],
  imports: [
    BrowserModule,
    AppRoutingModule,
    FormsModule                                    // 手动加入
  ],
  providers: [],
  bootstrap: [AppComponent]
})
export class AppModule { }
```

（4）设计 temperature-convertor 组件内容。该组件中主要包含了输入框和按钮，代码：<input type = "text" [(ngModel)] = "tempC" (keydown) = "CtoF($event)"> 表示添加一个输入框，type = "text" 表示文本类型输入框，[(ngModel)] = "tempC" 表示该文本输入框的 value 属性与 TS 文件中定义的组件类的属性 tempC 实现了双向数据绑定，即模板文件中该输入框的值既可以传递到 TS 文件中组件类的属性 tempC，组件类中的 tempC 属性值也可以传递到模板文件。符号 [( )] 相当于属性和事件双重绑定，属性绑定实现了逻辑文件向模板文件的数据传递，而事件绑定则实现了模板文件向逻辑文件的数据传递，两者结合则实现了数据的双向传递。(keydown) = "CtoF($event)" 表示按下某个键时执行逻辑文件中组件类的 CtoF($event) 函数，函数参数 $event 是预定义对象，用于存储键盘事件信息。代码：<button (click) = "btnCtoF()"> 计算 </button> 用于添加"计算"按钮，当单击该按钮时执行 btnCtoF() 函数，该函数在组件类中定义。

```
<!-- temperature-convertor.component.html -->
<h1 style = "text-align: center;">摄氏 / 华氏温度转换器 </h1>
<hr>

<div class = "layout">
    <div>
        <h3>摄氏温度转华氏温度 :</h3>
```

```html
        <div>
            摄氏温度:
            <input type = "text" [(ngModel)] = "tempC" (keydown) = "CtoF($event)">
            <button (click) = "btnCtoF()">计算</button>
        </div>
        <div>
            摄氏温度 {{tempC}} 对应的华氏温度为: {{resultF.toPrecision(3)}}
        </div>
    </div>

    <div>
        <h3>华氏温度转摄氏温度:</h3>
        <div>
            华氏温度:
            <input type = "text" [(ngModel)] = "tempF" (keydown) = "FtoC($event)">
            <button (click) = "btnFtoC()">计算</button>
        </div>
        <div>
            华氏温度 {{tempF}} 对应的摄氏温度为: {{resultC.toPrecision(3)}}
        </div>
    </div>
</div>
```

（5）定义 temperature-convertor 组件样式类，代码如下。其中 .layout 样式类用于设置整个界面样式，.layout>div 用于设置应用 .layout 样式类标签下一级 div 标签样式，div、input、button 用于设置三种标签的样式，input 用于设置输入框组件样式。

```scss
// temperature-conventor.component.scss
.layout {
    display         : flex;
    flex-direction  : column;
    align-items     : center;            // 设置交叉轴方向居中对齐
}

.layout>div {
    border  : 2px solid silver;          // 设置边框样式
    margin  : 10px;                      // 设置外边距
    padding : 10px;                      // 设置内边距
    width   : 500px;
}

div, input, button {                     // 设置 div、input 和 button 标签的样式
    font-size: 24px;                     // 设置字体大小
    margin    : 10px;                    // 设置外边距
```

```scss
    padding    : 5px;
}

input {
    width    : 160px;
}
```

（6）实现 temperature-convertor 组件的业务逻辑。在 TemperatureConvertorComponent 组件类中定义了四个属性：tempC、tempF、resultC、resultF，分别表示初始摄氏温度、初始华氏温度、计算出来的摄氏温度、计算出来的华氏温度。函数 CtoF(e: any) 和 FtoC(e: any) 是键盘事件函数，分别用于计算摄氏温度转华氏温度和华氏温度转摄氏温度。btnCtoF() 和 btnFtoC() 是单击按钮事件函数，分别用于计算摄氏温度转换为华氏温度和华氏温度转换为摄氏温度。计算结果 resultC 和 resultF 传递到模板文件。

```typescript
// temperature-convertor.component.ts
import { Component, OnInit } from '@angular/core';

@Component({
  selector: 'app-temperature-convertor',
  templateUrl: './temperature-convertor.component.html',
  styleUrls: ['./temperature-convertor.component.scss']
})
export class TemperatureConvertorComponent implements OnInit {
  public tempC: number = 0;        // 定义初始摄氏温度属性
  public tempF: number = 0;        // 定义初始华氏温度属性
  public resultC: number;          // 定义计算出来的摄氏温度属性
  public resultF: number;          // 定义计算出来的华氏温度属性

  constructor() {
    this.resultC = (this.tempF - 32) / 1.8;
    this.resultF = 32 + this.tempC * 1.8;
  }
  ngOnInit(): void { }

  CtoF(e: any) {                   // 摄氏温度转华氏温度键盘事件函数
    console.log(e);                // 在 console 中显示键盘事件信息
    if (e.keyCode == 13) {         // 当按【Enter】键时
      this.resultF = 32 + this.tempC * 9 / 5;  // 计算华氏温度的值
    }
  }

  FtoC(e: any) {                   // 华氏温度转摄氏温度键盘事件函数
    console.log(e);                // 在 console 中显示键盘事件信息
    if (e.keyCode == 13) {
      this.resultC = (this.tempF - 32) / (9 / 5);
```

```
        }
    }

    btnCtoF() {  // 摄氏温度转华氏温度按钮事件函数
        this.resultF = 32 + this.tempC * 9 / 5;         // 计算华氏温度的值
    }

    btnFtoC() {  // 华氏温度转摄氏温度按钮事件函数
        this.resultC = (this.tempF - 32) / (9 / 5);     // 计算摄氏温度的值
    }
}
```

（7）在根组件中引用（又称挂载）temperature-convertor 组件，代码如下：

```
<!-- app.component.html -->
<app-temperature-convertor></app-temperature-convertor>
```

3.4.4 知识要点

（1）数据双向传递原理。常规的前端开发中，数据和视图通过单项绑定的方式进行关联。模型的好处是结果相对简单，Model 负责数据的更新，结合 Template 进行渲染，View 层只负责展示，缺点是 View 层的数据变化无法反馈到 Model 层，对于交互性较强的页面无法满足需求，这时候双向数据绑定应运而生。单向与双向数据绑定的区别如图 3.6 所示。

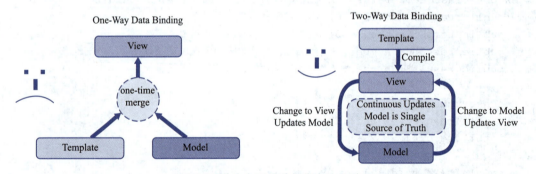

图 3.6　单向与双向数据绑定的区别

（2）数据双向传递实现方法。
- 引入 FormsModule 模块。在 app.module.ts 文件中首先导入 FormsModule 模块，然后在 AppModule 类的装饰器 @NgModule 的 import 属性中加入 FormsModule。
- 利用 [(ngModel)] 实现双向数据传递。以本案例为例，在 input 输入框标签中利用 [(ngModel)] = "tempC" 实现组件模板文件和业务逻辑文件中的双向数据传递，tempC 为逻辑文件中定义的组件类属性。

（3）键盘事件实现方法。以本案例为例，通过在 input 组件中添加属性 (keydown) = "CtoF($event)" 用于监听键盘按键按下事件，事件信息存储到事件函数的实参 $event 中，通过该参数可以判断按下键盘中的哪个按键。

3.5 案例：双向数据传递——三角形面积计算器

3.5.1 案例描述

设计一个案例，根据三角形的三条边长计算三角形的面积。计算公式如下：

$$\text{area} = \sqrt{s(s-a)(s-b)(s-c)}$$

其中，area 为三角形面积，a、b、c 为三角形的三条边长，$s = (a+b+c)/2$。

3.5.2 实现效果

案例运行后的效果如图 3.7 所示。当在输入框中输入一个数值后，在"计算"按钮右侧立即显示输入的数值，三条边长全部输入后单击"计算"按钮，如果输入的边长符合三角形构成规则，则显示三角形的面积值，如果出现边长为 0 或三角形的两边之和小于第三边的情况，则会弹出对话框进行错误提示。

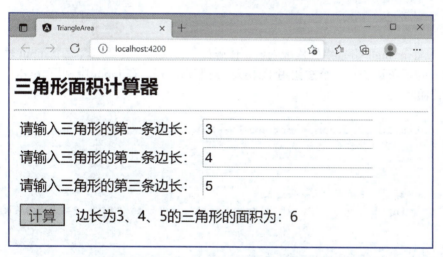

图 3.7 双向数据传递——三角形面积计算器案例实现效果

3.5.3 案例实现

（1）创建组件项目：TriangleArea。

（2）在项目中创建组件：components/triangle-area。

（3）在 app.module.ts 文件中加载 FormsModule 模块。这样才能使用 [(ngModule)] 实现双向数据传递。

```
// app.module.ts
import { BrowserModule } from '@angular/platform-browser';
import { NgModule } from '@angular/core';

import { AppRoutingModule } from './app-routing.module';
```

```typescript
import { AppComponent } from './app.component';
import { TriangleAreaComponent } from './components/triangle-area/triangle-area.component';
import { FormsModule } from '@angular/forms';        // 手动添加

@NgModule({
  declarations: [
    AppComponent,
    TriangleAreaComponent
  ],
  imports: [
    BrowserModule,
    AppRoutingModule,
    FormsModule,                                      // 手动添加
  ],
  providers: [],
  bootstrap: [AppComponent]
})
export class AppModule { }
```

（4）设计 triangle-area 组件模板内容，代码如下。代码中主要包含三个 input 输入框用于输入三角形的三条边长，一个按钮用于计算三角形的面积。在 input 中利用 [(ngModel)] 实现数据双向传递。

```html
<!-- triangle-area.component.html -->
<h1>三角形面积计算器</h1>
<hr>
<div>
    <div>请输入三角形的第一条边长:
        <input type = "text" [(ngModel)] = "sideA"> <!--数据双向传递-->
    </div>

    <div>请输入三角形的第二条边长:
        <input type = "text" [(ngModel)] = "sideB">
    </div>

    <div>请输入三角形的第三条边长:
        <input type = "text" [(ngModel)] = "sideC">
    </div>

    <button (click) = "calc()">计算</button> <!--按钮-->
    <span>边长为{{sideA}}、{{sideB}}、{{sideC}}的三角形的面积为: {{area}}</span>
</div>
```

（5）定义 triangle-area 组件样式类。本案例定义 div、button、input 样式类用于设置标签的字体大小和外边距，又单独定义 button 样式类用于设置案例的样式。

```scss
// triangle-area.component.scss
div, button, input {                    // 设置 div、button 和 input 标签格式
    font-size: 24px;
    margin    : 5px;
}

button {
    // 设置 button 标签格式
    margin-right     : 20px;    // 设置右边距
    width            : 80px;    // 设置宽度
    color            : red;     // 设置字体颜色
    background-color : yellow;  // 设置背景颜色
}
```

（6）实现 triangle-area 组件的业务逻辑。首先在组件类中定义四个属性，分别表示三角形的三条边长和三角形的面积，然后通过 calc() 函数计算三角形面积 area。由于在模板文件的 input 组件中输入的内容都是字符串类型，因此需要将这些内容乘以一个数值后再进行数学运算。

```typescript
// triangle-area.component.ts
import { Component, OnInit } from '@angular/core';

@Component({
  selector: 'app-triangle-area',
  templateUrl: './triangle-area.component.html',
  styleUrls: ['./triangle-area.component.scss']
})
export class TriangleAreaComponent implements OnInit {

  public sideA: number = 0;     // 定义三角形的三条边
  public sideB: number = 0;
  public sideC: number = 0;
  public area: number = 0;      // 定义三角形的面积

  constructor() { }             // 构造函数，用于初始化属性的值
  ngOnInit(): void { }

  calc(): void {                // 计算三角形面积函数
    let a = this.sideA * 1;     // 将文本框中文本型数据转换为数值型并赋值给局部变量
    let b = this.sideB * 1;
    let c = this.sideC * 1;
    console.log('a + b + c = ' + (a + b + c));  // 在控制台面板显示三角形三条边的和
    if (a == 0 || b == 0 || c == 0) {           // 判断输入值是否有 0 存在
      alert('三角形边长不能为 0！');              // 提示信息
```

```
      this.area = 0;     // 使面积清零
      return;
    }
    else if (a + b < c || b + c < a || c + a < b) {   // 判断两边之和是否小于第三边
      alert('三角形两边之和小于第三边！');
      this.area = 0;     // 使面积清零
      return;
    }
    else {
      let s = (a + b + c) / 2;
      this.area = Math.sqrt(s * (s - a) * (s - b) * (s - c));   // 计算面积
    }
  }
}
```

（7）在根组件中挂载 triangle-area 组件，代码如下：

```
<!-- app.component.html -->
<app-triangle-area></app-triangle-area>
```

3.5.4 知识要点

（1）数据双向绑定实现方法。利用 [(ngModel)] 可以实现数据双向绑定，但需要在 app.module.ts 文件中加载 FormsModule 模块。

（2）数据类型转换方法。在 input 中输入值的类型默认为字符类型，如果将输入的值用于计算，通过乘 1 的方式来实现。

3.6 案例：模板文件向逻辑文件传值——数学公式计算

3.6.1 案例描述

设计一个案例，根据输入的 x 值计算 y 的值，计算公式如下：

$$y = \begin{cases} |x| & (x < 0) \\ e^x \sin x & (0 \leq x < 10) \\ x^3 & (10 \leq x < 20) \\ (3+2x)\ln x & (x \geq 20) \end{cases}$$

视频

模板文件向逻辑文件传值——数学公式计算

3.6.2 实现效果

程序运行后，当在输入框中输入 −100 后按【Enter】键或单击"计算"按钮时，将在按钮下方的提示文本后显示 100，并在浏览器右侧的 console 面板中显示输入框信息，如图 3.8 所示。当输入其他数值时，也都能进行正确计算。

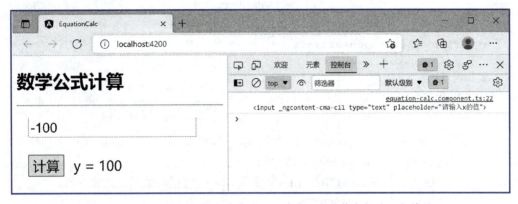

图 3.8 模板文件向逻辑文件传值——数学公式计算案例的运行结果

3.6.3 案例实现

（1）创建项目：EquationCalc。

（2）创建组件：components/equation-calc。

（3）设计 equation-calc 组件内容。其中主要包括 input 标签和 button 标签，input 标签中的 #myNum 语法称为解析（resolve），其功能是让该变量可用于该视图中的所有表达式中，本案例中在 input 标签的 (keydown) = "keyCalc(myNum,$event)" 和 button 标签的 (click) = "calc(myNum)" 中都使用了 myNum 变量。这里需要注意，myNum 是一个对象，它的类型是 HTMLInputElement，它代表了这个 input DOM 元素。由于 myNum 是一个对象，如果要获取 input 的 value 值，需要通过 myNum.value 获取。此外，input 标签中的代码：(keydown) = "keyCalc(myNum,$event)" 表示按下键盘按键时调用 keyCalc(myNum,$event) 函数，函数中的 $event 参数用来监听发生在 input 标签中的事件（包括鼠标事件和键盘事件）。

```html
<!-- equation-calc.component.html -->
<h1>数学公式计算</h1>
<hr>

<div>
    <!--#myNum 语法称为标签解析-->
    <input type = "text" #myNum placeholder = "请输入 x 的值"
 (keydown) = "keyCalc(myNum,$event)">  <!-- 使用 myNum 作为实参传值-->
</div>

<div>
    <button (click) = "btnCalc(myNum)">计算</button> <!-- myNum 作为实参传值-->
    <span>
        y = {{result}}
    </span>
</div>
```

（4）编写 equation-calc.component.scss 文件代码。

```scss
// equation-calc.component.scss
div, input, button {
    font-size: 24px;
    margin    : 10px;
}
```

（5）编写 equation-calc.component.ts 文件代码。在组件类中定义了 result 属性用于存储根据 x 值计算出来的 y 结果，并传递给模板文件中的 result。类中定义了 keyCalc(num: any, e: any) 和 calc(num) 方法，分别用于在 input 中按【Enter】键和单击按钮时根据 x 计算 y 值。

```ts
// equation-calc.component.ts
import { Component, OnInit } from '@angular/core';

@Component({
  selector: 'app-equation-calc',
  templateUrl: './equation-calc.component.html',
  styleUrls: ['./equation-calc.component.scss']
})
export class EquationCalcComponent implements OnInit {
  public result: number = 0;              // 定义属性用来存储计算结果

  constructor() { }
  ngOnInit(): void { }

  keyCalc(num: any, e: any): void {       //e 用于监听事件
    if(e.keyCode == 13) {                 // 监听按【Enter】键时的事件
      this.btnCalc(num);                  // 调用 calc 方法
    }
  }

  btnCalc(num: any): void {               // 这里的形参名称可以和模板文件中的实参名称不一样
    console.log(num);                     // 查看 num 类型
    let x = num.value * 1;                // 将输入框中的值转换为数值型后赋值
    let y;                                // 定义局部变量 y
    if(x < 0) {                           // 根据 x 值计算 y 的值
      y = Math.abs(x);
    }
    else if(x < 10) {
      y = Math.exp(x) * Math.sin(x);
    }
    else if(x < 20) {
      y = Math.pow(x, 3);
    }
```

```
        else {
            y = (3 + 2 * x) * Math.log(x);
        }
        this.result = y;   // 将 y 的值赋值给属性 result
    }
}
```

（6）编写 app.component.html 文件中的代码。

```
<!-- app.component.html -->
<app-equation-calc></app-equation-calc>
```

3.6.4 知识要点

（1）模板文件中局部变量的定义。通过在 input 标签中使用 #（hash）来要求 Angular 把该元素（对象类型）赋值给一个局部变量。该变量可以在模板文件的其他地方使用。如代码：<input type = "text" #myNum> 表示将 input 标签（HTMLInputElement 类型）赋值给变量 myNum，该变量就可以在其他地方使用，如在 button 标签中使用，如代码：<button (click) = "calc(myNum)">。

（2）模板文件传值到逻辑文件的方法。通过在模板文件中定义局部变量并将该变量作为逻辑文件中定义的函数的实参，这样模板文件中定义的变量就会通过函数的参数传值给逻辑文件，从而实现了模板文件向逻辑文件的数据传递。

习 题 三

一、判断题

1. 事件绑定中的函数是在组件类中进行定义的。 （   ）
2. 数据绑定不能实现对 HTML 代码的解析，而属性绑定可以通过标签属性 innerHTML 实现对 HTML 代码的解析。 （   ）
3. 在组件类所在的 TS 文件中可以创建新类。 （   ）

二、选择题

1. 组件模板中的动态数据通过符号（   ）与组件类中的属性进行绑定。
   A. (( ))   B. [[ ]]   C. {{ }}   D. { }
2. 事件绑定是通过在模板文件中为某一对象标签设置（   ）来实现，其中 event 表示发生在对象上的事件，函数则表示该事件引发的函数，在组件类中进行定义。
   A. (event) = " 函数 "   B. [event] = " 函数 "
   C. {event} = " 函数 "   D. [(event)] = " 函数 "
3. 数据绑定的数据传递方向是（   ）。
   A. 由组件模板文件（HTML）向组件逻辑文件（TS）传递
   B. 由组件逻辑文件（TS）向组件模板文件（HTML）传递

C．由组件模板文件（HTML）向组件样式类文件（SCSS）传递

D．组件逻辑文件（TS）和组件模板文件（HTML）之间进行双向传递

4．事件绑定的信息传递方向是（　　）。

A．由组件模板文件（HTML）向组件逻辑文件（TS）传递

B．由组件逻辑文件（TS）向组件模板文件（HTML）传递

C．由组件模板文件（HTML）向组件样式类文件（SCSS）传递

D．组件逻辑文件（TS）和组件模板文件（HTML）之间进行双向传递

5．函数（　　）用于设定一个定时器，在定时到期以后执行注册的回调函数。

A．number setTimeout(function callback, number delay, any rest)

B．clearTimeout(number timeoutID)

C．number setInterval(function callback, number delay, any rest)

D．clearInterval(number intervalID)

6．函数（　　）用于取消由 setTimeout 设置的定时器。

A．number setTimeout(function callback, number delay, any rest)

B．clearTimeout(number timeoutID)

C．number setInterval(function callback, number delay, any rest)

D．clearInterval(number intervalID)

7．函数(　　)用于设定一个定时器，按照指定的周期(以毫秒计)来执行注册的回调函数。

A．number setTimeout(function callback, number delay, any rest)

B．clearTimeout(number timeoutID)

C．number setInterval(function callback, number delay, any rest)

D．clearInterval(number intervalID)

8．函数（　　）用于取消由 setInterval 设置的定时器。

A．number setTimeout(function callback, number delay, any rest)

B．clearTimeout(number timeoutID)

C．number setInterval(function callback, number delay, any rest)

D．clearInterval(number intervalID)

9．Angular 提供了属性绑定的模板语法是（　　）。

A．( )　　　　　　B．[ ]　　　　　　C．{ }　　　　　　D．{{ }}

10．创建音频对象使用的类是（　　）。

A．Audio　　　　　B．Sound　　　　　C．Video　　　　　D．Image

11．Angular 项目中的资源（如图片、音频、视频等）一般都放在（　　）文件夹中。

A．assets　　　　　　　　　　　　　　B．environments

C．node_modules　　　　　　　　　　D．e2e

12．在播放音频之前，除了创建音频对象外，还要（　　）音频对象。

A．打开　　　　　　B．加载　　　　　　C．关闭　　　　　　D．暂停播放

13．网页内容是由数据和设计两部分组合而成，html 和（　　）文件的主要工作是将设计转换成浏览器能够理解的语言。

A．JS　　　　　　　B．TS　　　　　　　C．CSS　　　　　　D．HTTP

14．数据绑定的实现原理。网页内容由数据和设计两部分组合而成，将数据显示在页面上并且有一定的交互效果（比如单击操作会引发页面反应等）则是（　　）文件的主要工作。
   A．HTTP　　　　　B．TS　　　　　C．CSS　　　　　D．SCSS
15．很多时候不可能每次更新数据都要刷新页面（get 请求），而是通过向后端请求相关数据，并通过（　　）的方式进行更新页面（post 请求），这便是数据绑定。
   A．无刷新进行加载　　　　　　　　B．有刷新进行加载
   C．有刷新无加载　　　　　　　　　D．无刷新无加载
16．使用 ngModel 实现数据双向传递，首先需要在 app.module.ts 文件中导入（　　）模块。
   A．FormsModule　　　　　　　　　B．BrowserModule
   C．NgModule　　　　　　　　　　　D．AppRoutingModule
17．代码：<input type = "text" [(ngModel)] = "tempC"> 中，[(ngModel)] = "tempC" 表示 input 控件的（　　）属性与组件类中的属性 tempC 实现了数据双向绑定。
   A．name　　　　　B．value　　　　　C．id　　　　　D．type
18．代码：<input type = "text" [(ngModel)] = "tempC" (keydown) = "CtoF($event)"> 中，(keydown) = "CtoF($event)" 表示按下键盘的某个键时执行逻辑文件中组件类的 CtoF($event) 函数，函数实参 $event（　　）。
   A．是一个整数类型
   B．是一个实数类型
   C．是一个对象类型，用于存储键盘事件信息
   D．是一个字符串类型
19．键盘事件的 keyCode 属性值是（　　）时表示按下【Enter】键。
   A．10　　　　　B．11　　　　　C．12　　　　　D．13
20．input 控件的 value 属性的默认类型是（　　）。
   A．number　　　　　B．string　　　　　C．boolean　　　　　D．object
21．代码：<input type = "text" [(ngModel)] = "sideA"> 中，sideA 是（　　）。
   A．组件类中定义的函数　　　　　　B．组件类中定义的属性
   C．组件模板中定义的函数　　　　　D．组件模板中定义的属性
22．代码：<input type = "text" [(ngModel)] = "sideA"> 中，如果在组件模板中引用 sideA，引用方法是（　　）。
   A．(sideA)　　　　　　　　　　　　B．[sideA]
   C．{sideA}　　　　　　　　　　　　D．{{sideA}}
23．利用 [(ngModel)] 实现的数据双向传递是指（　　）。
   A．组件模板文件中控件的 value 属性与组件类中定义的属性之间的数据传递
   B．组件模板文件中控件的 name 属性与组件类中定义的属性之间的数据传递
   C．组件模板文件中控件的 value 属性与组件类中定义的函数之间的数据传递
   D．组件模板文件中控件的 name 属性与组件类中定义的函数之间的数据传递
24．代码：<input type = "text" #myNum> 中，myNum 表示（　　）。
   A．Input 控件　　　　　　　　　　　B．Input 控件的 value 属性

C. Input 控件的 name 属性　　　　　　D. Input 控件的 id 属性

25．利用代码：<input type = "text" #myNum placeholder = " 请输入 x 的值 " (keydown) = "keyCalc(myNum,$event)"> 就可以将 myNum 变量（　　）。

A．从组件类文件传递到组件模板文件

B．从组件模板文件传递到组件类文件

C．从组件模板文件传递到组件模板样式类文件

D．从组件模板样式类文件传递到组件模板文件

26．利用代码：<input type = "text" #myNum> 定义了局部变量 myNum 后，如果要使用在 input 控件中输入的值，采用的方法是：（　　）。

A．myNum　　　　　　　　　　　　B．myNum.value

C．myNum.name　　　　　　　　　　D．myNum.id

第 4 章
指令与表单

本章概要

本章用十个案例演示了 Angular 指令和表单的功能及使用方法。指令包括：ngStyle 指令、ngClass 指令、ngIf 指令、ngSwitch 指令和 ngFor 指令，表单案例演示了模板式表单、复选框和单选按钮以及表单的综合应用。

学习目标

◆ 掌握 ngStyle 指令、ngClass 指令、ngIf 指令、ngSwitch 指令和 ngFor 指令的功能和使用方法。
◆ 掌握表单及常用表单组件的功能和使用方法。

4.1 案例：ngStyle 指令——自动随机变化的颜色

视频

ngStyle 指令——
自动随机变化的
颜色

4.1.1 案例描述

设计一个案例，利用 ngStyle 指令实现字体颜色、色条的背景颜色和边框颜色的自动随机变化。

4.1.2 实现效果

案例的实现效果如图 4.1 所示。从图中可以看出，四个色条的背景颜色、第一个色条的边框颜色和其中的字体颜色每隔一定时间就会随机变化一次。其中，第一个色条的文本颜色始终与第二个色条的背景颜色保持一致，第一个色条的边框颜色始终与第三个色条的背景颜色保持一致，每次产生的颜色值在"控制台"面板中可以看到。

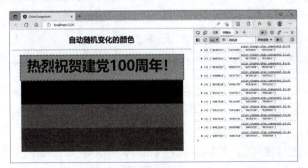

图 4.1　ngStyle 指令——自动随机变化的颜色案例的实现效果

4.1.3 案例实现

（1）创建项目：ColorChangeAuto。

（2）创建组件：color-change-uto。

（3）设计 color-change-auto 组件模板内容，代码如下。其中在四个 div 标签中使用了 ngStyle 指令，它可以为模板元素设置多个内联样式，如第一个 div 中的代码：<div [ngStyle]="myStyles">，将 myStyles 变量赋值给 ngStyle 指令，通过在组件类中设置 myStyles 的值来设置多个内联样式。第二、三、四个 div 只设置了一个内联样式。注意：如果样式名称带有符号-，则必须将样式名称使用引号括起来，如 background-color 必须使用单引号括起来。

```html
<!-- color-change-auto.component.html -->
<h1>自动随机变化的颜色</h1>
<hr>
<div class="flagLayout">
    <div [ngStyle]="myStyles">热烈祝贺建党100周年！</div>
    <div [ngStyle]="{'background-color':color[1]}"></div>
    <div [ngStyle]="{'background-color':color[2]}"></div>
    <div [ngStyle]="{'background-color':color[3]}"></div>
</div>
```

（4）定义 color-change-auto 组件样式类，代码如下。其中样式类 .flagLayout 用于设置色条的整体布局，.flagLayout>div 用于设置每个色条的样式。

```scss
// color-change-auto.component.scss
h1 {
    text-align: center;
}

.flagLayout {
    // 设置色条的整体布局
    display: flex;
    flex-direction: column;
    align-items: center; // 沿交叉轴方向水平对齐
    margin-top: 20px;
}

.flagLayout>div {
    // 设置每个色条的样式
    width: 90%;
    height: 100px;
}
```

（5）实现 color-change-auto 组件业务逻辑，代码如下。其中 createColor() 是自定义函数，用于创建颜色数组，在 ngOnInit() 函数中调用了 setInterval() 函数，该函数包含两个参数，第一个参数是回调函数，第二个参数是时间间隔，本案例该函数的功能是每隔两秒钟调用一次 createColor() 函数创建四种颜色并赋值给属性 color，然后利用 color 设置第二、三、四个色条的背景颜色，利用 myStyles 为第一个色条设置背景颜色、字体颜色及样式、边框颜色及样式等。

```ts
// color-change-auto.component.ts
import { Component, OnInit } from '@angular/core';

@Component({
  selector: 'app-color-change-atuo',
  templateUrl: './color-change-atuo.component.html',
  styleUrls: ['./color-change-atuo.component.scss']
})
export class ColorChangeAtuoComponent implements OnInit {

  public color: any = [];
  public myStyles: any;
  constructor() { }

  ngOnInit(): void {
    setInterval(() => {                     // 每隔两秒钟创建一次新的颜色
      this.createColor();
      this.myStyles = {
        'background-color': this.color[0],
        color: this.color[1],
        'border-color': this.color[2],
        'border-width': '5px',              // 设置边框宽度为 5px
        'border-style' : 'dashed' ,
        'font-size.px': 60,                 // 设置字体大小为 60px
        'text-align': 'center',
        'font-weight': 'bolder'
      };
    }, 2000);
  }

  createColor() {                           // 自定义函数，创建四种随机颜色
    let cc: any = [];
    let letters: string = '0123456789ABCDEF'; // 定义十六进制颜色字符集
    for (let i = 0; i < 4; i++) {           // 利用循环创建四种随机颜色
      let c = '#';
      for (let j = 0; j < 6; j++) {         // 创建一种由六个十六进制字符构成的随机颜色
        c += letters[Math.floor(Math.random() * 16)]
      }
      cc.push(c);                           // 将创建的颜色加入颜色数组
    }
    console.log(cc);                        // 在"控制台"面板中查看产生的颜色
    this.color = cc;                        // 将创建的颜色赋值给 color 属性
  }
}
```

（6）在根组件中调用 color-change-auto 组件来显示组件界面，代码如下。

```html
<!-- app.component.html -->
<app-color-change-auto></app-color-change-auto>
```

4.1.4 知识要点

（1）指令是为 Angular 应用程序中的元素添加额外行为的类。

（2）内置指令。Angular 框架自身带有一些指令，如 ngStyle、ngClass、ngIf、ngSwitch、ngFor 等，它们也被称为 Angular 内置指令。使用 Angular 的内置指令可以管理表单、列表、样式以及要让用户看到的任何内容。

（3）内置指令分类。

① 根据使用场景不同可以将内置指令分为三种：通用指令、路由指令和表单指令，如图 4.2 所示。通用指令是指在 Angular 中经常用到的指令。Angular 将通用指令包含在 CommonModule 模块中，之所以在使用内置指令时没有在 app.module.ts 中引入 CommonModule 模块，是因为 BrowserModule 中包含了该模块。

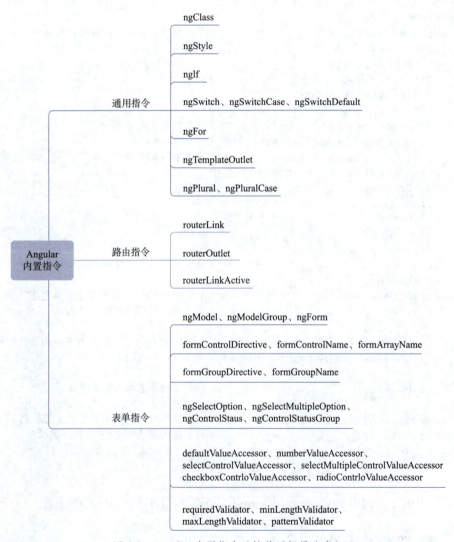

图 4.2 Angular 内置指令（按使用场景分类）

② 根据功能不同可以将内置指令分为内置属性型指令和内置结构型指令，如图 4.3 所示。属性型指令会监听并修改其他 HTML 元素和组件的行为、Attribute 和 Property。结构型指令的职责是 HTML 布局。它们塑造或重塑 DOM 的结构，这通常是通过添加、移除和操纵它们所附加到的宿主元素来实现的。

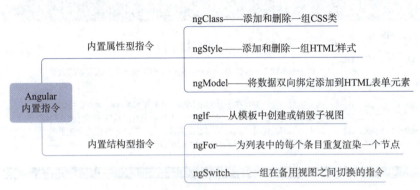

图 4.3　Angular 内置指令（按功能分类）

（4）ngStyle 指令。可以使用 NgStyle 根据组件的状态同时设置多个内联样式，指令格式如下：

```
[ngStyle] = "{style: expression}"
```

其中，style 表示 CSS 属性名，expression 为样式表达式。本案例中组件模板文件代码：<div [ngStyle] = "myStyles">，直接将 myStyles 变量赋值给 ngStyle 指令，在组件业务逻辑文件中以键值对方式为 myStyles 赋值多种样式。在使用 ngStyle 指令时，如果样式名中带有连字符时，必须将样式名使用引号引起来，如代码：<h1 [ngStyle] = "{color:'blue', 'text-align':'center'}">，color 可以不使用引号，但 'text-align' 必须使用引号引起来。

（5）创建随机颜色的方法。从构成十六进制颜色的十六进制字符（0～F）中随机找出六个字符，然后和 # 连接就构成了一种颜色，连续找四次就可以生成四种随机颜色。

4.2　案例：ngClass 指令——页面布局

4.2.1　案例描述

设计一个 Angular 案例，利用 ngClass 内置指令实现页面布局及动态显示效果。

4.2.2　实现效果

案例实现效果如图 4.4 所示。从图中可以看出，该布局由四部分构成，上面是标题部分，中间由两部分构成，左侧相当于导航部分，右侧是内容部分，右侧内容部分分成上下两个段落，当单击上面段落时，该段落的字体、背景都发生变化，而且还添加了边框，再次单击时又恢复到以前效果；下面是页脚部分，用于显示版权等。

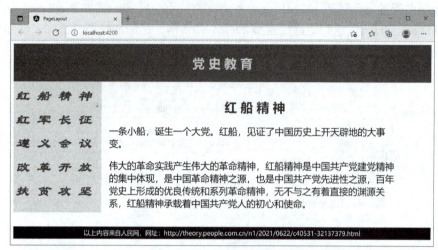

（a）初始效果

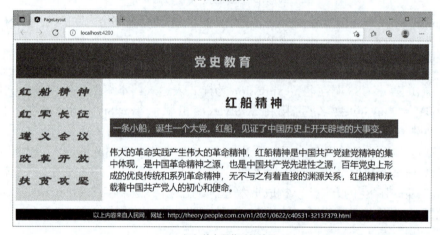

（b）单击段落后的效果

图 4.4　ngClass 指令——页面布局案例的实现效果

4.2.3　案例实现

（1）创建项目 PageLayout。

（2）设计页面内容，代码如下。代码中使用了四个 div 标签，分别显示组件的头部标题部分、中间左侧导航部分、中间右侧内容部分、下方页脚部分的内容，每一部分的样式类在 app.component.scss 文件中定义。代码中使用了 ngClass 和 ngStyle 指令，指令的使用方法介绍见知识要点部分。

```
<!-- app.component.html -->
<div [ngClass] = "{header: true}">
  <!-- 头部标题 -->
```

```
        <h1>党史教育</h1>
    </div>

    <div [ngClass] = "{ 'nav-bg': true, 'nav-font': true }">
        <!-- 中间左侧导航部分 -->
        红船精神<br>
        红军长征<br>
        遵义会议<br>
        改革开放<br>
        扶贫攻坚<br>
    </div>

    <div [ngClass] = "{section: true}">
        <!-- 中间右侧内容部分 -->
        <h1 [ngStyle] = "{color:'blue', 'text-align':'center'}">红船精神</h1>
        <p [ngClass] = "{pStyles: change()}" (click) = "change()">
一条小船，诞生一个大党。红船，见证了中国历史上开天辟地的大事变。
        </p>
        <p>
伟大的革命实践产生伟大的革命精神，红船精神是中国共产党建党精神的集中体现，是中国革命精神之源，也是中国共产党先进性之源，百年党史上形成的优良传统和系列革命精神，无不与之有着直接的渊源关系，红船精神承载着中国共产党人的初心和使命。
        </p>
    </div>

    <div [ngClass] = "{footer: true}">
        <!-- 页脚部分 -->
以上内容来自人民网，网址：http://theory.people.com.cn/n1/2021/0622/c40531-32137379.html
    </div>
```

（3）编写 app.component.scss 文件代码。这部分代码和 CSS 样式完全一样，相关介绍看代码中的注释，详细内容可以参考 CSS 相关文献资料学习，这里不再赘述。

```
//app.component.scss
.header {                            //定义的头部样式
    background-color: red;           //背景颜色
    color          : yellow;         //字体颜色
    text-align     : center;         //文本对齐方式
    padding        : 5px;            //内边距
}

.nav-bg {                            //定义导航部分布局样式
    background-color: #eeeeee;       //背景颜色
    height         : 320px;          //导航区域的高度
```

```
    width           : 20%;           // 导航区域的宽度
    float           : left;          // 布局方式：左浮动
    padding         : 5px;           // 内边距
}

.nav-font{                           // 定义导航部分字体样式
    line-height     : 60px;          // 设置行高
    font-size       : 36px;
    font-style      : italic;
    font-weight     : bolder;
    font-family     : 隶书;
    color           : red;
}

.section {         // 定义中间右侧内容部分样式
    width           : 70%;
    float           : left;
    padding         : 20px;
}

.pStyles{
    color           : yellow;
    background-color: red;
    font-size       : x-large;
    border          : 4px dashed green;
    padding         : 5px;
}

.footer {          // 定义底部版权部分样式
    background-color: black;
    color           : white;
    clear           : both;
    text-align      : center;
    padding         : 5px;
}

p{
    font-size       : x-large;
}
```

（4）编写 app.component.ts 文件代码。该文件在 AppComponent 类中定义了一个属性 bool 和一个方法 change()，代码如下：

```
//app.component.ts
```

```
import { Component } from '@angular/core';

@Component({
  selector: 'app-root',
  templateUrl: './app.component.html',
  styleUrls: ['./app.component.scss']
})
export class AppComponent {
  private bool: boolean = true;   // 定义属性
  change(): boolean {
    this.bool = !this.bool;
    return this.bool;
  }
}
```

4.2.4 知识要点

(1) ngClass 内置指令。在属性绑定中，CSS 类的绑定方式能够为标签元素添加或移除某个类，而 ngClass 指令可以同时为 DOM 元素添加或移除多个 CSS 类，从而控制元素的展示。指令格式如下：

```
[ngClass] = "{cssClass: expression}"
```

其中，cssClass 表示 CSS 类，expression 为 boolean 类型的表达式，如果表达式的值为 true 就添加该样式类，否则删除该样式类。

(2) ngClass 和 ngStyle 指令的区别。它们都采用键-值对的方式，如：[ngClass] = "{ 'nav-bg': true, 'nav-font': true }" 和 [ngStyle] = "{color: 'blue', 'text-align': 'center'}"，但 ngClass 的键是样式类，值是 boolean 类型的表达式，而 ngStyle 的键是样式属性名，值是样式属性值。

注意： 在使用 ngStyle 和 ngClass 指令时，如果键中带有连字符时，必须使用引号引起来。

4.3 案例：ngIf 指令——阶乘计算器

4.3.1 案例描述

设计一个案例，利用键盘和鼠标事件计算文本输入框中给定数的阶乘，然后利用 ngIf 指令判断是否显示阶乘的值。

4.3.2 实现效果

程序运行后的效果如图 4.5（a）所示，最开始不显示阶乘的计算结果。当在输入框中输入一个正确的数值后按【Enter】键或单击"计算"按钮时，阶乘的结果就会在输入框下面显示，如图 4.5（b）图所示。如果输入负数并按【Enter】键或单击"计算"按钮时，则弹出错误提示对话框，单击对话框的"确定"按钮后，输入框下方的结果文本将隐藏，如图4.5（c）所示。

（a）初始界面

（b）正确输入后的计算结果

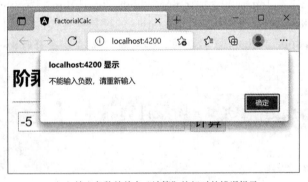

（c）输入负数并单击"计算"按钮时的错误提示

图4.5　ngIf指令——阶乘计算器案例的实现效果

4.3.3　案例实现

（1）建立项目：FactorialCalc。

（2）创建组件：components/factorial-calc。

（3）设计factorial-fact组件内容。组件中主要包括一个input标签和一个button标签：

◆ Input 标签中定义了局部变量 myInput，该变量既可以用于函数的参数，也可以通过 {{ }} 在组件模板文件的其他地方使用。Input 标签的属性代码：(keydown.enter) = "keyCalc(myInput.value)" 定义了键盘回车事件及其对应的处理函数，其中 (keydown.enter) 表示键盘回车事件，函数 keyCalc 的参数 myInput.value 表示 input 标签中输入的值。

◆ button 标签中的属性 (click) = "btnCalc(myInput.value)" 表示单击按钮事件及其对应的处理函数，函数的参数 myInput.value 表示 input 标签中输入的值。

◆ <div *ngIf = "n > = 0"> 用于控制 div 标签是否显示，其中 *ngIf 是内置指令，用于控制标签的显示或删除，如果它后面表达式的值为 true 则显示标签，否则删除（不是隐藏）标签。这里的表达式 "n > = 0" 中的 n 是组件类中定义的属性，这里可以直接使用，而不用使用 {{ }} 符号。

```html
<!--factorial-calc.component.html -->
<h1>阶乘计算器</h1>
<hr>

<div>
    <!-- 按【Enter】键时调用函数 -->
    <input type = "text" #myInput placeholder = "请输入一个整数"
        (keydown.enter) = "keyCalc(myInput.value)">
    <button (click) = "btnCalc(myInput.value)">计算</button>
</div>

<!--*ngIf 是内置指令，用于控制标签是否显示 -->
<div *ngIf = "n > = 0">
    <!-- 引用 myInput.value-->
    计算结果为: {{myInput.value}} ! = {{result}}
</div>
```

（4）定义组件 factorial-calc 的样式类。这里定义了 div, input, button 三个标签的样式类。

```scss
// factorial-calc.component.scss
div, input, button {
    font-size    : 24px;
    margin       : 5px;
}
```

（5）实现组件 factorial-calc 的业务逻辑。这里定义了组件类的属性 n 和 result、方法 keyCalc(value: any) 和 btnCalc(value: any)，两个方法中的参数 value 用于接收输入框中的值（实参）。

```ts
// factorial-calc.component.ts
import { Component, OnInit } from '@angular/core';

@Component({
  selector: 'app-factorial-calc',
```

```
  templateUrl: './factorial-calc.component.html',
  styleUrls: ['./factorial-calc.component.scss']
})
export class FactorialCalcComponent implements OnInit {

  public n: number;
  public result: number;        // 定义属性,用于存放计算结果

  constructor() {
    this.n = -1;                // 初始化-1的目的是,最初不显示计算结果的提示信息
    this.result = 1;
  }

  ngOnInit(): void { }

  keyCalc(value: any): void {   // 键盘事件函数,必须指定函数参数类型
    console.log(value);         // 在 console 中显示输入框中的值
    this.n = value;             // 将 value 值赋值给属性 n,用于模板文件中 ngIf 的判断
    let fact: number = 1;       // 定义局部变量
    if (value < 0) {
      alert("不能输入负数,请重新输入");  // 显示警告对话框
      return;
    }
    for (let i: number = 1; i < = value; i++) {
      fact * = i;               // 计算阶乘
    }
    this.result = fact;         // 将结果赋值给属性
  }

  btnCalc(value: any): void {   // 鼠标事件函数,必须指定函数参数类型
    this.keyCalc(value);
  }
}
```

(6) 在根组件中挂载 factorial-calc 组件。

```
<!-- app.component.html -->
<app-factorial-calc></app-factorial-calc>
```

4.3.4 知识要点

(1) ngIf 内置指令。如果希望根据一个条件来决定标签的显示效果(包括显示或删除),可以使用 ngIf 指令。这个条件是根据传给"指令表达式"的结果决定的。在"指令表达式"中使用组件类中定义的属性。当表达式返回 true 时,可以在 DOM 树的节点上添加一个元素及其子元素,反之将被删除。指令格式为:

```
*ngIf = "expression"
```

如果 expression 表达式的值为 true，则表示显示该标签，否则删除该标签。

（2）键盘回车事件。在事件绑定中直接使用 (keydown.enter) 表示键盘回车事件，等同于使用键盘事件的 keyCode == 13 来判断是否是键盘回车事件。

（3）模板文件中局部变量的定义和使用。通过在 input 标签中使用 #（hash）来要求 Angular 把该元素（对象类型）赋值给一个局部变量。该变量既可以用做函数实参实现模板文件到逻辑文件的传值，也可以通过 {{ }} 在模板文件的其他地方使用。该变量的类型为对象类型，如果要直接使用 DOM 元素的 value，则可以通过变量名 .value 的方式来使用，如本案例中在 input 标签中定义的 myInput 变量，可以直接利用 myInput.value 来获取输入框中的值。

4.4 案例：ngSwitch 指令——选择颜色

4.4.1 案例描述

设计一个案例，利用 ngSwitch 内置指令，通过选择下拉列表框的不同选项来显示矩形区域不同背景颜色和文本内容。

4.4.2 实现效果

案例的实现效果如图 4.6 所示。当在下拉列表框中选择一种颜色时，下面就会显示相应的颜色名称，并在矩形框中显示这种颜色。

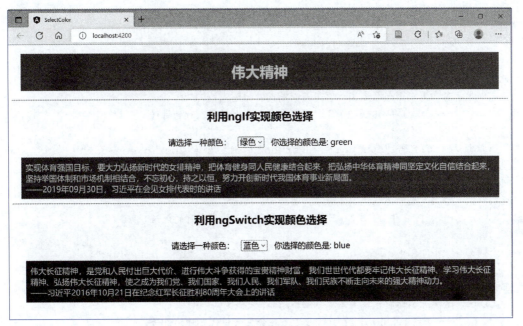

图 4.6　ngSwitch 指令——选择颜色案例的实现效果

4.4.3 案例实现

（1）创建项目：SlectColor。
（2）创建组件：select-color。
（3）在 app.module.ts 文件中添加和引用 FormsModule 模块。
（4）设计 select-color 组件模板内容。代码中主要包含 select 标签，用于实现颜色选择。此外在 div 标签中使用了 ngIf 和 ngSwitch 判断在 select 中选择的项目，并根据选择的项目来显示颜色块的背景颜色。

```html
<!-- select-color.component.html -->
<h1> 伟大精神 </h1>
<hr>

<h2> 利用 ngIf 实现颜色选择 </h2>
<div>
    请选择一种颜色：
    <select [(ngModel)] = "option1">
        <!-- 下拉列表框 -->
        <option value = "red"> 红色 </option>
        <option value = "green"> 绿色 </option>
        <option value = "blue"> 蓝色 </option>
    </select>
    你选择的颜色是：{{option1}}
</div>
<div>
    <div *ngIf = "option1 == 'red'" class = "box red-box">
        <!-- 使用 ngif 指令进行判断 -->
        实现体育强国目标，要大力弘扬新时代的女排精神，把体育健身同人民健康结合起来，把弘扬中华体育精神同坚定文化自信结合起来，坚持举国体制和市场机制相结合，不忘初心，持之以恒，努力开创新时代我国体育事业新局面。<br>
        ——2019 年 09 月 30 日，习近平在会见女排代表时的讲话
    </div>
    <div *ngIf = "option1 == 'green'" class = "box green-box">
        实现体育强国目标，要大力弘扬新时代的女排精神，把体育健身同人民健康结合起来，把弘扬中华体育精神同坚定文化自信结合起来，坚持举国体制和市场机制相结合，不忘初心，持之以恒，努力开创新时代我国体育事业新局面。<br>
        ——2019 年 09 月 30 日，习近平在会见女排代表时的讲话
    </div>
    <div *ngIf = "option1 == 'blue'" class = "box blue-box">
        实现体育强国目标，要大力弘扬新时代的女排精神，把体育健身同人民健康结合起来，把弘扬中华体育精神同坚定文化自信结合起来，坚持举国体制和市场机制相结合，不忘初心，持之以恒，努力开创新时代我国体育事业新局面。<br>
        ——2019 年 09 月 30 日，习近平在会见女排代表时的讲话
    </div>
```

```html
                </div>

    <!--//////////////////////////////////////////-->
    <hr>
    <h2>利用 ngSwitch 实现颜色选择</h2>
    <div>
        请选择一种颜色：
        <select [(ngModel)] = "option2">
            <option value = "red">红色</option>
            <option value = "green">绿色</option>
            <option value = "blue">蓝色</option>
        </select>
        你选择的颜色是：{{option2}}
    </div>
    <div>
        <div [ngSwitch] = "option2">
            <!-- 使用 ngSwitch 指令 -->
            <div *ngSwitchCase = "'red'" class = "box red-box">
                伟大长征精神，是党和人民付出巨大代价、进行伟大斗争获得的宝贵精神财富，我们世世代代都要牢记伟大长征精神、学习伟大长征精神、弘扬伟大长征精神，使之成为我们党、我们国家、我们人民、我们军队、我们民族不断走向未来的强大精神动力。<br>
                ——习近平 2016 年 10 月 21 日在纪念红军长征胜利 80 周年大会上的讲话
            </div>
            <div *ngSwitchCase = "'green'" class = "box green-box">
                伟大长征精神，是党和人民付出巨大代价、进行伟大斗争获得的宝贵精神财富，我们世世代代都要牢记伟大长征精神、学习伟大长征精神、弘扬伟大长征精神，使之成为我们党、我们国家、我们人民、我们军队、我们民族不断走向未来的强大精神动力。<br>
                ——习近平 2016 年 10 月 21 日在纪念红军长征胜利 80 周年大会上的讲话
            </div>
            <div *ngSwitchCase = "'blue'" class = "box blue-box">
                伟大长征精神，是党和人民付出巨大代价、进行伟大斗争获得的宝贵精神财富，我们世世代代都要牢记伟大长征精神、学习伟大长征精神、弘扬伟大长征精神，使之成为我们党、我们国家、我们人民、我们军队、我们民族不断走向未来的强大精神动力。<br>
                ——习近平 2016 年 10 月 21 日在纪念红军长征胜利 80 周年大会上的讲话
            </div>
        </div>
    </div>
```

（5）定义 select-color 组件模板样式类。代码中设置 div、select 标签的字体大小和外边距，定义 box、bg-red、bg-green 和 bg-blue 样式类。

```scss
// select-color.component.scss
* {   // 设置所有标签样式
    text-align: center;
```

```css
}

h1 {
    color           : yellow;
    background-color: red;
    padding         : 20px;
    margin          : 20px;
}

div,
select {
    font-size       : large;
    margin          : 10px;
}

.box {
    padding         : 10px;
    color           : yellow;
    text-align      : justify;
}

.red-box {
    background-color: red;
}

.green-box {
    background-color: green;
}

.blue-box {
    background-color: blue;
}
```

（6）实现 select-color 组件的业务逻辑。组件类中定义了 option1 和 option2 两个属性并初始化，分别用于接收组件模板中传递 select 标签的 value 值，并将该值传回组件模板文件，从而实现数据双向传递。

```typescript
// select-color.component.ts
import { Component, OnInit } from '@angular/core';

@Component({
  selector: 'app-select-and-color',
  templateUrl: './select-and-color.component.html',
  styleUrls: ['./select-and-color.component.scss']
})
export class SelectAndColorComponent implements OnInit {
```

```
    public option1:any = '';
    public option2:any = '';
    constructor() { }

    ngOnInit(): void {
    }
}
```

（7）编写 app.component.html 文件代码。

```
<!-- app.component.html -->
<app-select-color></app-select-color>
```

4.4.4　知识要点

ngSwitch 内置指令。就像 JavaScript 的 switch 语句一样，ngSwitch 会根据切换条件显示几个可能的元素中的一个，Angular 只会将选定的元素放入 DOM。ngSwitch 指令包括：ngSwitch、ngSwitchCase 和 ngSwitchDefault，其中 ngSwitchDefault 是可选的。该指令的使用格式为：

```
<div [ngSwitch] = "conditionExpression">
    <div *ngSwitchCase = "expression1">output-1</div>
    <div *ngSwitchCase = "expression2">output-2</div>
    ……
    <div *ngSwitchDefault>output-n</div>
</div>
```

指令执行过程：首先计算 conditionExpression 的值，然后使 conditionExpression 的值分别与 expression-1、expression-2……expression-n 的值进行比较，与哪个 expression 的值相等就显示该标签的内容，如果都不相等就显示 ngSwitchDefault 所在标签的内容。

4.5　案例：ngIf 和 ngSwitch——成绩等级计算器

4.5.1　案例描述

设计一个案例，利用 ngIf 和 ngSwitch 内置指令实现成绩等级的计算。输入的成绩在 90 ~ 100 之间并按【Enter】键时，显示"成绩优秀"；输入 80 ~ 90 之间的数并按【Enter】键时，显示"成绩良好"；输入 70 ~ 80 之间的数并按【Enter】键时，显示"成绩中等"；输入 60 ~ 70 之间的数并按【Enter】键时，显示"成绩及格"；当输入 60 以下的数并按【Enter】键时，显示"成绩不及格"；输入的成绩不在 0 ~ 100 之间，不显示成绩等级。

4.5.2　实现效果

案例正常运行时的效果如图 4.7 所示。当输入 0 ~ 100 之间的数字时，将显示该数字对应的成绩等级,如图4.7(a)所示,否则将不显示,如图4.7(b)所示。

(a)输入0~100之间的数值时将显示成绩等级

(b)输入的值不在0~100之间时将不显示成绩等级

图4.7 ngIf和ngSwitch——成绩等级计算器案例的实现效果

4.5.3 案例实现

(1)创建项目:GradeCalc。

(2)创建组件:grade-calc。

(3)在app.module.ts文件中添加FormsModule模块。

(4)设计grade-calc组件模板内容。其中主要包含了一个input标签用于输入成绩,input标签中利用[(ngModel)]属性实现数据双向传递,利用ngIf判断输入的成绩是否在正常范围内,利用ngSwitch判断成绩等级。

```html
<!-- grade-calc.component.html -->
<h1>成绩等级计算器</h1>
<hr>
<div>
    <span>请输入你的成绩:</span>
    <input type = "text" [(ngModel)] = "score"
        (keydown.enter) = "calc()"> <!-- 利用ngModel实现数据传递 -->
</div>
<div *ngIf = "score> = 0 && score< = 100"> <!-- 使用ngIf判断成绩是否在正常范围内 -->
    <div [ngSwitch] = "scoreInt"> <!-- 使用ngSwitch判断成绩等级 -->
```

```html
            <div *ngSwitchCase = "10">成绩等级：优秀</div>
            <div *ngSwitchCase = "9">成绩等级：优秀</div>
            <div *ngSwitchCase = "8">成绩等级：良好</div>
            <div *ngSwitchCase = "7">成绩等级：中等</div>
            <div *ngSwitchCase = "6">成绩等级：及格</div>
            <div *ngSwitchDefault>成绩等级：不及格</div>
    </div>
</div>
```

（5）定义 grade-calc 组件模板样式类。本案例中定义了 div，span，input 三个标签的字体大小和外边距。

```scss
// grade-calc.component.scss
div, span, input{
    font-size: larger;
    margin    : 10px;
}
```

（6）实现 grade-calc 组件的业务逻辑。组件类中定义两个属性：score 和 scoreInt，分别表示从模板文件中传过来的成绩和成绩折算后的值（即把成绩折算成 0～10 之间的整数，从而能够利用 ngSwitch），折算通过 calc 函数来实现。

```typescript
// grade-calc.component.ts
import { Component, OnInit } from '@angular/core';

@Component({
  selector: 'app-grade-calc',
  templateUrl: './grade-calc.component.html',
  styleUrls: ['./grade-calc.component.scss']
})
export class GradeCalcComponent implements OnInit {
  public score: number = 100;                          // 成绩
  public scoreInt: number;                             // 折算后的成绩
  constructor() {
    this.scoreInt = Math.floor(this.score / 10);
  }
  ngOnInit(): void { }
  calc(): void {
    this.scoreInt = Math.floor(this.score / 10);     // 成绩除 10 后取整
  }
}
```

（7）在根组件中引用 grade-calc 组件，代码如下：

```html
<!-- app.component.html -->
<app-grade-calc></app-grade-calc>
```

4.5.4 知识要点

（1）综合利用 ngIf 和 ngSwitch 的方法。

（2）将 0 ～ 100 之间的数值（实数）转换为 0 ～ 10 之间的数字（整数）的实现方法。

4.6 案例：ngFor 指令——神舟飞船载人航天历程

4.6.1 案例描述

设计一个案例，利用 ngFor 内置指令以表格的形式显示中国神舟飞船载人航天历史，包括：序号、飞船名称、发射时间、宇航员姓名等。

ngFor指令——神舟飞船载人航天历程

4.6.2 实现效果

案例运行后的效果如图 4.8 所示。图中列表数据是利用 ngFor 指令来实现的。

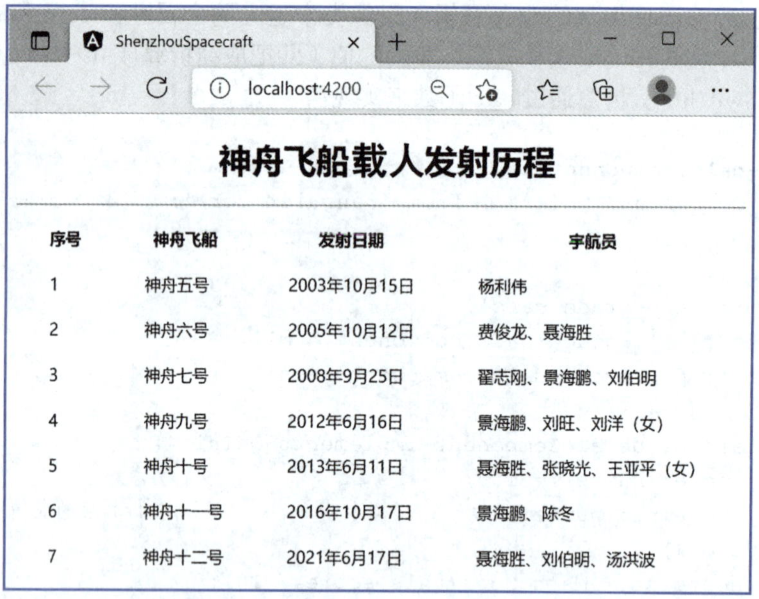

图 4.8 ngFor 指令——神舟飞船载人航天历程案例实现效果

4.6.3 案例实现

（1）创建项目：ShenzhouSpacecraft。

（2）添加组件：shenzhou-spacecraft。

（3）设计 shenzhou-spacecraft 组件模板内容。代码中利用 *ngFor 指令，以表格的形式来显示中国神舟飞船载人航天史。

```
<!-- shenzhou-spacecraft.component.html -->
<h1>神舟飞船载人发射历程</h1>
```

```
<hr>

<div>
    <table>  <!-- 表格 -->
        <tr>  <!-- 表格标题行 -->
            <th> 序号 </th>
            <th> 神舟飞船 </th>
            <th> 发射日期 </th>
            <th> 宇航员 </th>
        </tr>

        <tr *ngFor = "let shenzhou of Shenzhoues; index as i"> <!--表格数据行-->
            <td>{{i+1}}</td>
            <td>{{shenzhou.spacecraft}}</td>
            <td>{{shenzhou.launchDate}}</td>
            <td>{{shenzhou.astronaut}}</td>
        </tr>
    </table>
</div>
```

（4）定义 shenzhou-spacecraft 组件模板样式类。代码中定义了表格标题行和数据行格式。

```
// shenzhou-spacecraft.component.scss
h1{
    text-align: center;
}
th, td{    // 定义表格标题行和数据化格式
    font-size: 16px;
    padding  : 10px 30px;
}
```

（5）实现 shenzhou-spacecraft 组件业务逻辑。在组件类中定义了 shenzhoues 属性并初始化为对象类型数组。

```
// shenzhou-spacecraft.component.ts
import { Component, OnInit } from '@angular/core';

@Component({
  selector: 'app-shenzhou-spacecraft',
  templateUrl: './shenzhou-spacecraft.component.html',
  styleUrls: ['./shenzhou-spacecraft.component.scss']
})
export class ShenzhouSpacecraftComponent implements OnInit {
  public Shenzhoues: any; // 定义属性 Students
  constructor() {
    this.Shenzhoues = [    // 为 shenzhoues 初始化为对象数组类型数据
      {
        spacecraft: "神舟五号",
```

```
          launchDate: "2003年10月15日",
          astronaut : "杨利伟",
        },
        {
          spacecraft: "神舟六号",
          launchDate: "2005年10月12日",
          astronaut : "费俊龙、聂海胜",
        },
        {
          spacecraft: "神舟七号",
          launchDate: "2008年9月25日",
          astronaut : "翟志刚、景海鹏、刘伯明",
        },
        {
          spacecraft: "神舟九号",
          launchDate: "2012年6月16日",
          astronaut : "景海鹏、刘旺、刘洋（女）",
        },
        {
          spacecraft: "神舟十号",
          launchDate: "2013年6月11日",
          astronaut : "聂海胜、张晓光、王亚平（女）",
        },
        {
          spacecraft: "神舟十一号",
          launchDate: "2016年10月17日",
          astronaut : "景海鹏、陈冬",
        },
        {
          spacecraft: "神舟十二号",
          launchDate: "2021年6月17日",
          astronaut : "聂海胜、刘伯明、汤洪波",
        }
      ]
    }
    ngOnInit(): void { }
}
```

（6）在根组件中引用shenzhou-spacecraft组件，代码如下：

```
<!-- app.component.html -->
<app-shenzhou-spacecraft></app-shenzhou-spacecraft>
```

4.6.4 知识要点

（1）ngFor内置指令。可以重复执行某些步骤来展示数据，指令格式如下：

```
*ngFor = "let item of items "
```

字符串 "let item of items" 会指示 Angular 执行以下操作：
- 将 items 中的每个条目存储在局部循环变量 item 中
- 让每个条目都可用于每次迭代时的模板 HTML 中
- 将 "let item of items" 转换为环绕宿主元素的 <ng-template>
- 对列表中的每个 item 复写这个 <ng-template>

（2）获取 *ngFor 的 index。在 *ngFor 中，添加一个分号和 let i = index 简写形式。index 是 items 数组的默认下标，i 是 index 的别名。let item of items 与 index as i 之间可以使用逗号、分号或者空格隔开，此外，let i = index 可以写成：index as i。

本案例模板文件中的代码：<tr *ngFor = "let shenzhou of Shenzhoues; index as i"> 表示对 Shenzhoues 数组中的元素进行遍历，Shenzhoues 是在组件类中定义的对象数组类型的属性，let shenzhou of Shenzhoues 表示定义了局部变量 shenzhou，并将 Shenzhoues 数组中的每个元素依次赋值给变量 shenzhou。

4.7 案例：ngIf 和 ngFor 指令——打印九九乘法表

ngIf和ngFor指令——打印九九乘法表

4.7.1 案例描述

设计一个案例，综合利用 ngIf 和 ngFor 内置指令打印九九乘法表。

4.7.2 实现效果

案例实现效果如图 4.9 所示，从图中可以看出，本案例打印了左下角和右上角两个九九乘法表。

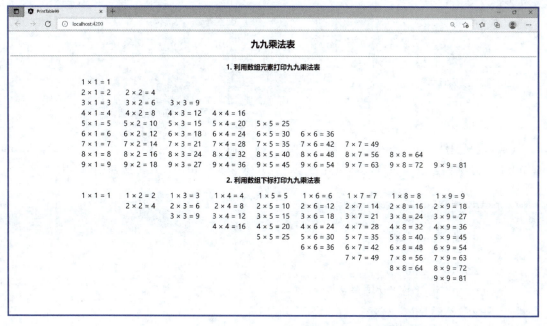

图 4.9 ngIf 和 ngFor 指令——打印九九乘法表案例实现结果

4.7.3 案例实现

（1）创建项目：PrintTable99。

（2）添加组件：print-table99。

（3）设计组件 print-table99 的模板内容，代码如下。代码中使用了嵌套的 ngFor 指令，分别并利用数组元素和数组下标实现九九乘法表的打印。

```html
<!-- print-table99.component.html -->
<h1> 九九乘法表 </h1>
<hr>

<h2>1. 利用数组元素打印九九乘法表 </h2>
<div class = "layout">
    <div *ngFor = "let row of table">
        <div *ngFor = "let col of table" class = "inline">
            <div *ngIf = "row > = col">
                {{row}} × {{col}} = {{row*col}}
            </div>
        </div>
    </div>
</div>

<h2>2. 利用数组下标打印九九乘法表 </h2>
<div class = "layout">
    <div *ngFor = "let row of [1, 2, 3, 4, 5, 6, 7, 8, 9]; let i = index">
        <div *ngFor = "let col of [1, 2, 3, 4, 5, 6, 7, 8, 9], let j = index" class = "inline">
            <div *ngIf = "i < = j">
                {{i + 1}} × {{j + 1}} = {{(i + 1) * (j + 1)}}
            </div>
        </div>
    </div>
</div>
```

（4）定义组件 print-table99 的模板样式类，代码如下。代码中定义了三个样式类：*、.layout 和 .inline，分别用于设置所有文本对齐方式、九九乘法表布局和九九乘法表中每一行的样式。

```scss
// print-table99.component.scss
*{
    text-align: center;
}

.layout{      // 设置九九乘法表整体布局格式
    font-size: x-large;
    line-height: 36px;
```

```
}
.inline{       // 设置九九乘法表每一行的格式
    display: inline-block;
    width: 160px;
}
```

（5）实现组件 print-table99 的业务逻辑，代码如下。代码中只定义了一个数组 table 并进行了初始化。

```
// print-table99.component.ts
import { Component, OnInit } from '@angular/core';

@Component({
  selector: 'app-print-table99',
  templateUrl: './print-table99.component.html',
  styleUrls: ['./print-table99.component.scss']
})
export class PrintTable99Component implements OnInit {
  public table: number[] = [1, 2, 3, 4, 5, 6, 7, 8, 9];
  constructor() { }
  ngOnInit(): void { }
}
```

（6）在根组件中引用 print-table99 组件，代码如下：

```
<!-- app.component.html -->
<app-print-table99></app-print-table99>
```

4.7.4 知识要点

（1）inline-block 布局样式。在 CSS 中，块级对象元素会单独占一行显示，多个 block 元素会各自新起一行，并且可以设置 width 和 height 属性；而内联对象元素前后不会产生换行，一系列 inline 元素都在一行内显示，直到该行排满，对 inline 元素设置 width 和 height 属性无效。有时可能既希望元素具有宽度高度特性，又具有同行特性，这个时候可以使用 inline-block。在 CSS 中通过 display:inline-block 对一个对象指定 inline-block 属性，简单来说就是将对象呈现为 inline 对象，但是对象的内容作为 block 对象呈现。之后的内联对象会被排列在同一行内。

（2）使用 *ngFor 指令的注意事项：

- 遍历的数组既可以在组件类中定义，也可以在模板文件中直接给出。
- 数组下标的默认名称是 index，将 index 的值赋值给另一个变量 i 时，既可以采用 index as i 的方式，也可以采用 let i = index 方式。
- ngFor 语句与下标语句之间可以使用逗号、分号或空格隔开，如本案例中的代码：<div *ngFor = "let row of [1, 2, 3, 4, 5, 6, 7, 8, 9]; let i = index"> 使用了分号。

4.8 案例：模板式表单——个人信息管理

4.8.1 案例描述

设计一个案例，利用模板式表单实现个人信息管理。

4.8.2 实现效果

案例的实现效果如图 4.10 所示。在表单元素中的输入框、单选按钮和下拉式列表框中输入或选择相应的信息后，在"提交"按钮下面实时显示输入或选择的信息，如果单击"提交"按钮，则会在浏览器的 console 面板中显示表单中输入或选择的信息。如果在"用户名"输入框中输入的字符个数少于三个，会在输入框右侧显示"你输入有错误"的提示信息，此外，在输入框中最多只能输入六个字符。

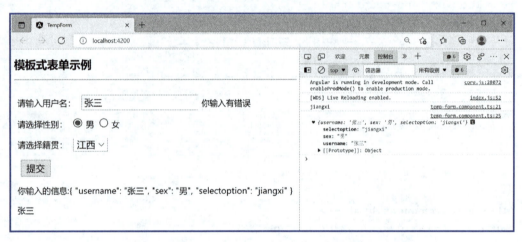

图 4.10 模板式表单——个人信息管理案例的实现效果

4.8.3 案例实现

（1）建立项目：TempForm。

（2）创建组件：temp-form。

（3）在 app.module.ts 文件中导入 FormsModule 模块。

（4）设计 temp-form 组件模板内容，代码如下。其中在 form 标签中定义了模板局部变量 f 并将 ngForm 赋值给该变量，这样可以在模板中直接使用该变量来引用表单中所有控件的 value。form 中的属性 (ngSubmit) = "doSubmit(f.value)" 表示单击表单中"提交"按钮后调用 doSubmit() 函数，并将表单中控件的值作为函数的参数传递到组件类中。input 组件中的 minlength = "3" 设置了输入框中最少输入字符个数为 3，maxlength = "6" 设置了输入框中最多输入字符个数为 6，required 要求必须在输入框中输入数据。

```
<!-- temp-form.component.html -->
<h1>模板式表单示例</h1>
```

```
<hr>
<form #f = "ngForm" (ngSubmit) = "doSubmit(f.value)">
    <p>请输入用户名:
        <input type = "text" minlength = "3" maxlength = "6" required  ngModel
            name = "username" #user = "ngModel" />
        <span [hidden] = "user.valid || user.pristine">你输入有错误</span>
    </p>
    <p>请选择性别:
        <input type = "radio" ngModel name = "sex" value = "男" />男
        <input type = "radio" ngModel name = "sex" value = "女" />女
    </p>
    <p>请选择籍贯:
        <select name = "selectoption" ngModel (ngModelChange) = "change
($event)">
            <option *ngFor = "let origin of origins"
                [ngValue] = "origin.value">{{origin.display}}</option>
        </select>
    </p>
    <p>
        <input type = "submit" value = "提交" />
    </p>
    <p>你输入的信息:{{f.value|json}}</p>
    <p>{{user.value}}</p>
</form>
```

上面代码 `<span [hidden] = "user.valid || user.pristine">` 中用 valid、pristine 表示表单中的某些状态。在 Angular 中使用的 ngForm 可以追踪整个表单控制的状态，使用 ngModel 可以追踪其所在表单控件的状态（例如 user name 输入框中的属性：#user = "ngModel"）。

（5）设计组件界面格式，代码如下。代码中定义了 form 类、input, select 类。

```scss
// temp-form.component.scss
form {
    font-size: 24px;
    padding  : 10px;
}

input, select {
    zoom    : 200%;   // 设置组件的缩放比例
    margin  : 0px 5px;
}
```

（6）实现组件业务逻辑功能，代码如下：

```ts
// temp-form.component.ts
import { Component, OnInit } from '@angular/core';
import { formatCurrency } from '_@angular_common@11.0.9@@angular/common';
```

```
@Component({
  selector: 'app-temp-form',
  templateUrl: './temp-form.component.html',
  styleUrls: ['./temp-form.component.scss']
})
export class TempFormComponent implements OnInit {
  origins: any[] = [
    { value: "guangdong", display: "广东" },
    { value: "jiangxi", display: "江西" },
    { value: "hunan", display: "湖南" }
  ];
  origin: any;
  hobby: boolean = true;
  constructor() { }
  ngOnInit() { }
  change(event: any) {
    console.log(event);
  }
  doSubmit(value: any) {
    console.log(value);
  }
}
```

(7)在根目录中引用 temp-form 组件，代码如下：

```
<!-- app.component.html -->
<app-temp-form></app-temp-form>
```

4.8.4 知识要点

1. 表单概述

表单的使用场景非常广泛，常见的场景包括：用户注册、用户登录、数据的添加和修改、问卷调查、文件上传等。虽然 HTML 内置了表单标签，但它的一些标签特性存在浏览器兼容问题，并且自定义校验规则及表单数据获取、处理、提交等流程比较复杂。

针对以上问题，Angular 团队对表单进行了封装扩展，提供了良好的解决方案。Angular 表单提供了数据双向绑定、强大的校验规则及自定义校验错误提示等功能，使开发者可以使用简洁的代码、灵活的接口构建功能强大的表单。

Angular 提供了模板驱动（Template-Driven Form）和模型驱动（Model-Driven Form）两种方式构建表单。模板驱动模式使用模板表单内置指令、内置校验的方式构建表单；模型驱动模式采用自定义指令、自定义校验方式构建表单。

2. 表单指令

在 Angular 中，表单的交互由表单特有的指令来实现。Angular 对常用的表单交互功能进行了封装扩展，形成了表单指令，用于处理数据绑定、指定校验规则、显示校验错误信息等。表单内容如图 4.11 所示。

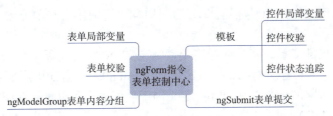

图 4.11　表单指令内容

（1）ngForm 指令。该指令是表单的控制中心，负责处理表单的页面逻辑，为普通的表单元素扩充特性。所有的表单指令只有在 ngForm 指令内部才能正常运行。使用 ngForm 指令前必须在 app.module.ts 文件中导入 FormsModule 模块，这样在整个应用的模板驱动表单中都可以使用特有的表单指令，开发者不用在模板中显式使用 ngForm 指令，因为添加了 FormsModule 模块后，Angular 模板在编译解析时，遇到 <form> 标签会自动创建一条 ngForm 指令并将其添加到 <form> 标签上。如下面的代码块 1 和代码块 2 的效果是一样的。

代码块 1：

```
<form action = "/regist" method = "post" >
  <div>用户名: <input type = "text"></div>
  <div>手机号: <input type = "text"></div>
  <div>密码: <input type = "password"></div>
  <div>确认密码: <input type = "password"></div>
  <button>注册</button>
</form>
```

代码块 2：

```
<div ngForm>
  <div>用户名: <input type = "text"></div>
  <div>手机号: <input type = "text"></div>
  <div>密码: <input type = "password"></div>
  <div>确认密码: <input type = "password"></div>
  <button>注册</button>
</div>
```

ngForm 指令控制通过 ngModel 指令和 name 属性创建控件类，并跟踪控件类的属性变化，包括有效属性（valid）。

（2）ngModel 指令。这是表单运用中最重要的一个指令，几乎所有的表单特性都依赖 ngModel 指令实现，包括数据绑定、控件状态跟踪和校验等。Angular 表单支持单向和双向数据绑定，单向绑定使用 [ngModel]，双向绑定使用 [(ngModel)]。在控件中使用 ngModel 时必须提供控件的 name 属性，否则会报错，因为 ngForm 指令会为表单建立一个控件对象 FormCotrol 的集合，以此作为表单控件的容器。控件的 ngModel 属性绑定会以 name 作为唯一标识符来生成一个 FormCotrol，并将其加入 FormCotrol 集合。

（3）模板局部变量。模板局部变量（Template Reference Variabl, 简称局部变量）是模板中对DOM元素或指令（包括组件）的引用，可以使用在当前元素、兄弟元素或任何子元素中。

- ◇ DOM元素局部变量。若要在标签元素中定义DOM元素局部变量，只需在局部变量前面加上"#"或者使用"ref-"前缀即可。Angular会自动把局部变量设置为对当前DOM元素对象的引用。在模板中定义局部变量后，可以直接在模板的其他元素中使用该元素的DOM属性。
- ◇ NgForm表单局部变量。表单也可以定义局部变量，其引用方式与DOM元素局部变量的方式不同。表单局部变量在定义时需要手动初始化为特定指令的代表值，解析后会被赋值为表单指令实例对象的引用。如：

```
<form #f = "ngForm" action = "/regist" method = "post" >
  <div>用户名: <input type = "text"></div>
  <div>手机号: <input type = "text"></div>
  <div>密码: <input type = "password"></div>
  <div>确认密码: <input type = "password"></div>
  <button>注册</button>
</form>
<div>
  {{f.value | json}}
</div>
```

上述代码定义表单指令对象ngForm的引用f，可以在模板中读取ngForm指令实例对象的属性值，如追踪表单的valid属性状态等。f的value属性是一个简单的JSON对象，该对象的键对应控件元素的name属性值，而其值对应控件元素的value值，通过{{f.value | json}}引用f的value（保存着表单变量中所有元素的值）并传送给JSON管道。

- ◇ ngModel控件局部变量。下面代码实现了一个文本输入框标签，将[(ngModel)]初始化为联系人姓名，并添加了标签控件局部变量name。

```
    <input type = "text" name = "contactName" [(ngModel)] = "curContactName"
 #contactName = "ngModel">
    <p>{{contactName.valid}}</p>
```

代码中的局部变量contactName是对ngModel指令实例对象的引用，可以在模板中读取ngModel实例对象的属性值，如通过contactName.valid追踪控件状态、表单校验不通过时提示错误信息等。

Angular提供的ngForm表单局部变量和ngModel表单控件局部变量，为在模板中追踪表单状态及进行表单数据校验提供了便利。

（4）表单状态。表单指令ngForm和ngModel都可以追踪表单状态来实现表单校验。它们有五个表示状态的属性，属性值为boolean类型，并且都可以通过对应的局部变量来获取。ngForm指令追踪的是整个表单控件状态，ngModel指令追踪的是其所在的表单控件状态。表单状态的属性语义见表4.1。

表 4.1 表单状态的属性语义

状　　态	true / false
valid	表单的值是否有效
pristine	表单值是否未改变
dirty	表单值是否已改变
touched	表单是否已被访问过
untouched	表单是否未被访问过

以添加项目的表单控件为例，首先给该控件添加 required 属性，然后获取焦点并输入姓名，最后移除焦点。通过这些步骤来观察每一步操作完成后表单状态的变化，见表 4.2。

表 4.2 表单控件的状态变化

状态属性	初始值	在控件中输入内容后的值	控件失去焦点后的值
valid	false	true	true
pristine	true	false	false
dirty	false	true	true
touched	false	false	true
untouched	true	true	false

由此可见，用户操作会改变表单的属性状态，可以通过检查表单当前的属性状态值来赋予表单特定的样式或加入特定的处理逻辑。

（5）表单事件。表单状态的改变是通过表单事件来实现的，表单事件见表 4.3。

表 4.3 表单事件

事件名称	功　　能
input	输入框都可以使用的，可以传递参数获取输入框的值
ngSubmit	表单提交方法
ngModelChange	下拉框改变

（6）表单校验。表单校验（validation）用来检查表单的输入值是否满足设定的规则，如果不满足则将相关状态立即反馈给用户。虽然 HTML5 表单内置了相关的基础校验，但这些基础校验的使用场景有限，且各个浏览器的兼容性相差较大。Angular 封装了相关的表单校验规则，并提供了灵活的接口。Angular 表单校验包括内置校验和自定义校验，内置校验（built-in validator）包括：

◇ required：判断表单控件值是否为空。
◇ minlength：判断表单控件值的最小长度。
◇ maxlength：判断表单控件值的最大长度。
◇ pattern：判断表单控件值的匹配规则。

使用 Angular 表单内置校验与使用普通 HTML 校验一致，直接在表单控件中添加对应的

校验属性即可。示例代码如下:

```
<input type = "text" minlength = "3" maxlength = "6" required />
```

4.9 案例:复选框和单选按钮——设置字体样式和大小

4.9.1 案例描述

设计一个案例,利用表单中的复选框和单选按钮设置字体的样式和大小,字体样式包括:加粗、倾斜和下划线。

4.9.2 实现效果

案例运行后的初始界面如图 4.12(a)所示,当选中复选框和某个单选按钮时,文本样式和大小会发生相应变化,当单击"提交"后,在 console 面板中会显示选项的值,如图 4.12(b)所示。

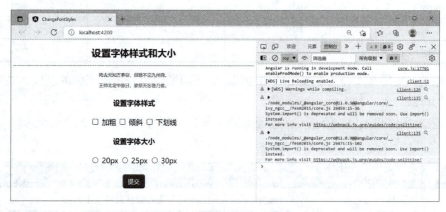

(a)初始界面

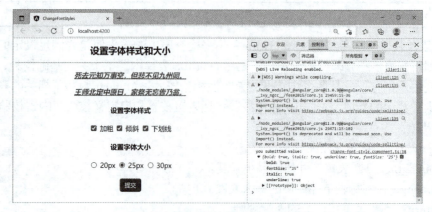

(b)设置字体样式和大小后的界面

图 4.12 复选框和单选按钮——设置字体样式和大小案例实现效果

4.9.3 案例实现

（1）建立项目：ChangeFontStyle。
（2）创建组件：change-font-style。
（3）在 app.module.ts 文件中添加 FormsModule 模块。
（4）设计组件 change-font-style 模板内容，代码如下。代码中包括了需要动态设置格式的文本，文本利用 div 标签的 ngClass 属性绑定设置字体样式，利用 ngStyle 属性绑定设置字体大小。在表单中利用复选框动态设置文本的加粗、倾斜和下划线，利用单选按钮动态设置文本大小。在 form 中定义了局部变量 f 和表单提交事件函数 onSubmit(f.value)，f.value 以键值对的形式将表单中所有控件的值传递到组件类中。

```html
<!-- change-font-style.component.html -->
<h1>设置字体样式和大小</h1>
<hr>

<div [ngClass] = "setClasses()" [ngStyle] = "setStyles()">
    <p>死去元知万事空，但悲不见九州同。</p>
    <p>王师北定中原日，家祭无忘告乃翁。</p>
</div>

<form #f = "ngForm" (ngSubmit) = "onSubmit(f.value)">
    <div>
        <h4>设置字体样式</h4>
        <input type = "checkbox" name = "bold" [(ngModel)] = "isBold"> 加粗
        <input type = "checkbox" name = "italic" [(ngModel)] = "isItalic"> 倾斜
        <input type = "checkbox" name = "underline" [(ngModel)] = "isUnderline"> 下划线
    </div>

    <div>
        <h4>设置字体大小</h4>
        <input type = "radio" name = "fontSize" value = 20 [(ngModel)] = "fontSize"> 20px
        <input type = "radio" name = "fontSize" value = 25 [(ngModel)] = "fontSize"> 25px
        <input type = "radio" name = "fontSize" value = 30 [(ngModel)] = "fontSize"> 30px
    </div>

    <div>
        <input type = "submit">
    </div>
</form>
```

（5）定义组件 change-font-style 的样式类，代码如下。代码中定义的样式类包括：*、form div、input、.bold、.italic 和 .underline。

```scss
// change-font-style.component.scss
* {    // 设置页面所有文本居中对齐
    text-align: center;
```

```css
}

form div {
    font-size: 24px;
}

input {                              // 设置复选框和单选按钮样式
    zoom: 1.5;
}

input[type = "submit"] {             // 设置提交按钮样式
    margin           : 20px;
    padding          : 5px 10px;
    background-color : blue;
    color            : white;
    border-radius    : 5px;
}

.bold {
    font-weight: bolder;
}

.italic {
    font-style: italic;
}

.underline {
    text-decoration: underline;
}
```

（6）实现组件 change-font-style 的业务逻辑，代码如下。在组件类中定义了用于控制样式类是否显示的属性 isBold、isItalic、isUnderline，控制字体大小的属性 fontSize，定义了 ngClass 样式类管理函数 setClasses() 和 ngStyle 样式管理函数 setStyles()，以及表单提交函数 onSubmit(form: any)。

```typescript
// change-font-style.component.ts
import { Component, OnInit } from '@angular/core';

@Component({
  selector: 'app-change-font-style',
  templateUrl: './change-font-style.component.html',
  styleUrls: ['./change-font-style.component.scss']
})
export class ChangeFontStyleComponent implements OnInit {

  public isBold: boolean = false;         // 控制字体是否加粗的属性
  public isItalic: boolean = false;       // 控制字体是否倾斜的属性
  public isUnderline: boolean = false;    // 控制文本是否带有下划线的属性
```

```
  public fontSize: number = 15;        // 设置字体大小的属性

  constructor() { }
  ngOnInit(): void { }

  setClasses(): any {                  // 定义ngClass样式类管理函数
    let classes = {
      bold: this.isBold,               //bold为"加粗"复选框的name值
      italic: this.isItalic,
      underline: this.isUnderline
    }
    console.log(classes);
    return classes;
  }

  setStyles(): any {                   // 定义ngStyle样式管理函数
    let styles = {
      'font-size.px': this.fontSize,
      'color': 'red',
      margin: '20px'    // 属性名如果只有一个单词,可以不加引号,也可以加引号
    }
    console.log(styles);
    return styles;
  }

  onSubmit(form: any): void {          // 为属性赋值
    console.log('you submitted value:', form);   // 测试用
  }
}
```

（7）在根组件中调用 demo-ngform 组件，代码如下：

```
<!-- app.component.html -->
<app-change-font-style></app-change-font-style>
```

4.9.4　知识要点

（1）单选按钮控件（Radio）。用于表示从一组选项中选择其中一个选项，当实现数据双向绑定时，同一组控件的所有 [(ngModel)] 属性必须绑定同一个模型数据，且 name 属性名必须相同。示例如下：

```
<input type = "radio" name = "fontSize" value = 20 [(ngModel)] = "fontSize"> 20px
<input type = "radio" name = "fontSize" value = 25 [(ngModel)] = "fontSize"> 25px
<input type = "radio" name = "fontSize" value = 30 [(ngModel)] = "fontSize"> 30px
```

该示例演示了选择字体大小的单选按钮，三个单选按钮绑定了同一个模板表达式 fontSize，当选中第一个单选按钮时，把第一个单选按钮的 value 值 20 赋值给 fontSize；当选中第二个单选按钮时，把第二个单选按钮的 value 值 25 赋值给 fontSize；当选中第三个单选按钮时，把第

三个单选按钮的 value 值 30 赋值给 fontSize。

（2）复选框组件（Checkbox）。用来表示从一组选项中可以选择多个选项，当实现数据双向绑定时，[(ngModel)] 属性绑定的是一个布尔值，示例如下：

<input type = "checkbox" name = "bold" [(ngModel)] = "isBold"> 加粗

当复选框被选中时，isBold 为 true，否则为 false。

（3）ngStyle 的使用方法。在属性绑定中，style 样式绑定方式能够给模板元素设置单一样式，而采用 ngStyle 指令可以为模板元素设置多个内联样式。

（4）ngClass 的使用方法。在属性绑定中，CSS 类绑定的方式能够为标签元素添加和移动单个类。在实际开发中，通过动态添加或移除 CSS 类的方式，可以控制元素的展示。在 Angular 中，通过 ngClass 指令可以同时添加或移除多个类。

4.10 案例：表单综合应用——代办事项

4.10.1 案例描述

设计一个案例，综合利用表单、数据双向绑定、各种指令等等实现代办事项功能。

4.10.2 实现效果

案例实现效果如图 4.13 所示。当在输入框中输入文本并按【Enter】键后，文本将进入"待办事项"列表；当选中"待办事项"列表中的某项前面的复选框时，该项将进入"已完成事项"列表；当单击某项后面的 × 按钮时，该项将被删除。

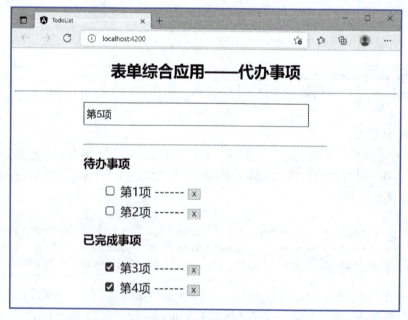

图 4.13 代办事项案例的运行结果

4.10.3 案例实现

（1）建立项目：TodoList。
（2）创建组件：todo-list。
（3）在 app.module.ts 文件中导入并声明 FormsModule 模块。
（4）设计 todo-list 组件模板内容，代码如下。代码中主要使用了输入框、代办事项列表框和已完成事项列表框标签。输入框中利用属性 [(ngModel)] = "keyword" 实现了模板与组件类的数据双向传递，利用属性 (keyup) = "doAdd($event)" 实现事件信息的传递。代办事项列表框标签中利用属性 *ngFor = "let item of todolist;let key = index;" 实现了对数组 todolist 的遍历，利用 [hidden] = "item.status == 1" 根据每个列表项的状态判断该列表项是否被隐藏，每个列表项包含一个复选框、一个列表项标题和一个按钮，复选框利用 [(ngModel)] = "item.status" 实现了状态信息的数据双向传递。已完成事项列表框的内容与代办事项列表框基本相同，只是对该列表项是否隐藏的判断条件与代办事项列表框相反。

```html
<!-- todo-list.component.html -->
<h1> 表单综合应用——代办事项 </h1>
<hr>
<div class = "todolist">
    <input class = "form_input" type = "text" placeholder = "请输入代办事项内
        容..."[(ngModel)] = "keyword" (keyup) = "doAdd($event)" />
    <hr>
    <h2> 待办事项 </h2>
    <ul>
        <li *ngFor = "let item of todolist; let key = index;" [hidden] = "item.status == 1">
            <input type = "checkbox" [(ngModel)] = "item.status" />
            {{item.title}} ------
            <button (click) = "deleteData(key)">X</button>
        </li>
    </ul>
    <h2> 已完成事项 </h2>
    <ul>
        <li *ngFor = "let item of todolist;let key = index;" [hidden] = "item.status == 0">
            <input type = "checkbox" [(ngModel)] = "item.status" />
            {{item.title}} ------
            <button (click) = "deleteData(key)">X</button>
        </li>
    </ul>
</div>
```

（5）设计组件界面格式，代码如下。其中定义了 h1 和 .todolist 样式类，.todolist 样式类中又定义了 .form_input、ul、li 和 input 样式类。

```scss
// todo-list.component.scss
h1 {
    text-align: center;
```

```css
}
    .todolist {
    width          : 500px;
    margin         : 20px auto;

    .form_input {
        margin-bottom: 20px;
        width        : 300px;
        height       : 32px;
    }

    ul {
        list-style    : none;          // 设置列表符号为空
    }

    li {
        line-height   : 40px;
        font-size     : x-large;
    }

    input {
        zoom          : 1.5;           // 放大输入框、复选框的显示比例
    }
}
```

（6）定义组件业务逻辑功能，代码如下。组件类中定义了 keyword 和 todolist 两个属性，keyword 对应模板中输入框的输入内容，todolist 用于存储 keyword 的字符串数组。组件类中还定义了函数 doAdd(e: any)、deleteData(key: any) 和 todolistHasKeyword(todolist: any, keyword: any)，doAdd(e: any) 用于将 keyword 字符串添加到 todolist 字符串数组中，deleteData(key: any) 用于从 todolist 字符串数组中删除元素，todolistHasKeyword(todolist: any, keyword: any) 用于判断 todolist 数组中是否有 keyword。

```typescript
// todo-list.component.ts
import { Component, OnInit } from '@angular/core';

@Component({
  selector: 'app-todo-list',
  templateUrl: './todo-list.component.html',
  styleUrls: ['./todo-list.component.scss']
})
export class TodoListComponent implements OnInit {
  public keyword: string = '';
  public todolist: any[] = [];
  constructor() { }
  ngOnInit() { }

  doAdd(e: any) {
    if (e.keyCode == 13) {
```

```
      if (!this.todolistHasKeyword(this.todolist, this.keyword)) {
        this.todolist.push({
          title: this.keyword,
          status: 0                          //0 表示代办事项   1 表示已完成事项
        });
        this.keyword = '';
      } else {
        alert(' 数据已经存在 ');
        this.keyword = '';
      }
    }
  }

  deleteData(key: any) {
    this.todolist.splice(key, 1);
  }

  // 如果数组里面有 keyword 返回 true   否则返回 false
  todolistHasKeyword(todolist: any, keyword: any) {
    if (!keyword) return false;
    for (var i = 0; i < todolist.length; i++) {
      if (todolist[i].title == keyword) {
        return true;
      }
    }
    return false;
  }
}
```

（7）在根目录中引用 built-in-pipe 组件，代码如下：

```
<!-- app.component.html -->
<app-todo-list></app-todo-list>
```

4.10.4　知识要点

（1）表单中复选框、按钮的使用方法。
（2）数据双向绑定的实现原理和方法。
（3）键盘和鼠标事件的实现方法。

习　题　四

一、判断题

1. 代码：<h1 [ngStyle] = "{color:'blue', text-align:'center'}"> 是否正确？　　（　　）
2. ngStyle 指令格式是：[ngStyle] = "{style: expression}"，其中 style 是 CSS 样式类

名称。   （ ）

3．ngClass 指令可以同时为 DOM 元素添加或移除多个 CSS 类，从而控制元素的展示。
                                                                    （ ）

4．代码：[ngClass] = "{ nav-bg: true, nav-font: true }" 是否正确？   （ ）

5．ngSwitch 会根据切换条件显示几个可能的元素中的一个。   （ ）

6．代码：<div *ngSwitchCase = "score> = 90"> 成绩等级：优秀 </div> 是否正确？
                                                                    （ ）

7．代码：<div *ngIf = "score> = 0 && score< = 100"> 是否正确？   （ ）

8．ngFor 内置指令可以重复执行某些步骤来展示数据。   （ ）

9．ngFor 指令代码：*ngFor = "let item of items, index as i " 中的逗号可以用分号或空格代替。
                                                                    （ ）

10．代码：<div *ngFor = "let row of [1, 2, 3, 4, 5, 6, 7, 8, 9]; let i = index"> 是否正确？
                                                                    （ ）

11．在 CSS 中，块级对象元素单独占一行显示，多个 block 元素各自新起一行，并且可以设置 width 和 height 属性。   （ ）

12．内联对象元素前后不会产生换行，一系列 inline 元素都在一行内显示，直到该行排满，对 inline 元素设置 width 和 height 属性无效。   （ ）

13．Angular 表单提供数据双向绑定、强大的校验规则及自定义校验错误提示等功能，开发者可以使用简洁的代码、灵活的接口构建功能强大的表单。   （ ）

14．Angular 提供模板驱动（Template-Driven Form）和模型驱动（Model-Driven Form）两种方式构建表单。   （ ）

15．模板驱动表单使用模板表单自定义指令、自定义校验的方式构建表单。   （ ）

16．模型驱动表单采用内置指令、内置校验的方式构建表单。   （ ）

17．ngForm 指令追踪整个表单控件状态，ngModel 指令追踪其所在的表单控件的状态。
                                                                    （ ）

18．用户操作会改变表单的属性状态，可以通过检查表单当前的属性状态值来赋予表单特定的样式或加入特定的处理逻辑。   （ ）

19．单选按钮控件用来表示从一组选项中选择其中一个选项，当实现数据双向绑定时，同一组控件的所有 [(ngModel)] 属性都必须绑定同一个模型数据。   （ ）

20．在属性绑定中，style 样式绑定方式能够给模板元素设置单一样式，而采用 ngStyle 指令可以为模板元素设置多个内联样式。   （ ）

21．在 Angular 中，通过 ngClass 指令可以同时添加或移除多个样式类。   （ ）

22．代码：<div [ngClass] = "setClasses()"> 是否正确？   （ ）

二、选择题

1．指令用于扩展（   ）的功能。
    A．组件模板   B．组件类
    C．组件模板样式   D．整个组件

2．（   ）指令可以通过 Angular 表达式给特定的 DOM 元素一次性设置多个内联样式。
    A．ngClass   B．ngStyle

C. ngIf   D. ngFor

3．ngClass 内置指令的格式是：[ngClass] = "{cssClass: expression}"，其中 "cssClass" 表示（　　）。

  A. CSS 样式名

  B. CSS 样式类

  C. 既可以是 CSS 样式名，又可以是 CSS 样式类

  D. 既不能是 CSS 样式名，又不能是 CSS 样式类

4．ngClass 内置指令的格式是：[ngClass] = "{cssClass: expression}"，其中 "expression" 的类型是（　　）。

  A. string   B. number

  C. boolean   D. any

5．标签中定义的局部变量既可以用于函数的参数，也可以通过（　　）符号在组件模板文件的其他地方使用。

  A. ( )   B. [ ]   C. [( )]   D. {{ }}

6．以下代码中的 (keydown.enter) 表示（　　）。

```
<input type = "text" #myInput placeholder = "请输入一个整数"
    (keydown.enter) = "keyCalc(myInput.value)">
```

  A. 按下了键盘中的空格键

  B. 抬起了键盘中的空格键

  C. 按下了键盘中的【Enter】键

  D. 抬起了键盘中的【Enter】键

7．以下代码中的函数参数 myInput.value 表示（　　）。

```
<input type = "text" #myInput placeholder = "请输入一个整数"
    (keydown.enter) = "keyCalc(myInput.value)">
```

  A. Input 标签

  B. Input 标签中输入的值

  C. Input 标签中的回车事件

  D. Input 标签中的空格事件

8．如果希望根据一个条件来决定标签的显示效果（包括显示或删除），可以使用（　　）指令。

  A. ngFor   B. ngIf   C. ngStyle   D. ngClass

9．ngIf 指令格式是：*ngIf = "expression"，其中 expression 的类型是（　　）。

  A. string   B. number   C. boolean   D. any

10．ngSwitch 共包含三个指令，以下（　　）指令不包含在 ngSwitch 指令中。

  A. ngSwitch   B. ngSwitchCase

  C. ngSwitchType   D. ngSwitchDefault

11．ngFor 指令格式：*ngFor = "let item of items " 中，items 的数据类型是（　　）。
　　A．boolean　　　　　　　　　　　　B．null
　　C．number　　　　　　　　　　　　D．Array
12．ngFor 指令代码：*ngFor = "let item of items, index as i " 中，index 表示（　　）。
　　A．items 数组元素个数
　　B．items 数组中第一个元素的下标
　　C．items 的数组元素 item 的下标
　　D．item
13．既希望元素具有宽度高度特性，又具有同行特性，这个时候可以使用（　　）布局样式。
　　A．inline　　　　B．block　　　　C．inline-block　　　　D．block-line
14．Angular 对常用的表单交互功能进行了封装扩展，形成了（　　），用于处理数据绑定、指定校验规则、显示校验错误信息等。
　　A．表单指令　　　　　　　　　　　　B．表单组件
　　C．表单路由　　　　　　　　　　　　D．表单管道
15．（　　）指令是表单的控制中心，负责处理表单的页面逻辑，为普通的表单元素扩充特性。
　　A．ngForm　　　　　　　　　　　　B．ngModel
　　C．formCotrol　　　　　　　　　　　D．formBuilder
16．定义表单局部变量时要为它初始化为（　　）。
　　A．ngForm　　　　　　　　　　　　B．ngModel
　　C．formCotrol　　　　　　　　　　　D．formBuilder
17．定义 input 标签局部变量时可以为它初始化为（　　）。
　　A．ngForm　　　　　　　　　　　　B．ngModel
　　C．formCotrol　　　　　　　　　　　D．formBuilder
18．表单事件不包括（　　）。
　　A．input　　　　　　　　　　　　　B．click
　　C．ngSubmit　　　　　　　　　　　D．ngModelChange
19．判断表单控件值是否为空的表单校验属性是（　　）。
　　A．required　　　　　　　　　　　　B．minlength
　　C．maxlength　　　　　　　　　　　D．pattern
20．判断表单控件值最大长度的表单校验属性是（　　）。
　　A．required　　　　　　　　　　　　B．minlength
　　C．maxlength　　　　　　　　　　　D．pattern
21．判断表单值是否未改变的属性是（　　）。
　　A．valid　　　　B．pristine　　　　C．dirty　　　　D．touched
22．判断表单值是否已被访问过的属性是（　　）。
　　A．valid　　　　B．pristine　　　　C．dirty　　　　D．touched
23．代码：<input type = "radio" name = "fontSize" value = 20 [(ngModel)] = "fontSize"> 中，

fontSize 的值和 input 控件的（　　）属性实现数据双向绑定。

　　A．type　　　　　　　　B．name　　　　　　　　C．value　　　　　　　　D．id

24．以下代码定义的样式类应用的对象是（　　）。

```
form div {
    font-size: 24px;
}
```

　　A．form 控件　　　　　　　　　　　　　　B．所有的 div 控件

　　C．form 中的 div 控件　　　　　　　　　　D．div 中的 form 控件

25．以下代码定义的样式类应用的对象是（　　）。

```
input[type = "submit"] {
    margin      : 20px;
    padding     : 5px 10px;
}
```

　　A．所有 input 控件

　　B．submit 控件

　　C．type = "submit" 的 input 控件

　　D．input 中的 submit 控件

26．以下代码用于设置 input 控件的（　　）属性。

```
input {
    zoom: 1.5;
}
```

　　A．缩放比例　　　　　　　　　　　　　　B．长度

　　C．垂直方向的缩放比例　　　　　　　　　D．水平方向的缩放比例

27．代码：<li [hidden] = "item.status == 1"> 表示（　　）。

　　A．当条件 item.status == 1 为 true 时显示 li 项

　　B．当条件 item.status == 1 为 true 时隐藏 li 项

　　C．当条件 item.status == 1 为 false 时隐藏 li 项

　　D．当条件 item.status != 1 为 true 时隐藏 li 项

28．在 SCSS 文件中定义表单中"提交"按钮样式的方法是（　　）。

　　A．Input(type = "submit") { }

　　B．input[type = "submit"] { }

　　C．input{type = "submit"} { }

　　D．input<type = "submit"> { }

第 5 章
类、服务和依赖注入

本章概要

本章利用五个案例演示了类的创建和使用方法、服务的创建和使用方法、依赖注入的工作原理和实现方法。

学习目标

◆ 掌握类的创建和使用方法。
◆ 掌握服务的创建和使用方法。
◆ 掌握依赖注入的工作原理和实现方法。

5.1 案例：创建类——数据管理

视频

创建类——数据管理

5.1.1 案例描述

设计一个案例，通过创建新类建立数据模型并存储数据，然后在组件中显示这些数据。

5.1.2 实现效果

案例的运行效果如图 5.1 所示。其中课程列表是利用 ngFor 来实现的，"我喜欢的课程很多"这句话是利用 ngIf 判断课程列表中的课程数量是否大于 3 来决定是否显示。课程列表中的数据结构是通过在新创建的 course.ts 文件中定义 Course 类来决定的，具体数据是通过在根组件类中定义 Course 类型的数组 courses 来提供的。

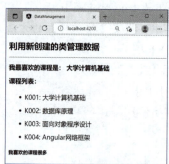

图 5.1 创建类——数据管理案例的实现效果

5.1.3 案例实现

（1）创建项目：DataManagement。

（2）利用命令: ng g class classes/course 创建新类 Course，并在 Course 类中添加构造函数，利用属性参数完善类的内容，代码如下：

```typescript
// course.ts
export class Course {
    constructor(
        public id: string,
        public name: string
    ) { }
}
```

（3）实现根组件业务逻辑，在组件类中使用创建 Course 类。首先加载 Course 类，然后创建该类的对象数组 courses 并初始化。

```typescript
// app.component.ts
import { Component } from '@angular/core';
import { Course } from './course';   // 加载新创建的类

@Component({
  selector: 'app-root',
  templateUrl: './app.component.html',
  styleUrls: ['./app.component.scss']
})
export class AppComponent {
  courses: Course[] = [                  // 利用新创建的类创建对象数组
    new Course('K001', '大学计算机基础'),
    new Course('K002', '数据库原理'),
    new Course('K003', '面向对象程序设计'),
    new Course('K004', 'Angular 网络框架'),
  ];
  myFavouriteCourse: Course = this.courses[3];
}
```

（4）设计根组件的模板内容。利用 ngFor 指令显示课程列表，利用 ngIf 决定是否显示"我喜欢的课程很多"这句话。

```html
<!-- app.component.html -->
<h1>创建类——数据管理</h1>
<hr>
<h2>我最喜欢的课程是：{{myFavouriteCourse.name}}</h2>
<h2>课程列表：</h2>
<ul>
  <li *ngFor = "let course of courses">{{course.id}}: {{course.name}}</li>
</ul>
<h2 *ngIf = "courses.length > 3">我喜欢的课程很多 </h2>
```

（5）定义根组件模板样式类。

```
// app.component.scss
ul{
    font-size: 24px;
    line-height: 50px;
    margin: 20px;
}
```

5.1.4 知识要点

（1）创建新类的命令。利用命令：ng g class，例如：ng g class classes/course，该命令创建了 classes 文件夹下的 course 类。

（2）在组件中使用新建类的方法。首先在组件类所在文件中导入新创建的类，然后在组件类中创建新建类的对象来使用新建类。

5.2 案例：服务——宠物商店

5.2.1 案例描述

设计一个案例，利用服务实现宠物商店管理功能。服务中具有存储宠物信息、获取宠物数量和宠物等功能，在组件中使用服务中的数据和功能进行宠物商店管理。

5.2.2 实现效果

案例实现效果如图 5.2 所示。图中显示了两种动物所属的科、名字和价格。

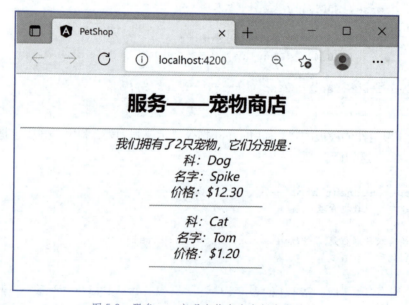

图 5.2　服务——实现宠物商店案例实现效果

5.2.3 案例实现

（1）建立项目：PetShop

（2）创建服务：pet，命令如下：

ng g service services/pet

该指令将在 services 文件夹下创建 pet 服务，如图 5.3 所示。从图中可以看出，创建服务后，将在相应文件夹下创建两个文件：pet.service.spce.ts 和 pet.service.ts，在 pet.service.ts 文件中定义了 PetService 服务类，可以在该类中定义存储数据的属性和操作属性的函数。

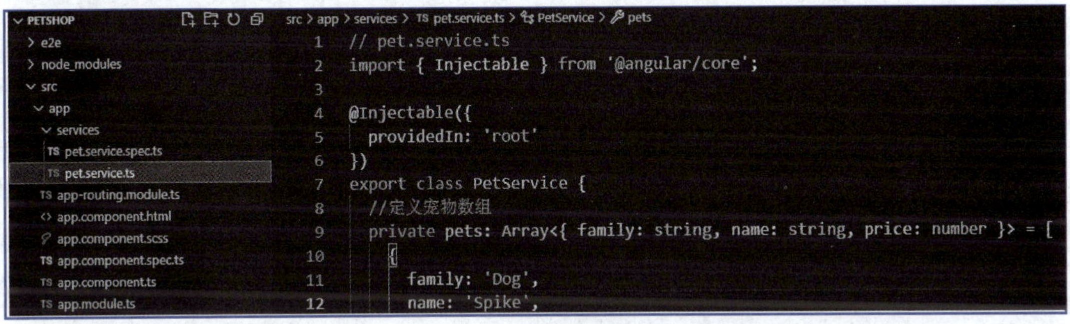

图 5.3　创建服务后生成的两个文件及相应的类

（3）在 PetService 服务类中定义宠物数组 pets 用于存储宠物，并定义获取宠物数量的函数 getPetCount() 和用于获取宠物的函数 getPets()，代码如下。定义的宠物数组 pets 是对象类型，其中包含三个属性：family、name 和 price，定义后进行了初始化。定义的函数 getPetCount() 用于获取宠物数组中宠物的数量，定义的函数 getPets() 用于获取宠物数组中的所有宠物。

```
// pet.service.ts
import { Injectable } from '@angular/core';

@Injectable({
  providedIn: 'root'
})
export class PetService {
  //定义宠物数组
  private pets: Array<{ family: string, name: string, price: number }> = [
    {
      family: 'Dog',
      name: 'Spike',
      price: 12.3
    }, {
      family: 'Cat',
      name: 'Tom',
      price: 1.2
    }
```

```
    ];

    // 获取宠物数量
    getPetCount(): number {
      return this.pets.length;
    }

    // 获取宠物数组
    getPets(): Array<{ family: string, name: string, price: number }> {
      return this.pets;
    }
    constructor() { }
  }
```

（4）实现根组件业务逻辑功能，在根组件类中使用服务类，代码如下。首先导入服务类 PetService，然后在根组件类 AppComponent 中定义两个属性：petCount 和 pets 分别存储宠物数量和宠物数组，在根组件类的构造函数中创建 PetService 类对象 petService，并通过调用该对象的函数 getPetCount() 和 getPets() 分别给属性 petCount 和 pets 赋值。

```
// app.component.ts
import { Component } from '@angular/core';
import { PetService } from './services/pet.service';

@Component({
  selector: 'app-root',
  templateUrl: './app.component.html',
  styleUrls: ['./app.component.scss']
})
export class AppComponent {
  petCount: number = 0;                                         // 定义变量用于存储宠物数量
  pets: Array<{ family: string, name: string, price: number }>; // 定义宠物数组
  constructor() {
    let petService: PetService = new PetService();              // 创建服务类对象
    this.petCount = petService.getPetCount();                   // 获取宠物数量
    this.pets = petService.getPets();                           // 获取宠物
  }
}
```

（5）设计根组件模板内容，代码如下。代码中的 {{petCount}} 使用了数据绑定方法，其值来自文件 app.component.ts 中的组件类属性 petCount。利用 <div *ngFor = "let pet of pets"> 来遍历 pets 中的所有宠物，pets 来自 app.component.ts 文件中的组件类属性 pets。价格后面的代码 {{pet.price|currency}} 中，currency 是管道，用于对宠物价格进行格式化，这里在价格前面添加了美元符号 $。

```
<!-- app.component.html -->
```

```
<h1>服务——宠物商店</h1>
<hr>

<div>我们拥有了{{petCount}}只宠物,它们分别是: </div>
<div *ngFor = "let pet of pets">
    科: {{pet.family}} <br />
    名字: {{pet.name}} <br />
    价格: {{pet.price|currency}}
    <hr style = "width: 30%;">
</div>
```

(6)设计组件界面格式,代码如下。这里定义了样式类 div,用于设置 div 标签中所有元素的字体样式和字体大小。

```
// app.component.scss
*{
    text-align: center;
}

div{
    font-style: italic;
    font-size : larger;
}
```

5.2.4 知识要点

(1)服务的创建方法。利用 ng g service 命令创建服务。

(2)设计服务属性和方法。在服务类中设计服务属性用于存储数据,设计服务方法实现服务功能。本案例定义了 pets 属性并用于存储宠物对象数组,定义了 getPetCount() 方法用于获取宠物数量,定义了 getPets() 方法用于获取所有宠物。

(3)在组件中使用服务的方法。首先在组件类文件中导入服务类,然后在组件类中创建服务类对象,并利用服务类对象调用服务类方法,从而实现对服务类的利用。

(4)管道。用于格式化数据,通过在数据右侧添加符号 | ,并在符号 | 右侧添加管道名称,从而实现对数据的格式化。本案例中在 app.component.html 文件中利用管道实现了货币的格式化,实现代码是:价格:{{pet.price | currency}}。

5.3 案例:服务和依赖注入——产品展示

视频
服务和依赖注入——产品展示

5.3.1 案例描述

设计一个案例,利用服务和依赖注入的方法实现产品信息的展示。

5.3.2 实现效果

案例的实现效果如图 5.4 所示。

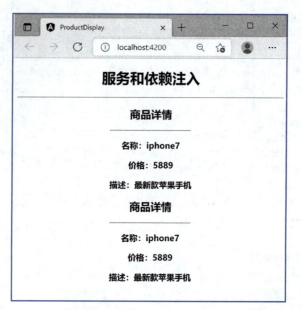

图 5.4　服务及依赖注入——商品展示案例的实现效果

5.3.3　案例实现

（1）建立项目：ProductDisplay。

（2）创建服务：product。使用命令：ng g service services/product。

（3）创建组件：product1、product2。

（4）设计 product 服务内容。首先在其中定义一个用于封装商品信息的类 Product，并在 ProductService 类中定义方法 getProduct()，在该方法中返回一个 Product 类的实例。

```typescript
// Product.service.ts
import { Injectable } from '@angular/core';
/**NgMoudle 级注入器两种方式:
 * (1)在 @NgModule() providers 元数据中指定。
 * (2)直接在 @Injectable() 的 providedIn 选项中指定某个模块类。 */

@Injectable({
  //root 字符串代表顶级 AppModule，表明当前服务可以在整个 Angular 中使用。
  providedIn: 'root'    //1. 将服务注入到 Angular 应用中
})
export class ProductService {
  constructor() { }

                  // 2. 声明一个方法返回一个 Product 对象
  getProduct(): Product {
                  // 这里面没有使用数据库，只是一个简单的返回值
    return new Product(0, 'iphone7', 5889, '最新款苹果手机');
  }
}
```

```
    // 3.定义一个用于封装商品信息的类
export class Product {
  // 通过属性参数方式定义属性
  constructor(
    public id: number,          // 商品ID
    public title: string,       // 商品名称
    public price: number,       // 商品价格
    public desc: string         // 商品描述
  ) { }
}
```

（5）实现 product1 组件业务逻辑，代码如下。首先要导入 Product 和 ProductService 两个类，然后在 Product1Component 类中声明一个 Product 类型的属性 product 用于接收从 ProductService 服务中获取的数据，然后在构造函数内通过依赖注入声明需要一个 token 类型是 ProductService 的这样的一个服务，并对产品进行初始化。

```
// product1.component.ts
import { Component, OnInit } from '@angular/core';
// 1.导入被依赖对象的服务类
import { Product, ProductService } from 'src/app/services/product.service';

@Component({
  selector: 'app-product1',
  templateUrl: './product1.component.html',
  styleUrls: ['./product1.component.scss']
})
export class Product1Component implements OnInit {
  product: Product;    // 创建产品类对象

// 2.在组件构造函数中获取依赖对象
  constructor(private productService: ProductService) {
// 3.使用依赖对象
    this.product = this.productService.getProduct();
  }

  ngOnInit() { }
}
```

（6）设计 product1 组件模板内容，代码如下：

```
<!-- product1.component.html -->
<h2>商品详情</h2>
<hr style = "width: 30%;">

<h3>名称：{{product.title}}</h3>
<h3>价格：{{product.price}}</h3>
<h3>描述：{{product.desc}}</h3>
```

（7）实现组件 product2 的业务逻辑，代码如下。首先导入服务类：Product 和 ProductService，然后在组件中配置注入器（可以省略），在 Product2Component 类中声明一个 product 属性用于接收从服务中获取的数据，并在组件构造函数的参数中声明需要注入的依赖，最后在构造函数中初始化 product 属性。

```
// product2.component.ts
import { Component, OnInit } from '@angular/core';
//1. 导入需要的服务类
import { Product, ProductService } from 'src/app/services/product.service';

@Component({
  selector: 'app-product2',
  templateUrl: './product2.component.html',
  styleUrls: ['./product2.component.scss'],
//2. 在组件中配置注入器，默认配置，可以省略
  providers: [{
    provide: ProductService,
    useClass: ProductService,
  }]
})
export class Product2Component implements OnInit {
// 3. 声明一个 product 属性用于接收从服务中获取的数据
  product: Product;
// 4. 在组件构造函数参数中获取（创建）依赖对象
  constructor(private productService: ProductService) {
// 5. 初始化 product 属性
    this.product = this.productService.getProduct();
  }

  ngOnInit() { }
}
```

（8）设计 product2 组件模板内容，显示商品详情。

```
<!-- product2.component.html -->
<h2>商品详情</h2>
<hr style = "width: 30%;">

<h3>名称：{{product.title}}</h3>
<h3>价格：{{product.price}}</h3>
<h3>描述：{{product.desc}}</h3>
```

（9）设计根组件模板内容，在根组件中引用 product1 和 product2 组件。

```
<!-- app.component.html -->
<h1>服务和依赖注入</h1>
<hr>

<app-product1></app-product1>
<app-product2></app-product2>
```

（10）设计根组件模板样式类，使所有文本居中对齐。

```
// app.component.scss
* {
    text-align: center;
}
```

5.3.4 知识要点

1. 依赖注入简介

依赖注入（Dependency Injection，DI）是一种重要的应用设计模式。Angular 有自己的 DI 框架，在设计应用时经常用到它，它可以提高开发效率和模块化程度。

依赖是指当类执行其功能时所需要的服务或对象。DI 是一种编码模式，其中的类从外部源中请求获取依赖，而不需要开发者自己创建它们。

Angular 系统中通过在类上添加 @Injectable 装饰器来提示系统这个类（服务）是可注入的。这仅仅是提示 Angular 系统的这个类（服务）是可注入的，但是这个服务在哪里使用，由谁提供，需要注入器和提供商一起确定。

注入器。负责服务实例的创建，并把它们注入到需要注入的类中，从而确定服务的使用范围和服务的生命周期。

提供商。服务由谁提供。Angular 无法自动判断自行创建服务类的实例还是通过注入器创建它。如果通过注入器创建，必须在每个注入器里面为每个服务指定服务提供商。

2. 注入器（Injector）

Angular 依赖注入中的注入器用于管理服务，包括服务的创建和获取。

Angular 依赖注入系统中的注入器是多级的，应用程序中有一个与组件树平行的注入器树，可以在组件树中的任何级别上重新配置注入器并注入提供商。

Angular 注入器是冒泡机制的。当一个组件申请获得一个依赖时，Angular 首先尝试用该组件自己的注入器来满足它，如果没有找到对应的提供商，它就把这个申请转给其父组件的注入器来处理。如果它的父组件注入器也无法满足这个申请，它就继续转给它在注入器树中的上一级注入器。这个申请继续往上冒泡，直到 Angular 找到一个能处理此申请的注入器或者超出了组件树中的祖先位置为止。如果超出了组件树中的祖先还未找到，Angular 就会抛出一个错误。

在 Angular 系统中，ngModule 是一个注入器，Component 也是一个注入器。

（1）ngMoudle（模块）级注入器。模块级注入器会提示 Angular 把服务作用在 ngModule 上，这个服务可以在这个 ngModule 范围下所有的组件上使用。ngModule 级注入服务有两种方式：一种是在 @ngModule( ) 的 providers 元数据中指定，另一种是在 @Injectable( ) 的 providedIn 选项中指定模块类。

- providedIn: 'root'。可以简单的认为 root 字符串就代表顶级 AppModule，表明当前服务可以在整个 Angular 应用里面使用。而且在整个 Angular 应用中只有一个服务实例。
- providedIn: ngModule。通过 providedIn 指定一个 ngModule。让当前服务只能在这个指定的 ngModule 里面使用。

（2）Component（组件）级注入器。每个组件也是一个注入器，通过在组件级注入器中注入服务，该组件实例或其下级组件实例都可以使用这个服务（当然也可以设置只在当前组件中使用，子组件不能使用，这个就涉及到 viewProviders 和 providers 的区别了）。组件注入器提供的服务具有受限的生命周期，该组件的每个新实例都会获得自己的一份服务实例，当销毁组件实例时，服务实例也会被同时销毁，所以组件级别的服务和组件是绑定在一起的，一起创建一起消失。示例如下：

- 首先定义一个 ComponentInjectService 服务，代码如下：

```
import { Injectable } from '@angular/core';

// 当前服务在组件里面使用，会在需要使用的组件里面注入
@Injectable()
export class ComponentInjectService {

  constructor() { }
}
```

- 然后在组件里面注入，代码如下：

```
import {ComponentInjectService} from './component-inject.service';

@Component({
    selector: 'app-ngmodule-providers',
    templateUrl: './ngmodule-providers.component.html',
    styleUrls: ['./ngmodule-providers.component.less'],
// providers 提供的服务在当前组件和子组件都可以使用
providers: [ComponentInjectService],
// viewProviders 提供的服务只能在当前组件使用
// viewProviders: [ComponentInjectService],
})
export class NgmoduleProvidersComponent implements OnInit {
    constructor(private service: ComponentInjectSerice) { }
    ngOnInit() { }
}
```

3. 提供商（Provider）

上面所有的实例代码在往注入器里面注入服务的时候，不管是在 @NgModule 装饰器还是 @Component 装饰器里面使用的都是最简单的一种注入方式：TypeProvider，这也是使用最多的一种方式，providers 元数据里面都写了服务类，如：

```
@NgModule({
    ...
    providers: [
        NgmoduleProvidersService,
    ],
    ...
})
```

上面代码中的 providers 对象是一个数组（当前注入器需要注入的依赖对象），在注入器中注入服务时必须指定这些提供商，否则注入器不知道如何创建此服务。Angular 系统通过 Provider 描述与 Token 相关联的依赖对象的创建方式，当我们使用 Token 向 DI 系统获取与之相关联的依赖对象时，DI 会自动创建依赖对象并返回给使用者。开发者只需要知道哪个 Token 对应哪个（或者哪些）服务就可以了。

（1）Povider Token。Token 的作用是用来标识依赖对象，Token 值可以是 Type、InjectionToken、OpaqueToken 类的实例或字符串。通常不推荐使用字符串，因为使用字符串存在命名冲突的可能性比较高。

（2）对象的创建方式。只有给出依赖对象的创建方式，注入器才能知道如何创建对象。Provider 有如下几种依赖对象的创建方式：TypeProvider、ValueProvider、ClassProvider、ConstructorProvider、ExistingProvider、FactoryProvider、any[]。

TypeProvider。TypeProvider 用于告诉 Injector（注入器）使用给定的 Type 创建对象，并且 Token 也是给定的 Type。这也是我们用得最多的一种方式。示例如下：

```
@NgModule({
  ...
// NgmoduleProvidersService 是我们自己定义的服务
  providers: [NgmoduleProvidersService],
})
```

ClassProvider。ClassProvider 用于告诉 Injector（注入器），useClass 指定的 Type 创建的对应对象就是 Token 对应对象。示例如下：

```
@NgModule({
    ...
    providers: [
        {
            provide: TOKEN_MODULE_CLASS_PROVIDER,
            useClass: ModuleClassProviderService
        }
    ],
    ...
})
export class ClassProviderModule {  }
```

4. 获取依赖对象

通过上面的讲解已经知道如何在指定的注入器里通过提供商注入相应的依赖对象。如果想在指定的地方（一般是组件里面）使用依赖对象，就得先拿到对象。通过提供者（providers）注入服务的时候，每个服务都给定了 Token（Provider 里面的 provide 对象对应的值），TypeProvider 例外，其实 TypeProvider 虽然没有明确的指出 Token，其实 Token 就是 TypeProvider 设置的 Type。获取依赖对象有三种方式：

（1）构造函数中通过 @Inject 获取。借助 @Inject 装饰器获取指定的依赖对象。@Inject 的参数就是需要获取的依赖对象对应的 Token。示例如下：

```
// 通过 @Inject 装饰器获取 Token 对应依赖的对象
constructor(@Inject(TOKEN_MODULE_CLASS_PROVIDER)
            private service: ModuleClassProviderService) {    }
```

（2）通过 Injector.get(Token) 获取。先在构造函数中把 Injector 对象注入进来，然后再通过 Injector.get(Token) 获取对象。参数也是依赖对象对应的 Token。

```
// 借助 Injector 服务来获取 Token 对应的服务
constructor(private injector: Injector) {
   this.service = injector.get(TOKEN_MODULE_CLASS_PROVIDER);
}
```

（3）构造函数中通过 Type 获取。在构造函数中通过 Type 来获取，这种获取方式有个前提：必须是 TypeProvider 方式提供的服务。示例如下：

```
constructor(private service: ModuleClassProviderService) {    }
```

5. 总结

Angular 中使用依赖注入的步骤：
（1）定义依赖对象服务类，确定服务类需要干哪些事情。
（2）依赖注入，明确依赖对象的作用范围。
（3）获取依赖对象，在需要使用依赖对象的地方获取依赖对象。
（4）利用依赖对象实现相应功能。

5.4 案例：服务和依赖注入——子组件向父组件传值

视频●
服务和依赖注入——子组件向父组件传值

5.4.1 案例描述

设计一个案例，利用服务和依赖注入方法实现子组件向父组件的传值。

5.4.2 实现效果

案例运行后的效果如图 5.5 所示。在子组件的输入框中输入数据并单击 add 按钮时，数据将被传递到父组件中并显示。

第 5 章 类、服务和依赖注入

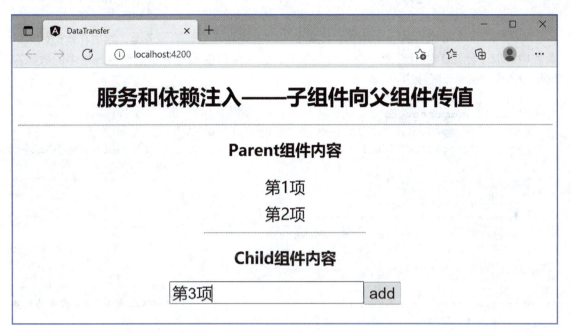

图 5.5 应用级依赖注入——子组件向父组件传值案例的实现效果

5.4.3 案例实现

（1）创建项目：DataTransferC2P。

（2）创建组件：parent 和 child。

（3）创建服务：storage。

（4）实现服务内容。在服务类中添加属性和函数，分别用于提供数据服务和功能服务，代码如下。其中 @Injectable() 装饰器用于说明被装饰的类是服务类，可以成为其他类的依赖。

```
//storage.service.ts
import { Injectable } from '@angular/core';

@Injectable({
  providedIn: 'root'              // 将依赖（服务）注入 Angular 根模块中
})
export class StorageService {
  public list: string[] = [];     // 添加属性，用于提供数据服务
  constructor() { }
  append(str: string) {           // 添加函数，用于提供功能服务
    this.list.push(str);
  }
}
```

（5）在根模块中导入 FormsModule 模块，因为本案例中使用了 [(ngModel)] 数据双向绑定。

（6）实现 child 组件的业务逻辑，代码如下。首先导入依赖的服务类，然后在构造函数的参数中获取（创建）依赖对象（服务类对象），然后使用依赖对象将组件输入框中的数据存储到服务类中的 list 属性中。

```typescript
// child.component.ts
import { Component, OnInit } from '@angular/core';
import { StorageService } from 'src/app/services/storage.service'; // 导入服务

@Component({
  selector: 'app-child',
  templateUrl: './child.component.html',
  styleUrls: ['./child.component.scss']
})
export class ChildComponent implements OnInit {

  public inputText: string = '第1项';            // 创建属性接收输入框中的数据
  // 在构造函数中获取（创建）依赖对象
  constructor(private childService: StorageService) { }

  ngOnInit(): void { }
  add() {
    this.childService.append(this.inputText);   // 使用依赖对象实现相应功能
    this.inputText = '';                        // 清空输入框
  }
}
```

（7）设计 child 组件模板内容，代码如下。其中主要包含了 input 和 button 标签，input 标签用于输入数据，button 标签用于执行 add() 函数。

```html
<!-- child.component.html -->
<h2>Child 组件内容</h2>
<div style = "text-align: center;">
    <input type = "text" [(ngModel)] = "inputText">
    <button (click) = "add()">add</button>
</div>
```

（8）定义 child 组件模板样式类，代码如下：

```scss
// child.component.scss
input,button{
    font-size: x-large;
}
```

（9）实现 parent 组件的业务逻辑，代码如下。首先导入依赖服务类对象，然后在构造函数中创建依赖对象，再获取依赖对象中的 list 值并赋值给 parent 组件的属性 list，从而实现子组件向父组件的传值。

```typescript
// parent.component.ts
import { Component, OnInit } from '@angular/core';
import { StorageService } from 'src/app/services/storage.service';
// 导入依赖服务类

@Component({
  selector: 'app-parent',
  templateUrl: './parent.component.html',
  styleUrls: ['./parent.component.scss']
})
export class ParentComponent implements OnInit {
  public list: string[] = []; // 定义属性用于存储数据
// 在构造函数中获取（创建）依赖对象
  constructor(private parentService: StorageService) { }
  ngOnInit(): void {
// 使用依赖对象实现相应功能
    this.list = this.parentService.list;
  }
}
```

（10）设计 parent 组件模板内容，代码如下。其中引用了子组件，并显示子组件传递到父组件中的数据。

```html
<!-- parent.component.html -->
<h2>Parent 组件内容 </h2>
<div *ngFor = "let item of list"> {{item}} </div>
<hr style = "width: 30%;">
<app-child></app-child>    <!-- 引用子组件 -->
```

（11）设计 parent 组件样式类 ul，代码如下：

```scss
// parent.component.scss
div {
    font-size: x-large;
    line-height: 40px;
}
```

（12）在根组件中引用 parent 组件，代码如下：

```
<!-- app.component.html -->
<h1>服务和依赖注入——子组件向父组件传值</h1>
<hr>
<app-parent></app-parent>
```

（13）定义根组件的样式类，使所有文本居中对齐，代码如下：

```
// app.component.scss
*{
    text-align: center;
}
```

5.4.4 知识要点

1. 服务的功能

服务在 Angular 中的使用非常广泛，例如：

（1）当多个组件中出现重复代码时，把重复代码提取到服务中实现代码重用。

（2）当组件中掺杂了大量业务代码和数据处理逻辑时，把这些逻辑封装成服务供组件使用，组件只负责与 UI 有关的逻辑，有利于后续的更新和维护。

（3）把需要共享的数据存储在服务中，通过在多个组件中注入同一个服务实例来实现数据共享。

2. 利用服务（依赖）实现子组件向父组件传值的方法

（1）创建依赖并定义其功能。利用命令：ng g service 创建依赖，在依赖中定义属性用于存储数据，定义方法实现数据存储。

（2）依赖注入。在服务类中将依赖注入根模块（默认），也可以在其他模块或组件中注入依赖。

（3）获取依赖。在父组件和子组件的构造函数的参数中声明依赖服务类的对象。

（4）传递数据。子组件向依赖对象传递数据，父组件获取依赖中的数据。

5.5 案例：服务和依赖注入——随机数

5.5.1 案例描述

设计一个案例，演示分别在父组件和子组件中注入依赖时产生随机数的差别。

5.5.2 实现效果

案例运行后的效果如图 5.6 所示。当在父组件中注入依赖时，在两个子组件中产生的随机数是相同的，如图 5.6（a）所示。当在两个子组件中分别注入依赖时，在两个子组件中产生的随机数是不同的，如图 5.6（b）所示。

第5章 类、服务和依赖注入

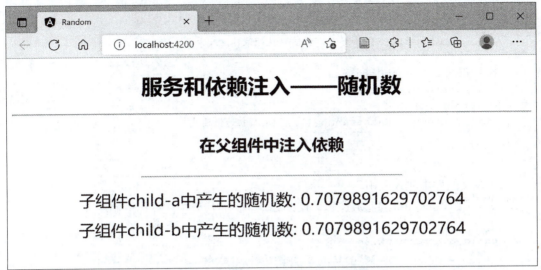

（a）父组件中注入依赖时在两个子组件中产生相同的随机数

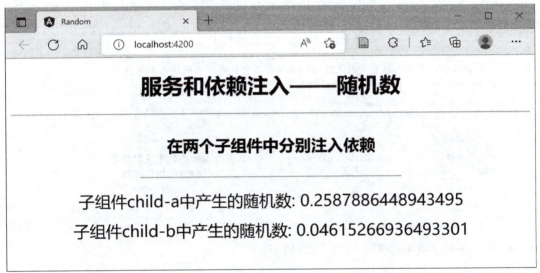

（b）在两个子组件中分别注入依赖时产生不同的随机数

图 5.6 组件级依赖注入——随机数

5.5.3 案例实现

（1）建立项目：Random。
（2）创建服务：random。
（3）创建组件：parent、child-a、child-b。
（4）设计服务内容，代码如下。在服务类中删除原有的依赖注入方式，并在服务类中添加属性，并在构造函数中利用随机数函数初始化属性。

```
// random.service.ts
import { Injectable } from '@angular/core';
```

· 155

```
@Injectable(
  // { providedIn: 'root' } 删除默认的依赖注入方式
)
export class RandomService {
  public random:number;                    // 添加属性
  constructor() {
    this.random = Math.random();           // 初始化属性
  }
}
```

（5）在父组件中注入依赖。

① 设计子组件 child-a 的业务逻辑，代码如下。此时代码中注释掉依赖注入。

```
// child-a.component.ts
import { Component, OnInit } from '@angular/core';
import { RandomService } from 'src/app/services/random.service'; // 导入依赖

@Component({
  selector: 'app-child-a',
  templateUrl: './child-a.component.html',
  styleUrls: ['./child-a.component.scss'],
  // 演示父组件中注入依赖的效果时必须注释掉下行代码，否则使用下行语句
  // providers: [RandomService]              // 子组件中注入依赖
})
export class ChildAComponent implements OnInit {

  public random: number;                     // 定义组件属性
  constructor(r: RandomService) {            // 在构造函数参数中获取依赖
    this.random = r.random;                  // 利用依赖初始化组件属性
  }
  ngOnInit(): void {
  }
}
```

② 设计 child-a 组件的模板内容，代码如下：

```
<!-- child-a.component.html -->
<div>
    子组件 child-a 中产生的随机数：{{random}}
</div>
```

③ 实现子组件 child-b 的业务逻辑，代码如下。此时代码中注释掉依赖注入。

```
// child-b.component.ts
import { Component, OnInit } from '@angular/core';
import { RandomService } from 'src/app/services/random.service'; // 导入依赖

@Component({
  selector: 'app-child-b',
  templateUrl: './child-b.component.html',
```

```
  styleUrls: ['./child-b.component.scss'],
  // 演示父组件中注入依赖的效果时必须注释掉下行代码, 否则使用下行语句
  // providers: [RandomService]      // 在子组件中注入依赖
})
export class ChildBComponent implements OnInit {

  public random: number;                  // 定义属性
  constructor(r: RandomService) {         // 在构造函数的参数中获取依赖
    this.random = r.random;               // 利用依赖初始化组件属性
  }
  ngOnInit(): void { }
}
```

④ 设计 child-b 组件的模板内容, 代码如下:

```
<!-- child-b.component.html -->
<div>
    子组件 child-b 中产生的随机数: {{random}}
</div>
```

⑤ 实现父组件 parent 的业务逻辑, 代码如下:

```
// parent.component.ts
import { Component, OnInit } from '@angular/core';
import { RandomService } from 'src/app/services/random.service';

@Component({
  selector: 'app-parent',
  templateUrl: './parent.component.html',
  styleUrls: ['./parent.component.scss'],
  // 当在子组件中注入依赖时, 可以注释掉下行代码 (也可以保留)
  providers: [RandomService]      // 父组件中注入依赖
})
export class ParentComponent implements OnInit {
  constructor() { }
  ngOnInit(): void {   }
}
```

⑥ 设计父组件 parent 的模板内容, 在其中挂载两个子组件。代码如下:

```
<!-- parent.component.html -->
<!-- 当在两个子组件中注入依赖时注释掉下行代码, 否则使用下行代码 -->
<h3> 在父组件中注入依赖 </h3>
<!-- 当在父组件中注入依赖时注释掉下行代码, 否则使用下行代码 -->
<!-- <h3> 在两个子组件中分别注入依赖 </h3> -->
<hr style = "width: 50%;">
<app-child-a></app-child-a>
<app-child-b></app-child-b>
```

⑦ 定义父组件 parent 的样式类，代码如下：

```scss
// parent.component.scss
* {
    font-size   : x-large;
    line-height: 45px;
}
```

（6）设计根组件的模板内容，在根组件中挂载 parent 组件。代码如下：

```html
<!-- app.component.html -->
<h1> 服务和依赖注入——随机数 </h1>
<hr>
<app-parent></app-parent>
```

（7）定义根组件的样式类，代码如下：

```scss
// app.component.scss
* {
    text-align: center;
}
```

（8）保存所有文件，查看运行结果，此时可以看到，在两个子组件中产生的随机数是相同的，如图 5.6（a）所示。

（9）修改依赖注入。将父组件 parent 中的依赖注入注释掉，打开两个子组件中注释的依赖注入，然后运行代码，就可以看到两个子组件中产生的随机数是不同的，如图 5.6（b）。

5.5.4 知识要点

1. 在组件中注入服务的过程

（1）在组件类所在文件中通过 import 导入被依赖对象的服务。

（2）在组件中配置注入器。在 @Component 装饰器里配置 providers 元数据，它是一个数组，配置了该组件需要使用的所有依赖，Angular 的依赖注入框架会根据这个列表来创建对应对象的实例。

（3）获取依赖。在组件构造函数中声明需要注入的依赖，注入器会根据构造函数中的声明，在组件初始化时通过第（2）步中的 providers 元数据配置依赖，为构造函数提供对应的依赖服务，最终完成注入过程。

2. 层级注入原理

（1）Angular 以组件为基础，在项目中组件层层嵌套，从而构成组件树。

（2）在根组件下面是各层级的子组件，被注入的依赖对象就像每棵树上的果实，可以出现在任何层级的组件中，每个组件都可以拥有一个或多个依赖对象的注入。

（3）依赖注入可以传递到子组件中，子组件可以共享父组件中注入的实例，无须自己再次创建，但共享父组件注入的依赖得到的结果是相同的。

（4）如果在子组件中注入依赖，那么依赖就可以为该组件提供特殊服务，得到的结果和其他组件不同。

（5）如果在父组件和子组件中同时注入依赖，则子组件会优先使用自己的依赖。

习 题 五

一、判断题

1．利用命令创建类后，如果要在另一个文件中使用该类，不需要导入该类。（　　）

2．利用命令创建类后会同时创建一个文件，主文件名和类名相同。（　　）

3．在组件中使用服务时，也可以像使用普通类一样首先导入服务类，然后创建服务类对象，并通过对象使用服务功能。（　　）

4．依赖是指当类执行其功能时所需要的服务或对象。（　　）

5．依赖注入（Dependency Injection，DI）是一种编码模式，其中的类从外部源中请求获取依赖，而不需要开发者自己创建它们。（　　）

6．Angular 依赖注入系统中的注入器是多级的，应用程序中有一个与组件树平行的注入器树，可以在组件树中的任何级别上重新配置注入器并注入提供商。（　　）

7．Angular 注入器是冒泡机制的。当一个组件申请获得一个依赖时，Angular 首先尝试用该组件自己的注入器来满足它，如果没有找到对应的提供商，它就把这个申请转给父组件的注入器来处理。（　　）

8．在 Angular 系统中，ngModule 是一个注入器，Component 也是一个注入器。（　　）

9．ngMoudle（模块）级注入器会提示 Angular 把服务作用在 ngModule 上，这个服务器可以在这个 ngModule 范围下所有的组件上使用。（　　）

10．ngModule 级注入服务有两种方式：一种是在 @ngModule() 的 providers 元数据中指定，另一种是直接在 @Injectable() 的 providedIn 选项中指定模块类。（　　）

11．providedIn: 'root' 可以简单的认为 root 字符串就代表顶级 AppModule，表明当前服务可以在整个 Angular 应用里面使用。（　　）

12．每个组件也是一个注入器，通过在组件级注入器中注入服务，该组件实例或其下级组件实例都可以使用这个服务（当然也可以设置只在当前组件使用，子组件不能使用，这个就涉及到 viewProviders 和 providers 的区别了）。（　　）

13．viewProviders 提供的服务只能在当前组件使用。（　　）

14．当多个组件中出现重复代码时，可以把重复代码提取到服务中实现代码重用。（　　）

15．当组件中掺杂了大量业务代码和数据处理逻辑时，把这些逻辑封装成服务供组件使用，组件只负责与 UI 有关的逻辑，有利于后续的更新和维护。（　　）

16．可以把需要共享的数据存储在服务中，通过在多个组件中注入同一个服务实例来实现数据共享。（　　）

17．获取依赖的方法是在组件的构造函数的参数中声明依赖服务类的对象。（　　）

18．利用服务和依赖注入可以实现子组件向父组件的传值。（　　）

19．一个组件只能注入一个依赖。（　　）

20．被注入的依赖对象就像每棵树上的果实，可以出现在任何层级的组件中。（　　）

21．依赖注入可以传递到子组件中，子组件可以共享父组件中注入的实例，无须自己再次创建。（　　）

22. 共享父组件注入的依赖时，各个子组件会得到相同的结果。   （   ）
23. 如果在子组件中注入依赖，那么依赖就可以为该组件提供特殊服务，得到的结果和其他组件不同。   （   ）
24. 如果在父组件和子组件中同时注入依赖，则子组件会优先使用父组件的依赖。 （   ）
25. 获取依赖时必须注明依赖对象的权限访问符。   （   ）

二、选择题

1. 创建类的命令是（   ）。
   A. ng g class   B. ng g service
   C. ng new class   D. ng new service

2. 利用命令创建类后会自动生成一个（   ）类型的文件？
   A. html   B. scss   C. ts   D. js

3. 创建服务的命令是（   ）
   A. ng new service   B. ng g service
   C. ng g serve   D. ng new serve

4. 利用命令创建服务后会创建一个服务类，该类会被（   ）装饰器装饰。
   A. @Injectable   B. @Component
   C. @Service   D. @Input

5. 代码：{{pet.price | currency}}中，currency是（   ）。
   A. 管道名称   B. 美元符号
   C. 美元编码   D. 人民币符号

6. Angular系统中通过在类上添加（   ）装饰器来告诉系统这个类（服务）是可注入的。
   A. @Injectable   B. @Component
   C. @Pipe   D. @Input

7. 在组件中注入依赖的方法是（   ）。
   A. 在@Component装饰器里配置selector元数据
   B. 在@Component装饰器里配置templateUrl元数据
   C. 在@Component装饰器里配置styleUrls元数据
   D. 在@Component装饰器里配置providers元数据

8. 在组件中获取依赖的方法是（   ）。
   A. 利用组件类的属性获取
   B. 利用组件类的成员方法获取
   C. 利用组件类的构造方法获取
   D. 在组件类以外获取

9. 在@Component装饰器里的providers元数据是（   ）类型。
   A. number   B. string   C. Array   D. boolean

10. 创建服务时会自动创建依赖注入，该依赖注入在（   ）创建。
    A. 根模块类   B. 根组件类
    C. 子组件类   D. 服务类

第 6 章 装饰器、管道、路由和生命周期函数

本章概要

本章利用六个案例演示了 Input 装饰器、ViewChild 装饰器、管道、路由和生命周期函数的功能、原理和使用方法。

学习目标

◆ 掌握利用 Input 装饰器和 ViewChild 装饰器实现父子组件之间通信和获取 Dom 节点的方法。
◆ 掌握利用管道实现数据格式化、利用路由实现组件之间跳转的方法。
◆ 掌握各种生命周期函数的执行顺序和使用方法。

6.1 案例：Input 装饰器——父组件向子组件传值

6.1.1 案例描述

设计一个案例，利用 Input 装饰器实现父组件向子组件传值。

6.1.2 实现效果

案例运行效果如图 6.1 所示。从图中可以看出：案例中包含了两个组件：child 组件和 parent 组件，在 parent 组件中显示了 child 组件，但 child 组件中的数据是由 parent 组件传入的。

视频
Input装饰器——
父组件向子组件
传值

图 6.1 Input 装饰器——父组件向子组件传值案例的实现效果

6.1.3 案例实现

（1）创建项目：DataTransferP2C。

（2）创建两个组件：parent 和 child。

（3）设计 child 组件模板内容，代码如下。其中显示了组件属性 name 的值。

```html
<!-- child.component.html -->
<div>Hello {{name}}</div>
```

（4）设置 child 组件模板样式，代码如下。其中定义了 div 样式类。

```scss
// child.component.scss
div{
    background-color: yellow;
    font-size: x-large;
    margin: 10px;
    padding: 5px;
    text-align: center;
}
```

（5）设计 child 组件的业务逻辑，代码如下。为了接收父组件 parent 的值，需要引入 Input 装饰器，并在定义的 name 属性前用 @Input() 装饰器进行装饰。

```typescript
// child.component.ts
import { Component, OnInit, Input } from '@angular/core';

@Component({
  selector: 'app-child',
  templateUrl: './child.component.html',
  styleUrls: ['./child.component.scss']
})
export class ChildComponent implements OnInit {

  @Input() name: string;        // 用 Input 装饰器装饰 name 属性

  constructor() {
    this.name = '杜春涛';        // 初始化 name 属性
  }

  ngOnInit(): void { }
}
```

（6）设计 parent 组件模板内容，代码如下。组件中引用了 child 组件，从而使 child 组件成为 parent 组件的子组件。在子组件的属性中利用代码 [name] = 'name' 实现了父组件的 name 值向子组件的 name 传值。

```html
<!-- parent.component.html -->
<div>
    <ul>
```

```html
        <app-child
            *ngFor = "let name of names"
            [name] = 'name' > <!--属性绑定，传值给子组件的 name 属性 -->
        </app-child>     <!-- 在 parent 组件中使用 child 组件 -->
    </ul>
</div>
```

（7）设置 parent 组件样式，代码如下。其中定义了 div 样式类。

```scss
// parent.component.scss
div{
    background-color: blue;
    padding: 10px;
}
```

（8）设计 parent 组件的业务逻辑，代码如下。其中定义了 names 属性并在构造函数中进行了初始化。

```typescript
// parent.component.ts
import { Component, OnInit } from '@angular/core';

@Component({
  selector: 'app-parent',
  templateUrl: './parent.component.html',
  styleUrls: ['./parent.component.scss']
})
export class ParentComponent implements OnInit {

  names: string[];    //定义字符串数组类型的属性 names
  constructor() {
    this.names = ['张三','李四','王五','赵六'];    //初始化 names 属性
  }

  ngOnInit(): void { }
}
```

（9）在根组件中挂载 child 和 parent 组件，代码如下：

```html
<!-- app.component.html -->
<h1>Input 装饰器——父组件向子组件传值 </h1>
<hr>
<h2>child 组件 </h2>
<app-child></app-child> <!-- 引用（挂载）child 组件 -->
<hr>
<h2>parent 组件 </h2>
<app-parent></app-parent> <!-- 引用（挂载）parent 组件 -->
```

（10）设置根组件的样式类，代码如下：

```scss
// app.component.scss
```

```
h1 {
    text-align    : center;    // 文本居中对齐
}
hr{
    margin-top    : 20px;
}
```

6.1.4 知识要点

父组件向子组件传值的过程：

（1）在子组件中导入 Input 装饰器，并在接收父组件传值的子组件属性前用 @Input() 装饰器进行装饰。如本案例中的子组件业务逻辑文件 child.component.ts 中的代码：

```
import { Component, OnInit, Input } from '@angular/core';
……
@Input() name: string;              // 为 name 属性添加 Input 装饰器
```

（2）在父组件中引用子组件过程中利用属性绑定方法将父组件的属性值传递给子组件的属性。如本案例中 parent.component.html 文件的代码，其中 [name] = 'name'，[name] 是子组件属性，'name' 是父组件的属性 names 的值。

```
<app-child
    *ngFor = "let name of names"
    [name] = 'name' > <!-- 输入绑定，传值给子组件的 name 属性 -->
</app-child>        <!-- 在 parent 组件中使用 child 组件 -->
```

（3）数据流向。组件内部通过组件类和模板之间的属性和数据绑定实现了双向数据绑定，父组件的模板和子组件的组件类之间可以利用 @Input 装饰器实现属性绑定，利用 @Output 装饰器实现事件绑定，从而实现子组件和父组件之间的双向数据传递，如图 6.2 所示。

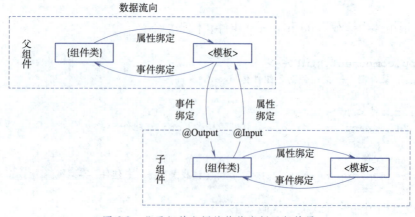

图 6.2　父子组件之间的传值案例运行结果

6.2 案例：Input 和 ViewChild 装饰器——父子组件之间的通信

6.2.1 案例描述

设计一个案例，利用 @Input 装饰器实现父组件向子组件传递数据和信息，分别利用子组件模板局部变量和 @ViewChild 装饰器实现父组件获取子组件的数据和信息。

6.2.2 实现效果

案例的运行效果如图 6.3 所示。图中 child1 组件中显示的数据信息都是来自父组件 parent1，当单击"子组件直接调用父组件的方法"按钮时，将直接调用父组件 parent1 中的方法；当单击"子组件通过 this 调用父组件的方法"按钮时，将利用 this 调用父组件 parent1 中的方法。页面下方显示的数据信息是父组件 parent2 利用子组件模板局部变量获取子组件 child2 的数据，单击下方的三个按钮能够分别通过子组件局部变量调用子组件方法、父组件通过 ViewChild 调用子组件方法和访问子组件属性。

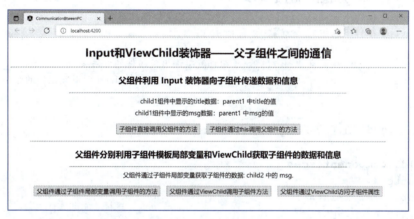

图 6.3 父子组件之间的传值案例运行结果

6.2.3 案例实现

（1）建立项目：CommunicationBetweenPC。
（2）创建四个组件：parent1、child1、parent2、child2。
（3）实现子组件 child1 的业务逻辑。为了使用父组件的属性和方法，首先导入 Input 类，然后定义需要使用父组件属性值的四个属性：title、msg、run 和 home 并利用 @Input() 装饰器进行修饰。

```
// child1.component.ts
import { Component, OnInit, Input } from '@angular/core';   // 导入 Input 类

@Component({
```

```
    selector: 'app-child1',
    templateUrl: './child1.component.html',
    styleUrls: ['./child1.component.scss']
})
export class Child1Component implements OnInit {

    @Input() title: any;        // 声明父组件中的属性，接收父组件的传值
    @Input() msg: any;
    @Input() run: any;          // 声明父组件中的方法
    @Input() parent1: any;      // 声明父组件对象

    constructor() { }
    ngOnInit(): void { }
}
```

（4）设计组件 child1 的模板内容，代码如下。其中显示了 title 和 msg 的属性值，两个按钮的 click 事件都调用了 run 函数，其中第一个按钮直接调用了 parent1 中定义的 run 函数，第二个按钮通过 parent1 调用了父组件中定义的 run 函数。

```
<!-- child1.component.html -->
<div>child1 组件中显示的 title 数据: {{title}}</div>
<div>child1 组件中显示的 msg 数据: {{msg}}</div>
<div>
    <button (click) = "run()">子组件直接调用父组件的方法</button>
    <button (click) = "parent1.run()">子组件通过 this 调用父组件的方法</button>
</div>
```

（5）定义 child1 组件的样式类，代码如下：

```
// child1.component.scss
div, button {
    font-size: x-large;
    margin   : 10px;
}
```

（6）设计 parent1 组件的模板内容，代码如下。代码中引用了子组件 child1，并通过数据绑定的方法将父组件的属性值传递给子组件的相应属性。

```
<!-- parent1.component.html -->
<h2> 父组件利用 Input 装饰器向子组件传递数据和信息 </h2>
<hr style = "width: 70%;">
<!-- 父组件向子组件传递数据和信息 -->
<app-child1
    [title] = "title"           // 父组件的属性传递给子组件
    [msg] = "msg"
    [run] = "run"               // 父组件的方法传递给子组件
    [parent1] = "this"          // 父组件对象传递给子组件
></app-child1>
```

（7）定义 parent1 组件的样式类，代码如下：

```scss
// parent1.component.scss
div {
    font-size: x-large;
    color   : red;
}
```

（8）实现 parent1 组件的业务逻辑，代码如下。在组件类中定义了两个属性：title 和 msg，一个 run 方法，用于给子组件的对应属性赋值，以便在子组件中调用。

```typescript
// parent1.component.ts
import { Component, OnInit } from '@angular/core';

@Component({
  selector: 'app-parent1',
  templateUrl: './parent1.component.html',
  styleUrls: ['./parent1.component.scss']
})
export class Parent1Component implements OnInit {
  public title: string = "parent1 中 title 的值"; // 在子组件中使用的属性
  public msg: string = "parent1 中 msg 的值";     // 在子组件中使用的属性
  constructor() { }
  ngOnInit(): void { }
  run() {                        // 可以直接在子组件中使用的方法
    alert('parent1 中的 run()');
  }
}
```

（9）定义子组件 child2 的业务逻辑，代码如下。其中在组件类中定义了属性 msg 和方法 run()，该属性和方法将在其父组件 parent2 中使用。

```typescript
// child2.component.ts
import { Component, OnInit } from '@angular/core';

@Component({
  selector: 'app-child2',
  templateUrl: './child2.component.html',
  styleUrls: ['./child2.component.scss']
})
export class Child2Component implements OnInit {

  constructor() { }
  ngOnInit(): void { }

  public msg: string = "child2 中的 msg."; // 定义属性
  run() {                                   // 定义方法
```

```
        alert('child2 中的 run 方法.');
    }
}
```

（10）实现父组件 parent2 的业务逻辑，代码如下：

```
// parent2.component.ts
import { Component, OnInit, ViewChild } from '@angular/core'; // 导入 ViewChild

@Component({
  selector: 'app-parent2',
  templateUrl: './parent2.component.html',
  styleUrls: ['./parent2.component.scss']
})
export class Parent2Component implements OnInit {

  constructor() { }
  ngOnInit(): void { }

  @ViewChild('child2') child2: any;  // 声明子组件对象

  parent2Run() {
    this.child2.run();              // 调用子组件方法
  }
  parent2Msg(){
    alert(this.child2.msg);         // 引用子组件属性
  }
}
```

（11）设计父组件 parent2 的模板内容，代码如下。代码中引用了子组件 child2，并在子组件标签中定义了子组件 child2 的局部变量 child2，然后通过 child2 引用了属性 msg 和方法 run()。此外，还有两个按钮的单击事件调用了本组件的两个方法：parent2Run() 和 parent2Msg()。

```
<!-- parent2.component.html -->
<h2> 父组件分别利用子组件模板局部变量和 ViewChild 获取子组件的数据和信息 </h2>
<hr style = "width: 70%;">
<div> 父组件通过子组件局部变量获取子组件的数据：{{child2.msg}}</div>

<div>
    <button (click) = "child2.run()"> 通过子组件局部变量调用子组件的方法 </button>
    <button (click) = "parent2Run()"> 通过 ViewChild 调用子组件方法 </button>
    <button (click) = "parent2Msg()"> 通过 ViewChild 访问子组件属性 </button>
</div>
<app-child2 #child2></app-child2>   <!-- 引用子组件并定义其局部变量 -->
```

（12）定义父组件 parent2 的样式类，代码如下：

```
// parent2.component.scss
```

```
div, button {
    font-size: large;
    margin    : 10px;
}
```

（13）设计根组件模板内容，代码如下。其中引用了 parent1 和 parent2 组件。

```
<!-- app.component.html -->
<h1>Input 和 ViewChild 装饰器——父子组件之间的通信 </h1>
<hr>
<app-parent1></app-parent1>
<hr style = "width: 90%;">
<app-parent2></app-parent2>
```

（14）定义根组件模板样式类，代码如下：

```
// app.component.scss
*{
    text-align: center;
}
```

6.2.4 知识要点

1. 利用 Input 装饰器实现父组件向子组件传值

利用 Input 装饰器实现父组件向子组件传值，如图 6.4 所示。

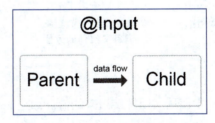

图 6.4 父组件向子组件传值的过程

具体实现过程如下：

（1）配置父组件。在父组件引用子组件时，利用属性绑定将父组件的属性值传递给子组件。如在父组件 home 的模板文件中引用子组件 header 的代码如下：

```
<app-header
[title]  = "title"
   [msg] = "msg"
   [run] = "run"
   [home] = "this"
></app-header>
```

（2）定义父组件类的属性和方法。在父组件的业务逻辑文件中定义用于传递给子组件的属性和函数，如在 home.component.ts 文件中定义的属性和函数。

```
export class HomeComponent implements OnInit {
  public title: string = "Title in HomeComponent";
  public msg: string = "Message in HomeComponent";
  run() {
    alert('function RUN in HomeComponent');
  }
}
```

（3）配置子组件。在子组件的业务逻辑文件中实现父组件的传值，首先需要导入 Input 类，然后通过 @Input() 装饰器修饰将要引入父组件值的属性和方法。如在 header.component.ts 文件中的相关代码如下。

```
import { Component, OnInit, Input } from '@angular/core';
export class HeaderComponent implements OnInit {
  @Input() title: any;
  @Input() msg: any;          // 接收父组件传过来的数据
  @Input() run: any;          // 接收父组件传过来的方法
  @Input() home: any;         // 接收父组件的数据和方法
  getParentMsg() {
    alert(this.msg);          // 使用父组件的数据
  }
  invokeParentRun() {
    this.run();               // 调用父组件的方法
  }
  getParentDataByThis() {
    alert(this.home.msg);     // 使用父组件的数据
    this.home.run();          // 调用父组件的方法
  }
}
```

（4）使用传值。在子组件中使用父组件传过来的值。如在 header.component.html 文件中的数据绑定和事件绑定。

```
<ul>
    <li>{{title}}</li>
    <li>{{msg}}</li>
</ul>
<div>
    <button (click) = "getParentMsg()">子组件获取父组件的 Msg 数据</button>
    <button (click) = "invokeParentRun()">子组件调用父组件的 run 方法</button>
    <button (click) = "getParentDataByThis()">子组件获取父组件的数据和调用父组件的方法</button>
</div>
```

2. 利用子组件模板局部变量实现子组件向父组件传值

（1）在父组件中引用子组件时定义子组件模板局部变量，如以下代码示例：

第 6 章 装饰器、管道、路由和生命周期函数

```
<app-child2 #child2></app-child2>
```

（2）使用子组件模板局部变量引用子组件属性和方法，如以下代码示例：

```
<div>父组件通过子组件局部变量获取子组件的数据：{{child2.msg}}</div>
<button (click) = "child2.run()">父组件调用子组件的方法 </button>
```

3. 利用 ViewChild 实现子组件向父组件传值

（1）在子组件类中定义属性和方法，如本案例在 Child2Component 组件类中定义的属性方法示例如下：

```
public msg: string = "child2 中的 msg.";    //定义属性
  run() {                                    //定义方法
    alert('child2 中的 run 方法.');
  }
```

（2）在父组件引用子组件时定义子组件模板局部变量，如以下代码示例：

```
<app-child2 #child2></app-child2>
```

（3）在父组件的业务逻辑文件中导入 ViewChild 类，并利用 @ViewChild 装饰器和前面定义的子组件局部变量定义子组件对象，然后利用该对象使用子组件的属性和方法，如 parent2.component.ts 文件中的代码：

```
@ViewChild('child2') child2: any;
  parent2Run() {
    this.child2.run();         // 调用子组件方法
  }
  parent2Msg(){
    alert(this.child2.msg);    // 引用子组件属性
  }
```

6.3 案例：ViewChild 装饰器——获取 Dom 节点和与子组件通信

6.3.1 案例描述

设计一个案例，演示利用 getElementById 和 ViewChild 装饰器获取 Dom 节点的方法，以及利用 ViewChild 装饰器获取子组件中定义的属性和函数的方法。

视 频

ViewChild
装饰器——获取
Dom节点和与
子组件通信

6.3.2 实现效果

案例的实现效果如图 6.5 所示。第一部分是利用 getElementById 获取 DOM 节点并对其进行操作，第二部分是利用 ViewChild 装饰器获取 DOM

· 171

节点并对其进行操作，第三部分是利用 ViewChild 装饰器获取子组件中定义的属性和函数。

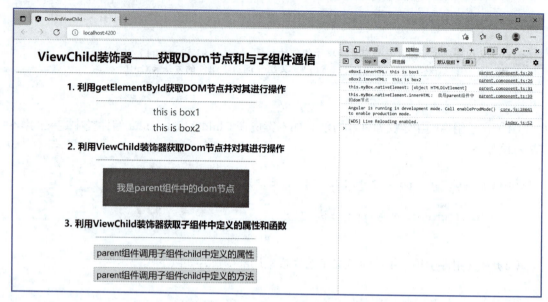

图 6.5　Dom 节点操作和 ViewChild 装饰器案例运行结果

6.3.3　案例实现

（1）建立项目：DomAndViewChild。

（2）创建两个组件：parent 和 child。

（3）设计 parent 组件模板内容，代码如下。其中定义了三个 div 类型的 Dom 节点：box1、box2 和 myBox，引用子组件 child，并设置两个按钮。

```
<!--parent.component.html-->
<h2>1. 利用 getElementById 获取 DOM 节点并对其进行操作 </h2>
<hr>

<div id = "box1">      <!-- 第一个 Dom 节点 -->
    this is box1
</div>

<div id = "box2">      <!-- 第二个 Dom 节点 -->
    this is box2
</div>

<h2>2. 利用 ViewChild 装饰器获取 Dom 节点并对其进行操作 </h2>
<hr>
<div class = "layout">
    <div #myBox>          <!-- 定义 Dom 节点并放置锚点 myBox-->
        我是 parent 组件中的 dom 节点
    </div>
</div>
```

```html
<h2>3.利用 ViewChild 装饰器获取子组件中定义的属性和函数</h2>
<hr>
<app-child #child></app-child>    <!-- 引用子组件并定义其局部变量 -->
<div class = "layout">
    <button (click) = "getChildMsg()">parent 组件调用子组件 child 中定义的属性
</button>
    <button (click) = "getChildRun()">parent 组件调用子组件 child 中定义的方法
</button>
</div>
```

（4）设计 parent 组件的模板样式类，代码如下：

```
// parent.component.scss
.layout {
    display        : flex;
    flex-direction : column;
    align-items    : center;
}

div, button {
    font-size: x-large;
    margin    : 10px 20px;
}

hr {
    width: 50%;
}
```

（5）设计 parent 组件的业务逻辑。在 ngOnInit() 生命周期函数中获取 box1 Dom 节点对象并赋值给 oBox1，然后通过 oBox1 设置字体的颜色和大小。在 ngAfterViewInit() 生命周期函数中获取 box2 Dom 节点对象并赋值给 oBox2，然后通过 oBox2 设置字体的颜色和大小。代码如下：

```
// parent.component.ts
import { Component, OnInit, ViewChild } from '@angular/core'; // 导入 ViewChild

@Component({
  selector: 'app-parent',
  templateUrl: './parent.component.html',
  styleUrls: ['./parent.component.scss']
})
export class ParentComponent implements OnInit {

  @ViewChild('myBox') myBox: any;      // 获取 dom 节点
  @ViewChild('child') child: any;      // 创建子组件对象

  constructor() { }
```

```
ngOnInit() { }

//ngAfterViewInit()是视图加载完成后触发的生命周期函数,此时dom已加载完成
ngAfterViewInit(): void {

    // 1. 利用getElementById获取box1 Dom节点并对其操作
    let oBox1: any = document.getElementById('box1');    // 获取dom节点
    console.log('oBox1.innerHTML:' + oBox1.innerHTML);
    oBox1.style.color = "red";                           // 设置dom节点元素颜色
    oBox1.style.fontSize = "x-large";                    // 设置dom节点元素字体大小

    // 2. 利用getElementById获取box2 Dom节点并对其操作
    let oBox2: any = document.getElementById('box2');    // 获取dom节点
    // 在console面板中显示dom节点的innerHTML
    // innerHTML 属性用于设置或返回表格行的开始和结束标签之间的 HTML
    console.log('oBox2.innerHTML: ' + oBox2.innerHTML);
    oBox2.style.color = "blue";
    oBox2.style.fontSize = "x-large";

    // 3. 利用@ViewChild装饰器定义的属性获取myBox Dom节点并对其操作
    console.log('this.myBox.nativeElement: '+ this.myBox.nativeElement);
    this.myBox.nativeElement.style.width = '400px'; // 操作原生代码设置侧边栏
    this.myBox.nativeElement.style.height = '100px';
    this.myBox.nativeElement.style.color = 'yellow';
    this.myBox.nativeElement.style.background = 'red';
    this.myBox.nativeElement.style.fontSize = 'x-large';
    this.myBox.nativeElement.style.textAlign = 'center';
    this.myBox.nativeElement.style.lineHeight = '100px';
    console.log('this.myBox.nativeElement.innerHTML: ' +
            this.myBox.nativeElement.innerHTML);
}

getChildMsg() {
    // 4. 利用@ViewChild装饰器定义的属性获取子组件属性
    alert(this.child.msg);
}

getChildRun() {
    // 5. 利用@ViewChild装饰器定义的属性获取子组件方法
    this.child.run(); //调用子组件里面的方法
}

}
```

（6）实现 child 组件的业务逻辑，代码如下。在组件类中定义了 msg 属性和 run 方法，用于在父组件中调用。

```
// child.component.ts
import { Component, OnInit } from '@angular/core';

@Component({
  selector: 'app-child',
  templateUrl: './child.component.html',
  styleUrls: ['./child.component.scss']
})
export class ChildComponent implements OnInit {
  constructor() { }
  ngOnInit(): void { }

  public msg: string = '我是 child 组件中的 msg 属性'; // 定义属性

  run () {                    // 定义方法
    alert('我是 child 组件中的 run 方法');
  }
}
```

(7) 定义根组件模板内容,代码如下。在根组件中引用了 parent 组件。

```
<!-- app.component.html -->
<h1>ViewChild 装饰器——获取 Dom 节点和与子组件通信 </h1>
<hr>
<app-parent></app-parent>
```

(8) 定义根组件模板样式类,代码如下:

```
* {
    text-align: center;
}
```

6.3.4 知识要点

1. 利用 document.getElementById() 函数获取 DOM 节点的方法

首先需要在组件模板文件中设置 DOM 节点的 ID,然后根据节点 ID 并利用该函数获取节点对象,最后通过节点对象对节点进行操作,设置节点样式。示例如下:

```
let oBox1: any = document.getElementById('box1');   // 获取 dom 节点
oBox1.style.color = "red";                          // 设置 dom 节点元素颜色
oBox1.style.fontSize = "x-large";                   // 设置 dom 节点元素字体大小
```

2. 利用 ViewChild 获取 DOM 节点的方法,
步骤如下:
(1) 在组件模板中设置 DOM 节点的锚点,示例如下:

```
<div #myBox>
```

```
    我是一个dom节点
</div>
```

（2）在组件业务逻辑文件中导入ViewChild，示例如下：

```
import { Component, OnInit,ViewChild} from '@angular/core';
```

（3）利用@ViewChild装饰器和DOM节点的锚点创建节点对象，代码如下：

```
@ViewChild('myBox') myBox:any;
```

（4）在ngAfterViewInit生命周期函数中利用节点对象操作节点，示例如下：

```
ngAfterViewInit(): void {                                    //生命周期函数
    this.myBox.nativeElement.style.width = '400px';  // 操作原生代码设置侧边栏
    this.myBox.nativeElement.style.height = '100px';
    this.myBox.nativeElement.style.color = 'yellow';
    this.myBox.nativeElement.style.background = 'red';
    this.myBox.nativeElement.style.fontSize = 'x-large';
    this.myBox.nativeElement.style.textAlign = 'center';
}
```

3. 利用ViewChild获取子组件对象并使用子组件属性和函数的方法

步骤如下：

（1）在父组件模板文件中引用子组件时设置锚点，示例如下：

```
<app-header #header></app-header>
```

（2）在父组件的业务逻辑文件中首先导入ViewChild类，然后利用ViewChild装饰器和模板文件中设置的锚点创建子组件对象，示例如下：

```
import { Component, OnInit, ViewChild } from '@angular/core';
export class NewsComponent implements OnInit {
    @ViewChild('header') header: any;          // 创建子组件对象
    ……
    }
}
```

（3）利用子组件对象使用子组件的属性和方法，示例如下：

```
import { Component, OnInit, ViewChild } from '@angular/core';
export class NewsComponent implements OnInit {
    @ViewChild('header') header: any;          // 创建子组件对象
    ……
    getChildRun() {
        this.header.run();                     // 调用子组件里面的方法
    }
}
```

6.4 案例：管道——数据格式化

视频

管道——数据格式化

6.4.1 案例描述

设计一个案例，利用内置管道和自定义管道对数据进行格式化，使用的内置管道包括：DatePipe、UpperCasePipe、LowerCasePipe、DecimalPipe、CurrencyPipe、PercentPipe、SlicePipe 和 JsonPipe，使用自定义管道来显示性别。

6.4.2 实现效果

案例运行效果如图 6.6 所示。从图中可以看出，使用 DatePipe 实现了日期类型数据的不同显示格式，使用 UpperCasePipe 和 LowerCasePipe 实现了英文字母的全部大写和全部小写显示格式，使用 DecimalPipe 实现了数值类型数据的不同显示格式，使用 CurrencyPipe 实现了货币类型数据的不同显示格式，使用 PercentPipe 实现了数据的不同百分比显示格式，使用 JsonPipe 实现了代码的显示格式，利用自定义管道实现了性别的不同显示方式。

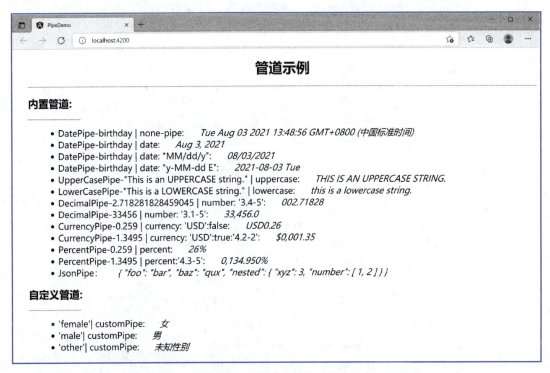

图 6.6 内置管道示例的运行结果

6.4.3 案例实现

（1）建立项目：PipeDemo。

（2）创建组件：pipe-demo。

（3）设计组件界面内容，代码如下。其中使用的管道包括：DatePipe、UpperCasePipe、LowerCasePipe、DecimalPipe、CurrencyPipe、PercentPipe 和 JsonPipe。

· 177

```html
<!-- pipe-demo.component.html -->
<h1>管道示例</h1>
<hr>
<h2>内置管道:</h2>
<hr style = "width: 10%;">
<ul>
    <li>DatePipe-birthday | none-pipe: <em>{{ birthday }}</em></li>
    <li>DatePipe-birthday | date: <em>{{ birthday | date }}</em></li>
    <li>DatePipe-birthday | date: "MM/dd/y":
        <em>{{ birthday | date: "MM/dd/y" }}</em>
    </li>
    <li>DatePipe-birthday | date: "y-MM-dd E":
        <em>{{ birthday | date: "y-MM-dd E" }}</em>
    </li>
    <li>UpperCasePipe-"This is an UPPERCASE string." | uppercase:
        <em>{{ "This is an UPPERCASE string." | uppercase}}</em>
    </li>
    <li>LowerCasePipe-"This is a LOWERCASE string." | lowercase:
        <em>{{ "This is a LOWERCASE string." | lowercase}}</em>
    </li>

    <li>DecimalPipe-2.718281828459045 | number: '3.4-5':
        <em>{{2.718281828459045 | number: '3.4-5'}}</em>
    </li>
    <li>DecimalPipe-33456 | number: '3.1-5':
        <em>{{33456 | number: '3.1-5'}}</em>
    </li>
    <li>CurrencyPipe-0.259 | currency: 'USD':false:
        <em>{{0.259 | currency: 'USD':false}}</em>
    </li>
    <li>CurrencyPipe-1.3495 | currency: 'USD':true:'4.2-2':
        <em>{{1.3495 | currency: 'USD':true:'4.2-2'}}</em>
    </li>
    <li>PercentPipe-0.259 | percent:
        <em>{{0.259 | percent}}</em>
    </li>
    <li>PercentPipe-1.3495 | percent:'4.3-5':
        <em>{{1.3495 | percent:'4.3-5'}}</em>
    </li>

    <li>JsonPipe:
        <em>{{jsonObject | json}}</em>
    </li>
</ul>

<h2>自定义管道:</h2>
```

```html
<hr style = "width: 10%;">
<ul>
    <li>'female'| customPipe:
        <em>{{'female'| customPipe}}</em>
    </li>
    <li>'male'| customPipe:
        <em>{{'male'| customPipe}}</em>
    </li>
    <li>
        'other'| customPipe:
        <em>{{'other'| customPipe}}</em>
    </li>
</ul>
```

（4）设计组件界面格式，代码如下：

```scss
// pipe-demo.component.scss
* {
    margin-left: 30px;
}

h1 {
    text-align: center;
}

li, pre {
    font-size: 20px;
}
```

（5）实现组件业务逻辑功能，代码如下：

```typescript
// pipe-demo.component.ts
import { Component, OnInit } from '@angular/core';

@Component({
  selector: 'app-pipe-demo',
  templateUrl: './pipe-demo.component.html',
  styleUrls: ['./pipe-demo.component.scss']
})
export class PipeDemoComponent implements OnInit {

  public birthday: Date;
  public jsonObject: Object;
  constructor() {
    this.birthday = new Date(1993, 8, 7);
    this.jsonObject = {
      foo: 'bar',
```

```
      baz: 'qux',
      nested: {
        xyz: 3,
        number: [1, 2]
      }
    };
  }

  ngOnInit(): void { }
}
```

（6）创建管道CustomPipe，代码如下：

```
ng g pipe CustomPipe
```

创建管道后，将会在app文件夹下添加两个文件：custom-pipe.pipe.ts和custom-pipe.pipe.spec.ts，并在app.module.ts文件中加载和声明CustomPipePipe管道。

（7）在custom-pipe.pipe.ts文件中自定义管道，代码如下：

```
// custom-pipe.pipe.ts
import { Pipe, PipeTransform } from '@angular/core';
import { pipe } from '_rxjs@6.6.7@rxjs';

@Pipe({
  name: 'customPipe'
})
export class CustomPipePipe implements PipeTransform {

  transform(value: string): string {
    let chineseSex;
    switch (value) {
      case 'male':
        chineseSex = '男';
        break;
      case 'female':
        chineseSex = '女';
        break;
      default:
        chineseSex = '未知性别';
        break;
    }
    return chineseSex;
  }

}
```

（8）在根目录中引用 built-in-pipe 组件，代码如下：

```
<!-- app.component.html -->
<app-pipe-demo></app-pipe-demo>
```

6.4.4 知识要点

1. 管道（Pipe）概述

管道把数据作为输入，然后转换它，给出期望的输出，即管道可以根据开发者的意愿将数据格式化。管道包括：内置管道和自定义管道，使用方法是：

```
{{ 输入数据 | 管道 ：管道参数 }}
```

其中 '|' 是管道操作符。

2. 内置管道

Angular 根据业务场景封装了一些常用的内置管道。内置管道可以直接在任何模板表达式中使用，不需要通过 import 导入和在模块中声明。Angular 提供的内置管道如图 6.7 所示。

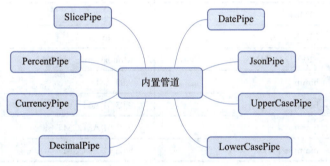

图 6.7 内置管道类型

这些类型管道的主要功能见表 6.1。

表 6.1 常用内置管道的类型及功能

管　　道	类　　型	功　　能
DatePipe	纯管道	日期管道，格式化日期
JsonPipe	非纯管道	将输入数据对象经过 JSON.stringify() 方法转换后输出对象字符串
UpperCasePipe	纯管道	将文本中的所有小写字母转换为大写字母
LowerCasePipe	纯管道	将文本中的所有大写字母转换为小写字母
DecimalPipe	纯管道	将数值按照特定格式显示为文本
CurrencyPipe	纯管道	将数值转换为本地货币格式
PercentPipe	纯管道	将数值转换为百分比格式
SlicePipe	非纯管道	将数组或字符串裁剪成新子集

（1）DatePipe 管道。用来格式化日期数据，使用语法：

```
expression | date: format
```

其中，expression 可以为日期型对象、日期字符串或毫秒级时间戳。format 包括：short、medium、long、full、shortDate、mediumDate、longDate、fullDate、shortTime、mediumTime、longTime、fullTime，也可以为自定义的日期格式，Angular 提供了年、月、日等标识符，可以根据标识符自定义日期格式。不同 format 的显示格式见表 6.2。

表 6.2 日期管道显示格式

类 型	形 式	示 例
short	M/d/yy, h:mm a	6/15/15, 9:03 AM
medium	MMM d, y, h:mm:ss a	Jun 15, 2015, 9:03:01 AM
long	MMMM d, y, h:mm:ss a z	June 15, 2015 at 9:03:01 AM GMT+1
full	EEEE, MMMM d, y, h:mm:ss a zzzz	Monday, June 15, 2015 at 9:03:01 AM GMT+01:00
shortDate	M/d/yy	6/15/15
mediumDate	MMM d, y	Jun 15, 2015
longDate	MMMM d, y	June 15, 2015
fullDate	EEEE, MMMM d, y	Monday, June 15, 2015
shortTime	h:mm a	9:03 AM
mediumTime	h:mm:ss a	9:03:01 AM
longTime	h:mm:ss a z	9:03:01 AM GMT+1
fullTime	h:mm:ss a zzzz	9:03:01 AM GMT+01:00

（2）JsonPipe 管道。将输入数据对象经过 JSON.stringify() 方法转换后输出对象字符串，主要用于开发调试。

（3）DecimalPipe 管道。语法格式如下：

```
number_expression | number[:digitInfo]
```

其中，digitInfo 语法格式如下：

```
{minIntegerDigits}.{minFractionDigits}-{maxFractionDigits}
```

- 参数 minIntegerDigits 表示要使用的最小数字的整数位数，默认值为 1。
- 参数 minFractionDigits 表示小数点后的最小位数，默认值为 0。
- 参数 maxFractionDigits 表示小数点后的最大位数，默认值为 3。

（4）CurrencyPipe 管道。语法格式如下：

```
number_expression | currency[:currencyCode[:symbolDisplay[:digitInfo]]]
```

- 参数 currencyCode 是 ISO 4217 货币编码，比如 CNY 代表人民币、USD 代表美元、EUR 代表欧元。
- 参数 symbolDisplay 是一个布尔值，它表示渲染的时候是显示货币符号还是 ISO 4217 货币编码。true 表示显示货币符号，如￥、$ 等，false 是默认值，表示显示 ISO 4217 货币编码，如 CNY、USD 等。
- 参数 digitInfo 详情请查看 DecimalPipe 内容。

（5）PercentPipe 管道。语法格式如下：

```
expression | percent[: digiInfo]
```

其中，digiInfo 格式与 Decimal 相同，这里不再赘述。

3. 自定义管道

开发者自己定义的管道，使用过程如下：

（1）创建管道，语法格式如下：

```
ng g pipe 管道路径和名称
```

（2）在管道文件中修改 transform() 函数。
（3）在组件模板文件中使用管道。

6.5 案例：路由——组件间跳转

6.5.1 案例描述

设计一个案例，利用静态路由和动态路由实现组件之间的跳转和参数传递。

6.5.2 实现效果

案例的运行效果如图 6.8 所示。当单击根组件中的 home 时，home 文字将变成红色，浏览器地址栏中的地址将变为：localhost:4200/home，同时在根组件下方显示子组件 home 的内容："home works！"，如图 6.8（a）所示。当单击根组件中的 product 时，product 文字将变成红色，浏览器地址栏中的地址将变为：localhost:4200/product，同时在根组件下方显示 product 组件中的内容："product works！"，如图 6.8（b）所示。当单击根组件中的 news 时，news 文字将变成红色，浏览器地址栏中的地址将变为：localhost:4200/news，同时在根组件下方显示 news 子组件内容，如图 6.8（c）所示。当单击图 6.8（c）中的某一条路由文本时，如单击"带参数路由 2-- 这是第 2 条数据。"时，浏览器地址栏中的地址将变为：http://localhost:4200/news-content/2，同时在根组件下方显示子组件 newscontent 中的内容，如图 6.8（d）所示，其中的"2"是通过 news 组件传递过去的。如果单击图 6.8（d）中的"返回"按钮时，将返回到图 6.8（c）所示的 news 界面。如果把图 6.8（d）中浏览器地址栏中的最后一个数字修改为"杜春涛"时，则将显示图 6.8（e）所示的效果，此时在子组件中显示传过来的值是"杜春涛"，并且在 console 面板中也同时显示"动态传递的数据是：杜春涛"。如果在浏览器地址栏的 4200/ 后面随便输入其他内容时，如输入：http://localhost:4200/abc，则子组件直接跳转到初始界面 home。

（a）初始界面

（b）product界面

（c）news界面

（d）newscontent界面

（e）在地址栏中输入"杜春涛"时的运行效果

图6.8　路由案例的运行效果

6.5.3 案例实现

（1）带路由项目的建立：RouterDemo。在项目创建时当出现 Would you like to add Angular routing? (y/N) 时选择 yes，这样将会在项目中创建 app-routing.module.ts 文件，并且在 app.component.html 文件中添加标签 <router-outlet>，在 app.module.ts 文件中导入 AppRoutingModule 模块并在类装饰器中进行注入。

（2）创建四个组件：home、news、product 和 news-content，此时在 app.module.ts 文件中自动导入了这四个组件并在类装饰器的原型语句 declarations 中进行了声明。将为这四个组件设置图 6.9 所示的路由关系和路由方式，其中根组件 app 与 home、news 和 product 之间建立静态路由关系，news 和 news-content 之间建立动态路由关系。

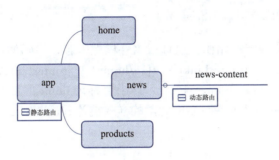

图 6.9　组件之间的路由关系和路由方式

（3）路由配置。需要在 app-routing.module.ts 文件中进行路由配置，代码如下。首先要人工导入四个组件，然后在 Routes 数组中配置路由。配置路由项包括 path 和 component，path 用于设置路由路径，component 用于指定路径对应的目标组件。如果指定默认路径和对应的组件，则可以将 path 路径设置为 '**'，并通过 redirectTo 指向对应的组件，例如代码：{ path: '**', redirectTo: 'home' }，表示当找不到前面对应路径及组件时，直接跳转到 home 路径对应的组件（注意：该语句只能放到路由配置的最后）。如果要配置带参数的动态路由，则在配置路由时要指定路由参数，如代码：{ path: "newscontent/:aid", component: NewscontentComponent }，路径中指定了参数 aid，该参数可以实现数据从一个页面通过浏览器地址栏传递到另一个页面。路由配置完成后，即可在浏览器地址栏中通过输入路径实现路由，如输入 http://localhost:4200/home，则可以跳转到 home 组件。

```
// app-routing.module.ts
import { NgModule } from '@angular/core';
import { RouterModule, Routes } from '@angular/router';

import { HomeComponent } from './components/home/home.component';  //导入组件
import { NewsComponent } from './components/news/news.component';
import { ProductComponent } from './components/product/product.component';
import { NewsContentComponent } from './components/news-content/news-content.component';

const routes: Routes = [
```

```
    { path: 'home', component: HomeComponent },       // 静态路由配置
    { path: 'news', component: NewsComponent },
    { path: 'product', component: ProductComponent },
    { path: 'news-content', component: NewsContentComponent },
    { path: 'news-content/:aid',component:NewsContentComponent },  // 动态路由配置
    { path: '**', redirectTo: 'home' },               // 默认路由配置,只能放在最后
];

@NgModule({
    imports: [RouterModule.forRoot(routes)],
    exports: [RouterModule]
})
export class AppRoutingModule { }
```

（4）在根组件中实现链接路由。设计根组件模板内容，代码如下。其中标签 <a> 用于实现路由，例如代码：<a [routerLink] = "['/home']" routerLinkActive = "active">，其中的属性 [routerLink] = "['/home']" 表示路由目标为 home，其中的 routerLinkActive = "router-link-active" 表示活动链接时路由元素的样式类为 router-link-active。<router-outlet> 标签用于显示当前组件。

```html
<!-- app.component.html -->
<h1> 路由——组件间跳转 </h1>
<hr>

<ul>
  <li>
    <a [routerLink] = "['/home']" routerLinkActive = "router-link-active">home</a>
  </li>
  <li>
    <a [routerLink] = "['/product']" routerLinkActive = "router-link-active">product</a>
  </li>
  <li>
    <a [routerLink] = "['/news']" routerLinkActive = "router-link-active">news</a>
  </li>
</ul>

<hr style = "width: 50%;">
<router-outlet></router-outlet>  <!-- 当前组件显示位置 -->
```

（5）定义根组件模板样式类，代码如下。其中 ul 用于设置无符号列表中路由元素的字体大小，.active 用于设置活动路由时路由元素的字体颜色。

```scss
// app.component.scss
* {
    text-align: center;
    font-size : x-large;
}

li {
    display: inline-block;
    margin : 0px 36px;
}

.router-link-active {
    color: red;
}
```

（6）设计 home 和 products 组件模板内容，代码如下：

```html
<!-- home.component.html -->
<p>home works!</p>
```

```html
<!-- product.component.html -->
<p>product works!</p>
```

（7）定义应用模板样式类，用于设置 home 和 products 组件模板样式，代码如下：

```scss
// styles.scss
p {
    font-size : x-large;
    text-align: center;
}
```

（8）设计 news 组件模板内容，代码如下。其中 <a [routerLink] = "['/news-content']"> 用于设置静态路由，路由目标路径为 news-content，<a [routerLink] = "['/news-content',key]" 用于设置带参数路由（即动态路由，路由参数为 key），参数 key（相当于实参）对应路由配置中的 aid（相当于形参），该参数可以通过浏览器地址栏由一个页面传递到另一个页面，本案例中参数从 news.component.html 页面传递到了 news-content.component.html 页面。

```html
<!-- news.component.html -->
<div style = "text-align: center;">
    <a [routerLink] = "[ '/news-content']"> 静态路由：进入 news-content 组件 </a>
</div>
<hr style = "width: 30%;">

<ul>
    <li *ngFor = "let item of list; index as key">
        <a [routerLink] = "[ '/news-content', key]">带参数路由 {{key}}--{{item}}</a>
```

```
        </li>
    </ul>
```

（9）设计 news 组件模板样式类，代码如下。其中定义了 ul 标签样式和其中的 li 标签样式，同时定义了 a 标签样式。

```scss
// news.component.scss
ul {
    font-size : x-large;
    text-align: center;
    list-style: none;

    li {
        margin: 10px;
    }
}

a {
    font-size: x-large;
}
```

（10）设计 news 组件的业务逻辑功能，代码如下。其中在组件类中定义了数组类型的属性 list，并在 ngOnInit() 函数中进行了初始化。

```ts
// news.component.ts
import { Component, OnInit } from '@angular/core';

@Component({
  selector: 'app-news',
  templateUrl: './news.component.html',
  styleUrls: ['./news.component.scss']
})
export class NewsComponent implements OnInit {

  public list: any[] = [];                    // 定义数组类型属性
  constructor() { }

  ngOnInit(): void {
    for(let i = 0; i < 10; i++) {             // 初始化数组元素
      this.list.push('这是第 ${i} 条数据。');
    }
  }
}
```

（11）设计 news-content 组件模板内容，代码如下。其中 {{myData.aid}} 绑定了路由参数，myData 是组件类中定义的属性，该属性值由组件类中函数 subscribe 的回调函数的参数赋值，其 aid 属性即是路由参数。

```html
<!-- news-content.component.html -->
<h1>这是 newscontent 页面 </h1>
<h2>动态传递的数据是：{{myData.aid}}</h2>
<h2>
    <span> 利用文本实现路由：</span>
    <!-- 利用 routerLink 实现链接路由 -->
    <a [routerLink] = "[ '/news']">返回 </a>
</h2>

<h2>
    <span> 利用按钮实现路由：</span>
    <!-- 利用 toNews() 函数实现路由 -->
    <input type = "button" (click) = "toNews()" value = " 返回 ">
</h2>
```

（12）定义 news-content 组件的样式类，代码如下。其中定义了 h1，h2 和 input 标签的样式类。

```scss
// newscontent.component.scss
// news-content.component.scss
* {
    text-align: center;
}

h1, h2 {
    margin: 10px;
}

input {
    font-size        : x-large;
    padding          : 5px 10px;
    background-color : blue;
    color            : white;
    border-radius    : 10px;
}
```

（13）设计 news-content 组件的业务逻辑，代码如下。文件中首先导入静态路由和动态路由类 Router 和 ActivatedRoute，然后在构造函数的参数中创建这两个类的对象 staticRoute 和 dynamicRoute，并分别在函数 ngOnInit() 和 toNews() 中实现动态路由和静态路由。

```ts
// news-content.component.ts
import { Component, OnInit } from '@angular/core';
import { Router, ActivatedRoute } from '@angular/router'; // 导入路由类

@Component({
```

```
  selector: 'app-news-content',
  templateUrl: './news-content.component.html',
  styleUrls: ['./news-content.component.scss']
})
export class NewsContentComponent implements OnInit {

  public myData: any = "";                      // 定义属性，用于获取路由参数

  constructor(
    public dynamicRoute: ActivatedRoute,    // 创建动态路由对象
    private staticRoute: Router             // 创建静态路由对象
  ) { }

  ngOnInit(): void {

    this.dynamicRoute.params.subscribe((data)  = > { // 在子组件中获取路由参数
      console.log('动态传递的数据是: ${data.aid}');
      this.myData = data;                     // 将动态路由参数赋值给对象属性
    })
  }

  toNews() {
    this.staticRoute.navigate(['/news']);  // 利用 navigate 函数实现路由
  }
}
```

6.5.4 知识要点

1. 路由概述

Angular 中的路由应用比较广泛，其核心问题是通过建立 URL 和页面之间的对应关系，使得不同的页面可以使用不同的 URL 来表示。在 Angular 中，页面由组件构成，因此 URL 和页面之间的对应关系就是 URL 与组件之间的对应关系，路由的基本功能就是将一个 URL 所对应的组件在页面中显示。

2. 路由对象

表 6.3 列出了五个路由对象及其功能。

表 6.3 路由对象及其功能

路由对象	功　　能
Routes	路由配置，保存着哪个 URL 对应展示哪个组件，以及在哪个 RouterOutlet 中展示组件
RouterOutlet	在 Html 中标记路由内容呈现位置的占位符指令
Router	负责在运行时执行路由的对象，可以通过调用其 navigate() 和 navigateByUrl() 方法导航到一个指定的路由
RouterLink	在 Html 中声明路由导航用的指令
ActivateRoute	当前激活的路由对象，保存着当前路由的信息，如路由地址、路由参数等

五个路由对象在 Angular 应用中的位置如图 6.10 所示。一般每个 Angular 应用都是由多个组件组成的，比如图 6.10 中的应用是由 AppComponent 组件、A 组件和 B 组件组成的，每个组件都有一个模板和一个控制器。应用启动后，首先展现 AppComponent 组件的模板，所有组件都被封装在一个模块里。

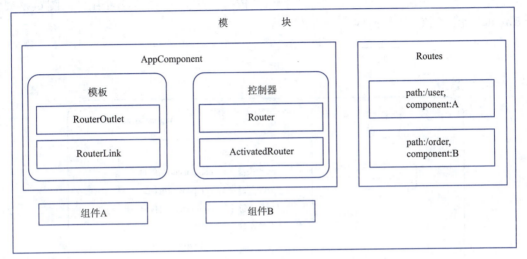

图 6.10　路由对象在 Angular 应用中的位置

3. 路由配置

建立 URL 与组件之间的对应关系，如图 6.11 所示。

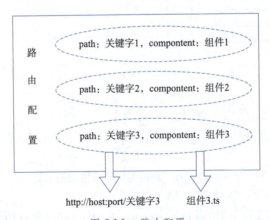

图 6.11　路由配置

路由配置 Routes 是由一组配置信息所组成的，每个配置信息至少包含下面两个属性：

◇ path：用来指明浏览器中的 URL。

◇ component：用来指明相应的组件。

当浏览器中的地址为"/关键字 1"时就显示"组件 1"，当浏览器中的地址为"/关键字 2"时就显示"组件 2"。通常在 AppComponent 组件的模板中会包含多个 div，当浏览器器中的地址为"/关键字 1"时，"组件 1"的内容就会展现在 AppComponent 组件模板的 RouterOutlet 位置上（即在 AppComponent 模板中使用 RouterOutlet 指令来指定"组件 1"

的位置)。若此时要展现"组件2"的内容,那么此时可以在 AppComponent 模板中通过 RouteLink 指令指定一个链接来改变浏览器上的地址,也可以在控制器中调用 Router 对象的 navigate() 方法来改变浏览器中的地址从而实现路由的转换。

4. Angular 路由的核心工作流程

在定义了路由配置后,Angular 路由将以其为依据来管理应用中的各个组件。图 6.12 展示了 Angular 路由的核心工作流程。

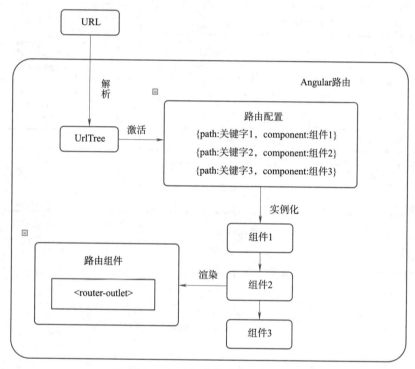

图 6.12 Angular 路由的核心工作流程

从图 6.12 中可以看出,路由包含以下基本过程:

(1)当用户在浏览器地址栏中输入 URL 后,Angular 将获取该 URL 并将其解析并产生一个 UrlTree。

(2)在路由配置中寻找并激活与 UrlTree 实例匹配的配置项。

(3)为匹配项中指定的组件创建实例。

(4)将该实例渲染到路由组件模板中的 <router-outlet> 指令所在位置。

5. 实现路由的基本步骤

从前面介绍可以看出,使用路由的基本步骤如下:

(1)定义路由配置。

(2)创建根路由模块。

(3)添加 Router-outlet 指令。

6. 动态路由

动态路由可以在路由过程中通过 URL 传递一些数据(即参数,比如在 path 属性的 /user 后加一个?name = ***),此时这些数据就会保存在 ActivatedRoute 对象中。比如从组件 A

路由到组件 B 时，可以通过组件 B 中的 ActivatedRoute 对象获取 URL 中携带的参数。在路由时有三种传参方式：

（1）routerLink。单一参数传递。例如：在 <a routerLink = ["/exampledetail",id]> 中，routerLink 用于跳转，/exampledetail 用于设置路由 path，id 是需要传递的参数。多个参数传递：如果要传递多个参数，则可以写成 routerLink = ["/exampledetail", {queryParams:object}]，其中 queryParams 可以携带多个参数，这些参数的格式可以是自行组织的 object，也可以分开多个参数，例如：routerLink = ["/exampledetail", {queryParams:'id':'1', 'name':'yxman'}]。

（2）router.navigate。单一参数传递。例如：this.router.navigate(['/exampledetail',id])，多用在调用方法里。多个参数传递。例如：this.router.navigate(['/exampledetail'], {queryParams: {'name': 'yxman'}});

（3）router.navigateByUrl。单一参数传递，例如：this.router.navigateByUrl('/exampledetail/id');多个参数传递，例如：this.router.navigateByUrl('/exampledetail', {queryParams: {'name': 'yxman'}});

6.6 案例：生命周期函数——函数的执行顺序

生命周期函数——函数的执行顺序

6.6.1 案例描述

设计一个案例，演示 Angular 生命周期函数的执行过程和触发事件。

6.6.2 实现效果

（1）案例运行后的初始效果如图 6.13（a）所示。从"控制台"运行结果可以看出，八个生命周期函数全部执行，而且 03、05、07 三个生命周期函数执行了两次。

（2）当单击"改变 msg 的值"按钮时的运行效果如图 6.13（b）所示，此时子组件的 msg 发生了变化，03、05、07 三个生命周期函数又执行了一次。

（3）当在"userinfo"输入框中依次输入 1、2、3 时的运行效果如图 6.13（c）所示。每输入一个数值时，03、05、07 函数都会执行一次，而且在 03 函数 ngDoCheck 中显示了输入框中数值的变化。

（4）当单击"改变父组件的 title"按钮时的运行效果如图 6.13（d）所示。此时03、05、07 函数执行了两次，01 函数执行了一次，并且在 01 函数中显示了父子组件之间的传值。

（5）当单击"挂载以及卸载组件"按钮时的运行效果如图 6.13（e）所示。此时在"控制台"面板中显示 08 函数被执行，页面中的子组件被卸载。

（6）当再次单击"挂载以及卸载组件"按钮时的运行效果如图 6.13（f）所示。此时在"控制台"面板中显示子组件加载的过程：所有生命周期函数都被执行了，页面中的子组件被重新加载。

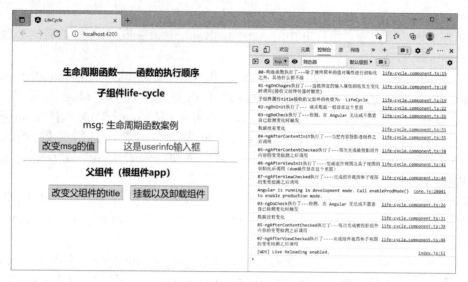

(a)初始运行时的效果

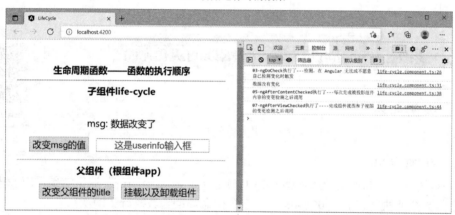

(b)单击"改变msg的值"按钮时的运行效果

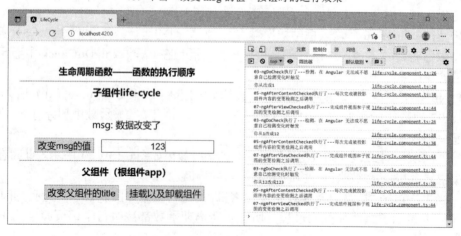

(c)在输入框中依次输入数据后的运行效果

图6.13 生命周期函数案例的运行结果

第 6 章 装饰器、管道、路由和生命周期函数

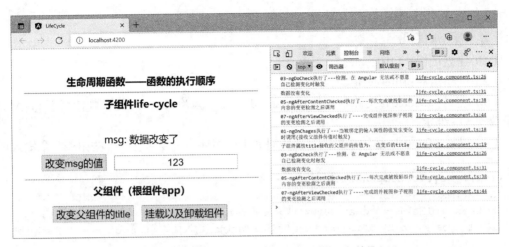

（d）单击"改变父组件的 title"按钮时的运行效果

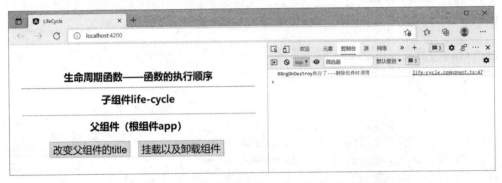

（e）第一次单击"挂载以及卸载组件"按钮时的运行效果

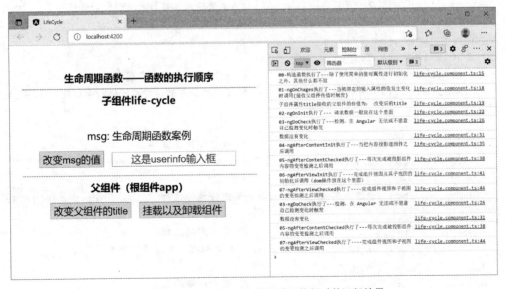

（f）再次单击"挂载以及卸载组件"按钮时的运行效果

图 6.13　生命周期函数案例的运行结果（续）

· 195 ·

6.6.3 案例实现

（1）建立项目：LifeCycle。

（2）创建组件：life-cycle。

（3）在 app.module.ts 文件中加载 FormsModule 类，因为 life-cycle 组件中使用了 [(ngModel)] 实现数据双向绑定。

（4）设计 life-cycle 组件模板内容，代码如下。组件中主要包含一个按钮和一个输入框。

```html
<!--life-cycle.component.html -->
<div>{{msg}} </div>
<button (click) = "changeMsg()"> 改变 msg 的值 </button>
<input type = "text" placeholder = "这是 userinfo 输入框" [(ngModel)] = "userinfo" />
```

（5）设计 life-cycle 组件业务逻辑功能，代码如下。由于用到了父组件（根组件）给子组件（life-cycle）传值，因此需要在子组件中导入 Input 类。

```typescript
// life-cycle.component.ts
import { Component, OnInit, Input } from '@angular/core';

@Component({
  selector: 'app-life-cycle',
  templateUrl: './life-cycle.component.html',
  styleUrls: ['./life-cycle.component.scss']
})
export class LifeCycleComponent implements OnInit {
  @Input('title') title: any;          // 定义输入属性接收父组件的传值
  public msg: string = 'msg: 生命周期函数案例';
  public userinfo: string = '';
  public oldUserinfo: string = '';
  constructor() {                       // 构造函数，非生命周期函数
    console.log('00- 构造函数执行了 --- 除了使用简单的值对属性进行初始化之外，其他什么都不做 ');
  }
  ngOnChanges() {                       // 生命周期函数
    console.log('01-ngOnChages 执行了 --- 当被绑定的输入属性的值发生变化时调用（接收父组件传值时触发）');
    console.log(' 子组件属性 title 接收的父组件的传值为: ' + this.title);
  }
  ngOnInit() {                          // 生命周期函数
    console.log('02-ngOnInit 执行了 --- 请求数据一般放在这个里面 ');
  }
  ngDoCheck() {                         // 生命周期函数
    // 写一些自定义的操作
    console.log('03-ngDoCheck 执行了 --- 检测，在 Angular 无法或不愿意自己检测变化
```

第6章　装饰器、管道、路由和生命周期函数

时触发');
    if (this.userinfo ! = = this.oldUserinfo) {
      console.log('你从 ${this.oldUserinfo} 改成 ${this.userinfo}');
      this.oldUserinfo = this.userinfo;
    } else {
    console.log("数据没有变化");
    }
  }
  ngAfterContentInit() {   // 生命周期函数
    console.log('04-ngAfterContentInit 执行了 --- 当把内容投影进组件之后调用 ');
  }
  ngAfterContentChecked() {   // 生命周期函数
    console.log('05-ngAfterContentChecked 执行了 --- 每次完成被投影组件内容的变更检测之后调用 ');
  }
  ngAfterViewInit(): void {   // 生命周期函数
    console.log('06-ngAfterViewInit 执行了 ---- 完成组件视图及其子视图的初始化后调用（dom 操作放在这个里面）');
  }
  ngAfterViewChecked() {   // 生命周期函数
    console.log('07-ngAfterViewChecked 执行了 ---- 完成组件视图和子视图的变更检测之后调用 ');
  }
  ngOnDestroy() {   // 生命周期函数
    console.log('08ngOnDestroy 执行了 --- 删除组件时调用 ');
  }
  changeMsg() {   // 自定义方法
    this.msg = "msg: 数据改变了 ";
  }
}
```

（6）设计根组件界面格式，代码如下。其中挂载了 life-cycle 组件，挂载时利用属性代码 [title] = "title" 实现了父组件向子组件的传值，利用属性代码 *ngIf = "flag" 控制子组件的挂载和卸载。根组件最下方是两个按钮，分别用于改变组件 title 属性和挂载以及卸载子组件。

```
<!--app.component.html-->
<h1>生命周期函数——函数的执行顺序 </h1>
<hr>

<h2>子组件 life-cycle</h2>
<app-life-cycle [title] = "title" *ngIf = "flag"></app-life-cycle>

<hr>
<h2>父组件（根组件 app）</h2>
```
```

```
<button (click) = "changeTilte()">改变父组件的title</button>
<button (click) = "changeFlag()">挂载以及卸载组件</button>
```

（7）实现根组件业务逻辑功能，代码如下。组件类中定义了两个属性：title、flag，两个函数：changeTilte()和changeFlag()。

```
// app.component.ts
import { Component } from '@angular/core';

@Component({
  selector: 'app-root',
  templateUrl: './app.component.html',
  styleUrls: ['./app.component.scss']
})
export class AppComponent {
  title = 'LifeCycle';
  public flag: boolean = true;
  changeTilte() {
    this.title = "改变后的title";      // 用于父子组件传值的属性
  }
  changeFlag() {
    this.flag = !this.flag;            // 卸载和挂载子组件
  }
}
```

（8）在style.scss文件中设置所有元素字体和间距，代码如下：

```
// style.scss
* {
    font-size : x-large;
    margin    : 10px;
    text-align: center;
}
```

6.6.4 知识要点

（1）生命周期钩子。当Angular实例化组件类并渲染组件视图及其子视图时，组件实例的生命周期就开始了。生命周期一直伴随着变更检测，Angular会检查数据绑定何时发生变化，并按需更新视图和组件实例。当Angular销毁组件实例并从DOM中移除它渲染的模板时，生命周期就结束了。当Angular在执行过程中创建、更新和销毁实例时，指令就有了类似的生命周期。应用可以使用生命周期钩子方法来触发组件或指令生命周期中的关键事件，以初始化新实例，需要时启动变更检测，在变更检测过程中响应更新，并在删除实例之前进行清理。

（2）生命周期顺序。当应用通过调用构造函数实例化一个组件或指令时，Angular调用那个在该实例生命周期的适当位置实现的钩子方法。Angular的主要生命周期函数见表6.4所示。

表 6.4 Angular 生命周期函数

钩子方法	用途	时机
ngOnChanges()	当 Angular 设置或重新设置数据绑定的输入属性时响应。该方法接受当前和上一属性值的 SimpleChanges 对象 注意，这发生的非常频繁，所以在这里执行的任何操作都会显著影响性能。欲知详情，参阅本文档的使用变更检测钩子	在 ngOnInit() 之前以及所绑定的一个或多个输入属性的值发生变化时都会调用 注意，如果的组件没有输入，或者使用它时没有提供任何输入，那么框架不会调用 ngOnChanges()
ngOnInit()	在 Angular 第一次显示数据绑定和设置指令/组件的输入属性之后响应，用于初始化指令/组件	在第一轮 ngOnChanges() 完成之后调用，只调用一次
ngDoCheck()	检测，并在发生 Angular 无法或不愿意自己检测的变化时作出反应。欲知详情和范例，参阅本文档中的自定义变更检测	紧跟在每次执行变更检测时的 ngOnChanges() 和首次执行变更检测时的 ngOnInit() 后调用
ngAfterContentInit()	当 Angular 把外部内容投影进组件视图或指令所在的视图之后调用	第一次 ngDoCheck() 之后调用，只调用一次。
ngAfterContentChecked()	当 Angular 检查完被投影到组件或指令中的内容之后调用	ngAfterContentInit() 和每次 ngDoCheck() 之后调用
ngAfterViewInit()	当 Angular 初始化完组件视图及其子视图或包含该指令的视图之后调用	第一次 ngAfterContentChecked() 之后调用，只调用一次
ngAfterViewChecked()	当 Angular 做完组件视图和子视图或包含该指令的视图的变更检测之后调用	ngAfterViewInit() 和每次 ngAfterContentChecked() 之后调用
ngOnDestroy()	当 Angular 每次销毁指令/组件之前调用并清扫。在这儿反订阅可观察对象和分离事件处理器，以防内存泄漏	在 Angular 销毁指令或组件之前立即调用

习 题 六

一、判断题

1．要实现父组件向子组件传值，需要在父组件引用子组件时利用属性绑定方法将父组件的属性值传递给子组件的属性。（   ）

2．@Input() 装饰器既可以装饰属性，也可以装饰函数和对象。（   ）

3．利用 @Input() 装饰器可以将父组件的属性和方法传递给子组件。（   ）

4．利用 @ViewChild() 装饰器可以将父组件的属性和方法传递给子组件。（   ）

5．在父组件模板中，通过定义子组件局部变量可以直接使用子组件的属性和方法。（   ）

6．利用 getElementById 函数获取 Dom 节点时需要提供 Dom 节点的 id，利用 @ViewChild() 获取 Dom 节点时需要提供 Dom 节点的锚点。（   ）

7．当 Angular 实例化组件类并渲染组件视图及其子视图时，组件实例的生命周期就开始了。（   ）

8．生命周期一直伴随着变更检测，Angular 会检查数据绑定何时发生变化，并按需更新视图和组件实例。（   ）

9. 当 Angular 销毁组件实例并从 DOM 中移除它渲染的模板时，生命周期就结束了。
（   ）

10. Angular 应用可以使用生命周期钩子方法来触发组件或指令生命周期中的关键事件，以初始化新实例。（   ）

二、选择题

1. 要实现父组件向子组件传值，需要在接收父组件传值的子组件属性前用（   ）装饰器进行装饰。

   A. @Input()   B. @Output()
   C. @ViewChild()   D. @Service()

2. 在父组件类中，在利用 @ViewChild() 装饰器创建子组件对象时需要给装饰器传递的参数是（   ）。

   A. 父组件的锚点   B. 父组件的名称
   C. 子组件的锚点   D. 子组件的名称

3. 如果将父组件对象传递给子组件，在父组件模板文件中引用子组件时需要将（   ）赋值给子组件的属性。

   A. 父组件的名称   B. 父组件的 ID
   C. 父组件的锚点   D. this

4. 以下获取 Dom 节点并设置 Dom 节点颜色的代码正确的是（   ）。

   A. let oBox1: any = document.getElementById('box1'); oBox1.color = "red";
   B. let oBox1: any = document.getElementById('box1'); oBox1.style.color = "red";
   C. let oBox1: any = document.getElementById('box1'); oBox1.class.color = "red";
   D. let oBox1: any = document.getElementById('box1'); oBox1.id.color = "red";

5. 假设一个 Dom 节点的锚点是 myBox，利用 @ViewChild() 装饰器获取该节点的代码是（   ）。

   A. @ViewChild('myBox') myBox1: any;
   B. @ViewChild('myBox1') myBox: any;
   C. @ViewChild() myBox: any;
   D. @ViewChild('myBox1') myBox1: any;

6. 假设在父组件模板文件中定义了子对象的锚点是 child，利用 @ViewChild() 装饰器创建该子组件对象的代码是（   ）。

   A. @ViewChild('child') child1: any;
   B. @ViewChild('child1') child: any;
   C. @ViewChild('child1') child1: any;
   D. @ViewChild() child: any;

7. 对 Dom 节点的操作最好放在（   ）生命周期函数中。

   A. ngOnChanges()   B. ngOnInit()
   C. ngAfterContentInit()   D. ngAfterViewInit()

8. （   ）可以根据开发者的意愿将数据进行格式化。

   A. 服务   B. 组件   C. 指令   D. 管道

9. 管道操作符是（　　）
   A. \ B. / C. | D. =
10. 代码：expression | date: format 是（　　）管道的使用语法。
    A. DatePipe B. JsonPipe
    C. DecimalPipe D. CurrencyPipe
11. 代码：number_expression | number[:digitInfo] 是（　　）管道的使用语法。
    A. DatePipe B. JsonPipe
    C. DecimalPipe D. CurrencyPipe
12. 代码：{{ "This is an UPPERCASE string." | uppercase}}的运行结果是（　　）。
    A. This is an UPPERCASE string.
    B. THIS IS AN UPPERCASE STRING.
    C. This is an uppercase string.
    D. THIS IS AN uppercase STRING.
13. 代码：{{2.718281828459045 | number:'3.4-5'}}的运行结果是（　　）。
    A. 2.71828 B. 002.71828
    C. 002.718282 D. 002.718
14. 代码：{{2.718281828459045 | number}}的运行结果是（　　）。
    A. 2.7 B. 2.71 C. 2.718 D. 2.7183
15. 代码：{{1.3495 | percent:'4.3-5'}}的运行结果是（　　）。
    A. 134.95% B. 0,134.95%
    C. 0,134.950% D. 0,134.9%
16. 代码：{{0.259 | currency: 'USD':false}}的运行结果是（　　）。
    A. $0.259 B. USD0.259
    C. $0.26 D. USD0.26
17. 代码：{{1.3495 | currency: 'USD':true:'4.2-2'}}的运行结果是（　　）。
    A. USD0,001.35 B. $0,001.35
    C. RMB0,001.35 D. ￥0,001.35
18. Angular 路由的基本功能就是将一个 URL 所对应的（　　）在页面中显示出了。
    A. 组件 B. 指令 C. 管道 D. 服务
19. 路由配置是由对象（　　）负责。
    A. Routes B. RouterOutlet
    C. Router D. RouterLink
20. 在 Html 中标记路由内容呈现位置的点位符指令是（　　）。
    A. Routes B. RouterOutlet
    C. Router D. RouterLink
21. 可以通过调用路由对象（　　）的 navigate() 和 navigateByUrl() 方法来导航到一个指定的路由。
    A. Routes B. RouterOutlet
    C. Router D. RouterLink

22．路由对象（　　）是在 Html 中声明路由导航用的指令，用于实现链接路由。
   A．Routes   B．RouterOutlet
   C．Router   D．RouterLink
23．动态路由可以在路由过程中通过 URL 来传递一些数据（即参数，比如在 path 属性的 /user 后加一个？name = ***），此时这些数据就会保存在（　　）对象中。
   A．Routes   B．ActivatedRoute
   C．Router   D．RouterLink
24．生命周期函数（　　）是在当 Angular 设置或重新设置数据绑定的输入属性时响应。
   A．ngOnChanges()   B．ngOnInit()
   C．ngDoCheck()   D．ngAfterContentInit()
25．生命周期函数（　　）是在 Angular 第一次显示数据绑定和设置指令/组件的输入属性之后响应。
   A．ngOnChanges()   B．ngOnInit()
   C．ngDoCheck()   D．ngAfterContentInit()
26．生命周期函数（　　）紧跟在每次执行变更检测时的 ngOnChanges() 和首次执行变更检测时的 ngOnInit() 后调用。
   A．ngOnChanges()   B．ngOnInit()
   C．ngDoCheck()   D．ngAfterContentInit()
27．生命周期函数（　　）是在当 Angular 把外部内容投影进组件视图或指令所在的视图之后调用。
   A．ngOnChanges()   B．ngOnInit()
   C．ngDoCheck()   D．ngAfterContentInit()
28．生命周期函数（　　）是在当 Angular 检查完被投影到组件或指令中的内容之后调用。
   A．ngAfterContentChecked()   B．ngAfterViewInit()
   C．ngAfterViewChecked()   D．ngOnDestroy()
29．生命周期函数（　　）是在当 Angular 初始化完组件视图及其子视图或包含该指令的视图之后调用。
   A．ngAfterContentChecked()   B．ngAfterViewInit()
   C．ngAfterViewChecked()   D．ngOnDestroy()
30．生命周期函数（　　）是在当 Angular 做完组件视图和子视图或包含该指令的视图的变更检测之后调用。
   A．ngAfterContentChecked()   B．ngAfterViewInit()
   C．ngAfterViewChecked()   D．ngOnDestroy()

第 7 章
Ng-Zorro-Antd 组件库和服务器部署

本章概要

本章利用四个案例演示了 Ng-Zorro-Antd 组件库中各种组件的功能和使用方法，以及利用 Nginx 服务器发布 Angular 网站的方法。

学习目标

◆ 掌握 Ng-Zorro-Antd 组件库中各种组件的功能和使用方法。
◆ 掌握利用 Nginx 服务器发布 Angular 网站的方法。

7.1 案例：Ng-Zorro-Antd——按钮、图标和分隔线

视频

Ng-Zorro-Antd——按钮、图标和分隔线

7.1.1 案例描述

设计一个案例，演示 Ng-Zorro-Antd 组件库中的按钮、图标和分隔线的使用方法。

7.1.2 实现效果

案例运行效果如图 7.1 所示。标题和第一行按钮之间以及两行按钮之间是分隔线，上面一行按钮显示的是各种类型的通用按钮，下面一行显示的是带有图标的按钮，当单击第一个通用按钮时会弹出一个对话框。

图 7.1 Ng-Zorro-Antd——按钮、图标和分隔线案例的运行效果

7.1.3 案例实现

（1）新建项目：AntdButtonAndIcon。使用以下命令新建项目，在建立项目过程中不能跳过安装依赖，需要在创建项目的同时安装依赖，从而避免使用 cnpm 来安装依赖，否则在安装 Ng-Zorro-Antd 组件库时会出现错误。

```
ng new AntdButtonAndIcon
```

（2）在新建项目中安装 Ng-Zorro-Antd 组件库。首先进入项目文件夹，可以在 VS Code 中直接打开该文件夹，也可以通过 cd 命令进入该文件夹，然后在新建项目中利用以下命令安装组件库。

```
ng add Ng-Zorro-Antd
```

安装过程中会出现以下命令选项，前两个选择 Yes，第三个选择 zh_CN，第四项选择 blank（空白项目），当然也可以选择 sidemenu（带有侧边栏菜单的项目）。安装成功后会给出 Packages installed successfully. 的提示信息。

```
The package ng-zorro-antd will be installed and executed.
Would you like to proceed? Yes
✔ Package successfully installed.
? Enable icon dynamic loading [ Detail: https://ng.ant.design/components/
icon/en ] Yes
? Set up custom theme file [ Detail: https://ng.ant.design/docs/custom
ize-theme/en ] Yes
? Choose your locale code: zh_CN
? Choose template to create project: blank
CREATE src/theme.less (342 bytes)
UPDATE package.json (1117 bytes)
UPDATE src/app/app.module.ts (816 bytes)
UPDATE angular.json (3588 bytes)
UPDATE src/app/app.component.html (276 bytes)
✔ Packages installed successfully.
```

（3）运行项目。Ng-Zorro-Antd 组件库成功安装后可以使用以下命令运行项目。

```
ng serve --open
```

项目成功运行效果如图 7.2 所示。

（4）相关模块的引入和注册。在 app.module.ts 文件中引入 NzButtonModule、NzIconModule 和 NzDividerModule 模块并进行注册，这样才能在项目中使用 Ng-Zorro-Antd 组件库中的按钮、图标和分隔线。app.module.ts 文件代码如下：

第 7 章 Ng-Zorro-Antd 组件库和服务器部署

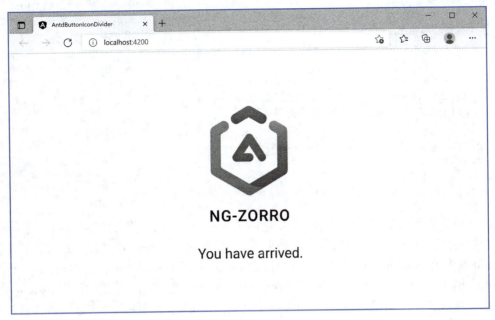

图 7.2 创建项目后的初始运行效果

```
// app.module.ts
import { NgModule } from '@angular/core';
import { BrowserModule } from '@angular/platform-browser';

import { AppComponent } from './app.component';
import { NZ_I18N } from 'ng-zorro-antd/i18n';
import { zh_CN } from 'ng-zorro-antd/i18n';
import { registerLocaleData } from '@angular/common';
import zh from '@angular/common/locales/zh';
import { FormsModule } from '@angular/forms';
import { HttpClientModule } from '@angular/common/http';
import { BrowserAnimationsModule } from '@angular/platform-browser/animations';

import { NzButtonModule } from 'ng-zorro-antd/button';    // 导入按钮模块
import { NzIconModule } from 'ng-zorro-antd/icon';        // 导入图标模块
import { NzDividerModule } from 'ng-zorro-antd/divider';  // 导入分隔线模块

registerLocaleData(zh);

@NgModule({
  declarations: [
    AppComponent
  ],
  imports: [
    BrowserModule,
```

· 205 ·

```
        FormsModule,
        HttpClientModule,
        BrowserAnimationsModule,

        NzButtonModule,      // 注册按钮模块
        NzIconModule,        // 注册图标模块
        NzDividerModule      // 注册分隔线模块
    ],
    providers: [{ provide: NZ_I18N, useValue: zh_CN }],
    bootstrap: [AppComponent]
})
export class AppModule { }
```

（5）设计根组件模板文件内容，其中使用了 Ng-Zorro-Antd 组件库中的按钮、图标和分隔线，代码如下。从代码中可以看出，如果要使用 Ng-Zorro-Antd 组件库中的按钮，需要在 button 标签中使用 nz-button 指令，并使用 nzType 属性指定按钮类型，使用 nzShape 属性指定按钮形状。如果要使用 Ng-Zorro-Antd 组件库中的图标，需要在 i 标签中使用 nz-icon 指令，并使用 nzType 属性指定图标类型。如果要使用 ng-zorro-antd 组件库中的分隔线，直接使用 nz-divider 标签，其属性 nzText 用于指定分隔线中的文本，nzDashed 指定了分隔线的类型是虚线，nzOrientation 指定了文本在分隔线中的位置。

```
<!-- app.component.html -->
<!-- NG-ZORRO -->
<h1>Ng-zorro-antd 组件库中的按钮、图标和分隔线</h1>
<nz-divider nzText = "通用按钮" nzDashed nzOrientation = "left"></nz-divider>

<div>
  <button nz-button nzType = "primary"
(click) = "clickEvent()">Primary Button</button>
  <button nz-button nzType = "default">Default Button</button>
  <button nz-button nzType = "dashed">Dashed Button</button>
  <button nz-button nzType = "text" nzDanger>Text Button</button>
  <button nz-button nzType = "link">Link Button</button>
</div>

<nz-divider nzText = "图标按钮" nzDashed nzOrientation = "center"></nz-divider>

<div>
  <button nz-button nzType = "primary" nzShape = "circle">
    <i nz-icon nzType = "search"></i>
  </button>
  <button nz-button nzType = "primary" nzShape = "circle">A</button>
  <button nz-button nzType = "primary">
    <i nz-icon nzType = "search"></i>Search
  </button>
  <button nz-button nzType = "default" nzShape = "circle">
    <i nz-icon nzType = "search"></i>
```

```
    </button>
    <button nz-button nzType = "default">
        <i nz-icon nzType = "search"></i>Search
    </button>
    <button nz-button nzType = "dashed" nzShape = "circle">
        <i nz-icon nzType = "search"></i>
    </button>
    <button nz-button nzType = "dashed">
        <i nz-icon nzType = "search"></i>Search
    </button>

</div>
```

（6）定义根组件的样式类，代码如下。其中 h1，button 表示设置 h1 和 button 两种标签的样式类。

```
// app.component.scss
* {
    text-align: center;
}

// 设置 h1 和 div 中的 button 两种标签的样式类
h1,
button {
    margin: 20px;
}

button,
icon {
    zoom: 1.5;     // 设置控件的放大比例
}
```

（7）在根组件类中定义按钮事件函数，代码如下：

```
// app.component.ts
import { Component } from '@angular/core';

@Component({
  selector: 'app-root',
  templateUrl: './app.component.html',
  styleUrls: ['./app.component.scss']
})
export class AppComponent {
  title = 'AntdButtonIconDivider';
  clickEvent() {    // 定义按钮事件函数
    alert('You click the button.');
  }
}
```

7.1.4 知识要点

1. Ng-Zorro-Antd 概述。Ng-Zorro-Antd 是遵循 Ant Design 设计规范的 Angular UI 组件库，主要用于研发企业级中后台产品。全部代码开源并遵循 MIT 协议，任何企业、组织及个人均可免费使用。其官网网址是：https://ng.ant.design。

2. Ng-Zorro-Antd 的特性。
① 提炼自企业级中后台产品的交互语言和视觉风格。
② 开箱即用的高质量 Angular 组件库，与 Angular 保持同步升级。
③ 使用 TypeScript 构建，提供完整的类型定义文件。
④ 支持 OnPush 模式，性能卓越。
⑤ 数十个国际化语言支持。
⑥ 深入每个细节的主题定制能力。

3. 创建项目和安装 Ng-Zorro-Antd 组件库的方法。步骤如下：

```
ng new PROJECT_NAME              // 创建项目，不能跳过安装依赖
cd PROJECT_NAME                  // 进入项目目录
ng add ng-zorro-antd             // 安装组件库
```

注意：在创建项目时不能跳过安装依赖，需要一次性创建项目和安装依赖，不能利用 cnpm 安装依赖，否则在安装 Ng-Zorro-Antd 时会出现错误。

4. 导入需要的组件模块类。如果要使用 Ng-Zorro-Antd 组件库中的组件，需要在根模块中引入并注册该模块，例如本案例中由于使用了按钮、图标和分隔线组件，因此在 app.module.ts 文件中引入并注册了 NzButtonModule、NzIconModule 和 NzDiverderModule 三个模块。

5. nz-button 按钮。使用时需要在 button 标签中使用 nz-button 指令，并使用 nzType 属性指定按钮类型，使用 nzShape 属性指定按钮形状。在 Ant Design 中按钮的属性见表 7.1 所示。

表 7.1 zn-button 按钮属性

属性	说明	类型	默认值	备注
[disabled]	禁止与 button 交互	boolean	false	
[nzGhost]	幽灵属性，使按钮背景透明	boolean	false	
[nzLoading]	设置按钮载入状态	boolean	false	
[nzShape]	设置按钮形状，可选值为 circle round 或者不设	'circle' | 'round'	—	
[nzSize]	设置按钮大小，可选值为 small large 或者不设	'large' | 'small' | 'default'	'default'	支持全局配置
[nzType]	设置按钮类型，可选值为 primary dashed text link 或者不设	'primary' | 'dashed' | 'link' | 'text'	—	
[nzBlock]	将按钮宽度调整为其父宽度的选项	boolean	false	
[nzDanger]	设置危险按钮	boolean	false	

6. nz-icon 图标。使用时需要在 i 标签中使用 nz-icon 指令，并使用 nzType 属性指定图标类型。图标属性见表 7.2 所示。

表 7.2 nz-icon 图标属性

属 性	说 明	类 型	默认值	备 注
[nzType]	图标类型，遵循图标的命名规范	string	—	
[nzTheme]	图标主题风格。可选实心、描线、双色等主题风格，适用于官方图标	'fill' | 'outline' | 'twotone'	'outline'	支持全局配置
[nzSpin]	是否有旋转动画	boolean	false	
[nzTwotoneColor]	仅适用双色图标，设置双色图标的主要颜色，默认为 Ant Design 蓝色	string（十六进制颜色）	—	支持全局配置
[nzIconfont]	指定来自 IconFont 的图标类型	string		
[nzRotate]	图标旋转角度（7.0.0 开始支持）	number		

7. nz-divider 分隔线。直接使用 nz-divider 标签，分隔线的属性见表 7.3 所示。

表 7.3 nz-divider 分隔线属性

参 数	说 明	类 型	默认值
[nzDashed]	是否虚线	boolean	false
[nzType]	水平还是垂直类型	'horizontal' | 'vertical'	'horizontal'
[nzText]	中间文字	string | TemplateRef<void>	—
[nzPlain]	文字是否显示为普通正文样式	boolean	false
[nzOrientation]	中间文字位置	'center' | 'left' | 'right'	'center'

7.2 案例：Ng-Zorro-Antd——页面布局

7.2.1 案例描述

设计一个案例，利用 Ng-Zorro-Antd 布局实现相应的页面布局效果。

7.2.2 实现效果

案例实现效果如图 7.3 所示。左侧是导航栏，包括 Dashboard 和 Form 两个导航面板，在 Dashboard 导航面板中又包含四个导航项：Welcome、Monitor、Workplace、GridLayout，Form 面板中只包含 Basic Form 导航项。当单击导航面板时会展开或折叠导航项，当单击导航项时会在右侧窗口中显示相应内容，图中显示的是单击 GridLayout 导航项时效果，这是一种栅格布局，包括水平方向单行布局和垂直方向两行两列布局。当单击标题左侧的图标时会展开或折叠导航面栏。

视频

Ng-Zorro-Antd——页面布局

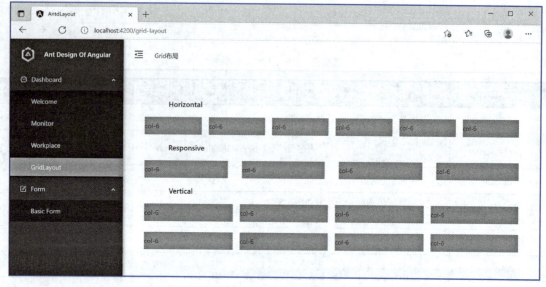

图 7.3 Ng-Zorro-Antd 布局案例的运行效果

7.2.3 案例实现

（1）创建带路由的项目：AntdLayout。建立过程中不要跳过依赖安装，直接利用命令：ng new AntdLayout 一次性创建完成，或者跳过安装依赖后使用 npm 安装依赖，不能使用 cnpm 安装依赖。

（2）安装 ng-zorro-antd 组件库。安装过程中的选项如下：

```
> ng add ng-zorro-antd
? Would you like to share anonymous usage data about this project with
the Angular Team at Google under Google's Privacy Policy at https://
policies.google.com/privacy? For more details and how to change this
setting, see http://angular.io/analytics. Yes

Thank you for sharing anonymous usage data. Would you change your mind,
the following command will disable this feature entirely:

    ng analytics project off

Installing packages for tooling via npm.
Installed packages for tooling via npm.
? Enable icon dynamic loading [ Detail: https://ng.ant.design/components/
icon/en ] Yes
? Set up custom theme file [ Detail: https://ng.ant.design/docs/customize-
theme/en ] Yes
? Choose your locale code: zh_CN
? Choose template to create project: sidemenu
```

（3）运行项目。运行界面如图 7.4 所示。

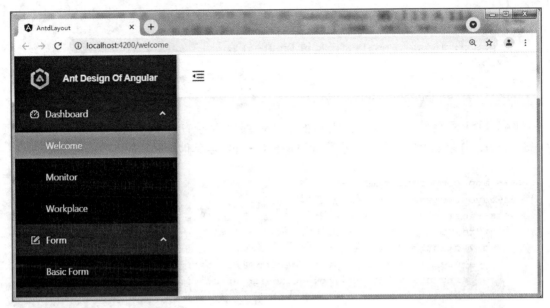

图 7.4 Ng-Zorro-Antd 布局案例的初始运行效果

（4）创建组件。在图 7.4 中只有单击 Welcome 导航项时才能实现路由，而单击其他导航项时没有反应。为了实现导航路由，同时添加一个导航项，这里需要创建三个组件：monitor、workplace 和 grid-layout，如果按照以前组件的命令创建会出现错误，因为目前的项目中除了具有 app 模块外，还有 welcome 模块，因此在创建组件时需要通过命令指定组件所在的模块，一般要添加到 app 模块中，因此在命令后面添加 --module = app，如创建 monitor 组件的命令如下：

```
ng g component pages/monitor --module = app
```

（5）路由配置。将每个组件进行路由配置，代码如下。路由配置完成后，单击左侧导航栏中的 Monitor、Workplace 和 GridLayout 导航项，它们对应的组件将显示在右侧窗口中。

```
// app-routing.module.ts
import { NgModule } from '@angular/core';
import { Routes, RouterModule } from '@angular/router';
import { GridLayoutComponent } from './pages/grid-layout/grid-layout.component';
import { MonitorComponent } from './pages/monitor/monitor.component';
import { WorkplaceComponent } from './pages/workplace/workplace.component';

const routes: Routes = [
  { path: '', pathMatch: 'full', redirectTo: '/welcome' },
  { path: 'welcome', loadChildren: () = >
 import('./pages/welcome/welcome.module' ).then(m = > m.WelcomeModule) },
  { path: 'monitor', component: MonitorComponent },         // 新添加路由配置
  { path: 'workplace', component: WorkplaceComponent },     // 新添加路由配置
  { path: 'grid-layout', component: GridLayoutComponent }   // 新添加路由配置
];
```

```
@NgModule({
  imports: [RouterModule.forRoot(routes)],
  exports: [RouterModule]
})
export class AppRoutingModule { }
```

（6）设计根组件模板内容，代码如下。在根组件原有代码基础上添加一个导航项 GridLayout，并参照 Welcome 导航项设置 Dashboar 面板中其他导航项的路由链接。

```
<!-- app.component.html -->
<nz-layout class = "app-layout">
  <nz-sider class = "menu-sidebar" nzCollapsible nzWidth = "256px"
    nzBreakpoint = "md" [(nzCollapsed)] = "isCollapsed" [nzTrigger] = "null">
    <div class = "sidebar-logo">
      <a href = "https://ng.ant.design/" target = "_blank">
        <img src = "https://ng.ant.design/assets/img/logo.svg" alt = "logo">
        <h1>Ant Design Of Angular</h1>
      </a>
    </div>
    <ul nz-menu nzTheme = "dark" nzMode = "inline" [nzInlineCollapsed] = "isCollapsed">
      <li nz-submenu nzOpen nzTitle = "Dashboard" nzIcon = "dashboard">
        <ul>
          <li nz-menu-item nzMatchRouter>
            <a routerLink = "/welcome">Welcome</a>
          </li>
          <li nz-menu-item nzMatchRouter>
            <a [routerLink] = "['/monitor']">Monitor</a>
          </li>
          <li nz-menu-item nzMatchRouter>
            <a [routerLink] = "['/workplace']">Workplace</a>
          </li>
          <li nz-menu-item nzMatchRouter>
            <a [routerLink] = "['/grid-layout']">GridLayout</a>
          </li>
        </ul>
      </li>
      <li nz-submenu nzOpen nzTitle = "Form" nzIcon = "form">
        <ul>
          <li nz-menu-item nzMatchRouter>
            <a>Basic Form</a>
          </li>
        </ul>
      </li>
    </ul>
  </nz-sider>
  <nz-layout>
    <nz-header>
      <div class = "app-header">
```

```
            <span class = "header-trigger" (click) = "isCollapsed = !isCollapsed">
              <i class = "trigger" nz-icon [nzType] = "isCollapsed ?
                'menu-unfold' : 'menu-fold'"></i>
            </span>
            <span>Grid 布局 </span>
          </div>
        </nz-header>
        <nz-content>
          <div class = "inner-content">
            <router-outlet></router-outlet>
          </div>
        </nz-content>
      </nz-layout>
</nz-layout>
```

（7）NzGridModule 和 NzDividerModule 模块的引入和注册。为了实现栅格布局和分隔线，需要在 app.module.ts 文件中导入和注册 NzGridModule 和 NzDividerModule 模块，代码如下：

```
// app.module.ts
import { NgModule } from '@angular/core';
import { BrowserModule } from '@angular/platform-browser';

import { AppRoutingModule } from './app-routing.module';
import { AppComponent } from './app.component';
import { NZ_I18N } from 'ng-zorro-antd/i18n';
import { zh_CN } from 'ng-zorro-antd/i18n';
import { registerLocaleData } from '@angular/common';
import zh from '@angular/common/locales/zh';
import { FormsModule } from '@angular/forms';
import { HttpClientModule } from '@angular/common/http';
import { BrowserAnimationsModule } from '@angular/platform-browser/animations';
import { IconsProviderModule } from './icons-provider.module';
import { NzLayoutModule } from 'ng-zorro-antd/layout';
import { NzMenuModule } from 'ng-zorro-antd/menu';
import { MonitorComponent } from './pages/monitor/monitor.component';
import { WorkplaceComponent } from './pages/workplace/workplace.component';
import { GridLayoutComponent } from './pages/grid-layout/grid-layout.component';

import { NzGridModule } from 'ng-zorro-antd/grid';
import { NzDividerModule } from 'ng-zorro-antd/divider';

registerLocaleData(zh);

@NgModule({
  declarations: [
    AppComponent,
    MonitorComponent,
    WorkplaceComponent,
    GridLayoutComponent
```

```
  ],
  imports: [
    BrowserModule,
    AppRoutingModule,
    FormsModule,
    HttpClientModule,
    BrowserAnimationsModule,
    IconsProviderModule,
    NzLayoutModule,
    NzMenuModule,

    NzGridModule,
    NzDividerModule
  ],
  providers: [{ provide: NZ_I18N, useValue: zh_CN }],
  bootstrap: [AppComponent]
})
export class AppModule { }
```

（8）设计 grid-layout 组件模板内容，在该组件模板中实现栅格布局，代码如下：

```
<!-- grid-layout.component.html -->
<nz-divider nzOrientation = "left" nzText = "Horizontal"></nz-divider>

<div nz-row [nzGutter] = "16">
    <div nz-col class = "gutter-row" [nzSpan] = "4">
        <div class = "inner-box">col-6</div>
    </div>
    <div nz-col class = "gutter-row" [nzSpan] = "4">
        <div class = "inner-box">col-6</div>
    </div>
    <div nz-col class = "gutter-row" [nzSpan] = "4">
        <div class = "inner-box">col-6</div>
    </div>
    <div nz-col class = "gutter-row" [nzSpan] = "4">
        <div class = "inner-box">col-6</div>
    </div>
    <div nz-col class = "gutter-row" [nzSpan] = "4">
        <div class = "inner-box">col-6</div>
    </div>
    <div nz-col class = "gutter-row" [nzSpan] = "4">
        <div class = "inner-box">col-6</div>
    </div>

</div>

<nz-divider nzOrientation = "left" nzText = "Responsive"></nz-divider>
<div nz-row [nzGutter] = "{ xs: 8, sm: 16, md: 24, lg: 32 }">
    <div nz-col class = "gutter-row" [nzSpan] = "6">
```

```
            <div class = "inner-box">col-6</div>
        </div>
        <div nz-col class = "gutter-row" [nzSpan] = "6">
            <div class = "inner-box">col-6</div>
        </div>
        <div nz-col class = "gutter-row" [nzSpan] = "6">
            <div class = "inner-box">col-6</div>
        </div>
        <div nz-col class = "gutter-row" [nzSpan] = "6">
            <div class = "inner-box">col-6</div>
        </div>
</div>

<nz-divider nzOrientation = "left" nzText = "Vertical"></nz-divider>
<div nz-row [nzGutter] = "[16, 24]">
        <div nz-col class = "gutter-row" [nzSpan] = "6">
            <div class = "inner-box">col-6</div>
        </div>
        <div nz-col class = "gutter-row" [nzSpan] = "6">
            <div class = "inner-box">col-6</div>
        </div>
        <div nz-col class = "gutter-row" [nzSpan] = "6">
            <div class = "inner-box">col-6</div>
        </div>
        <div nz-col class = "gutter-row" [nzSpan] = "6">
            <div class = "inner-box">col-6</div>
        </div>
        <div nz-col class = "gutter-row" [nzSpan] = "6">
            <div class = "inner-box">col-6</div>
        </div>
        <div nz-col class = "gutter-row" [nzSpan] = "6">
            <div class = "inner-box">col-6</div>
        </div>
        <div nz-col class = "gutter-row" [nzSpan] = "6">
            <div class = "inner-box">col-6</div>
        </div>
        <div nz-col class = "gutter-row" [nzSpan] = "6">
            <div class = "inner-box">col-6</div>
        </div>
</div>
```

（9）定义 grid-layout 组件样式类，代码如下：

```
// grid-layout.component.scss
nz-divider {
    color: #333;
    font-weight: normal;
}
```

```
.inner-box {
  background: #0092ff;
  padding: 8px 0;
}
```

7.2.4 知识要点

（1）nz-layout 布局容器。其下可嵌套 nz-header、nz-sider、nz-content、nz-footer 或 nz-layout 本身，可以放在任何父容器中。

① nz-header：顶部布局，自带默认样式，其下可嵌套任何元素，只能放在 nz-layout 中。

② nz-sider：侧边栏，自带默认样式及基本功能，其下可嵌套任何元素，只能放在 nz-layout 中。

③ nz-content：内容部分，自带默认样式，其下可嵌套任何元素，只能放在 nz-layout 中。

④ nz-footer：底部布局，自带默认样式，其下可嵌套任何元素，只能放在 nz-layout 中。

（2）Grid 栅格布局概述。

① 在多数情况下，Ant Design 将整个设计建议区域按照 24 等分的原则进行划分，划分之后的信息区块称之为"盒子"。建议横向排列的盒子数量最多四个，最少一个。设计部分基于盒子的单位定制盒子内部的排版规则，以保证视觉层面的舒适感。

② 布局的栅格化系统是基于行（row）和列（col）来定义信息区块的外部框架，以保证页面的每个区域能够稳健地排布起来。

（3）Grid 栅格布局的工作原理。

① 通过 row 在水平方向建立一组 column（简写 col）。

② 内容应当放置于 col 内，并且只有 col 可以作为 row 的直接元素。

③ 栅格系统中的列用 1 到 24 的值来表示其跨越的范围。例如，三个等宽的列可以使用 <div nz-col [nzSpan] = "8" /> 来创建。

④ 如果一个 row 中的 col 总和超过 24，那么多余的 col 会作为一个整体另起一行排列。

（4）Grid 栅格布局模块。Grid 栅格布局模块是 NzGridModule，使用之前必须先导入该模块。

```
import { NzGridModule } from 'ng-zorro-antd/grid';
```

（5）Grid 栅格布局基础组件。使用单一的一组 nz-row 和 nz-col 栅格组件，就可以创建一个基本的栅格系统，所有列（nz-col）必须放在 nz-row 内。nz-row 和 nz-col 栅格组件成员分别见表 7.4 和表 7.5。

表 7.4 nz-row 栅格组件属性

成员	说明	类型
[nzAlign]	垂直对齐方式	'top' | 'middle' | 'bottom'
[nzGutter]	栅格间隔，可以写成像素值或支持响应式的对象写法来设置水平间隔 { xs: 8, sm: 16, md: 24 }。或者使用数组形式同时设置 [水平间距, 垂直间距]。	string | number | object | [number, number] | [object, object]
[nzJustify]	水平排列方式	'start' | 'end' | 'center' | 'space-around' | 'space-between'

表 7.5 nz-col 栅格组件属性

成 员	说 明	类 型
[nzFlex]	flex 布局属性	string | number
[nzOffset]	栅格左侧的间隔格数，间隔内不可以有栅格	number
[nzOrder]	栅格顺序	number
[nzPull]	栅格向左移动格数	number
[nzPush]	栅格向右移动格数	number
[nzSpan]	栅格占位格数，为 0 时相当于 display: none	number
[nzXs]	<576 px 响应式栅格，可为栅格数或一个包含其他属性的对象	number | object
[nzSm]	≥ 576 px 响应式栅格，可为栅格数或一个包含其他属性的对象	number | object
[nzMd]	≥ 768 px 响应式栅格，可为栅格数或一个包含其他属性的对象	number | object
[nzLg]	≥ 992 px 响应式栅格，可为栅格数或一个包含其他属性的对象	number | object
[nzXl]	≥ 1200 px 响应式栅格，可为栅格数或一个包含其他属性的对象	number | object
[nzXXl]	≥ 1600 px 响应式栅格，可为栅格数或一个包含其他属性的对象	number | object

7.3 案例：Ng-Zorro-Antd——组件综合应用

7.3.1 案例描述

综合利用 Ng-Zorro-Antd 组件库中的组件设计一个案例，使用的组件包括：按钮（button）、输入框（input）、复选框（checkbox）、单选按钮（radio）、滑动条（slider）、走马灯（轮播图，carousel）、开关组件（switch）、标签页（tabs）、日期选择框（datePicker）、日历（calendar）、卡片（card）、表格（table）、modal 对话框、notification 通知提醒框、抽屉（drawer）等。

7.3.2 实现效果

案例运行后，左侧是导航栏，导航栏中有两个导航面板：Dashboard 和 Form，Dashboard 中又包含了六个导航项：Welcome、Button And Input、Checkbox And Radio、Slider And Color、Carousel And Switch、Tabs And Ohters，单击每个导航项会在右侧出现不同的效果。

（1）当单击标题左侧图标按钮时可以折叠或展开左侧导航栏，当单击左侧导航栏中的 Dashboard 和 Form 子菜单时，可以折叠或展开导航菜单项。

（2）当单击 Welcome 导航项时，右侧页面中会显示一个标题、一个水平线和两张图片，水平线中间有三个红星，当单击其中任一图片时，图片会预览显示，预览状态下可以使用鼠标拖动图片，或者通过单击右上角按钮对图片进行旋转、缩放或关闭。

（3）当单击 Button And Input 导航项时，会在右侧窗口中显示 Input 和 Button 组件，Input 组件左侧显示人民币符号￥，右侧显示 RMB，中间显示"请输入人民币"的提示，RMB 的右侧是一个"计算"按钮，Input 组件的下方是一些转换为其他类型货币的文字提示。当在输入框中输入一个数值并单击"计算"按钮后，将会在文字提示中显示该数值的人民币转换为其他货币的数值，如图 7.5 所示。

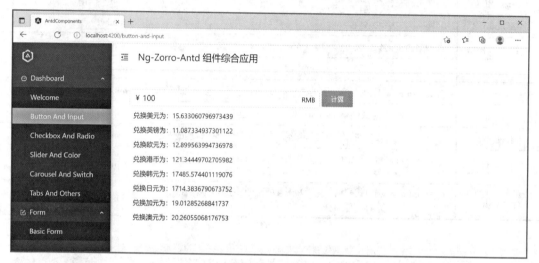

图 7.5　Button And Input 导航项显示的效果

（4）当单击 Checkbox And Radio 导航项时，会在右侧页面中显示一行文本、三个复选框和三个单选按钮组件，复选框用于控制文本的样式，包括加粗、倾斜和下划线，单选按钮用于控制字体大小，包括 20 px、25 px 和 30 px，如图 7.6 所示。

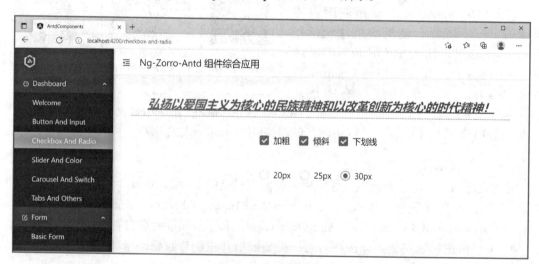

图 7.6　Checkbox And Radio 导航项的显示效果

（5）当单击 Slider And Color 导航项时，会在右侧显示四个滑动条组件，分别用于设置红、绿、蓝三种颜色值（0~255 直接）以及透明度的值（0~1 之间），组件下方是一个颜色块，通过调整四个滑动条的滑块位置时，颜色块的颜色会不断发生变化，如图 7.7 所示。

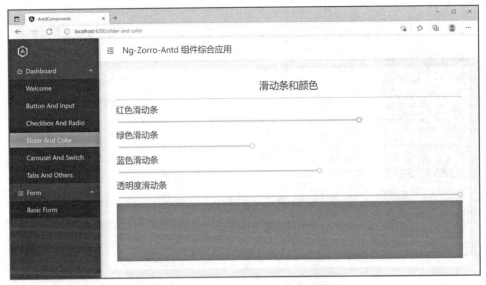

图 7.7　Slider And Color 导航项的显示效果

（6）当单击 Carousel And Switch 导航项时，会在右侧窗口中显示轮播图组件和开关组件。当"自动播放"开关组件关闭时，可以通过鼠标拖动方式调整轮播图的位置，如果打开"自动播放"开关组件，轮播图会自动播放，如果单击轮播图上方的 Bottom 按钮，则轮播图的控制点在下方显示，如果单击 Top 按钮，轮播图的控制点在上方显示，如果单击 Left 按钮，轮播图的控制点将在左方显示，此时轮播图的方向将调整为垂直播放，如果单击 Right 按钮，轮播图的控制点将在右方显示，轮播图的播放方向也是沿垂直方向，如图 7.8 所示。

图 7.8　Carousel And Switch 导航项显示的效果

（7）当单击 Tabs And Others 导航项时，会在右侧窗口中显示六个 Tab 标签页：DatePicker、Calendar、Card、Table、Modal and Info、Drawer，当单击 DatePicker 标签页时，将在该标签页显示五个日期选择框：只有年月日的日期选择框、包含时间的日期选择框、包含起止日期的日期选择框、包含日期和时间的起止日期选择框、只显示年月的日期选择框，如图 7.9 所示。

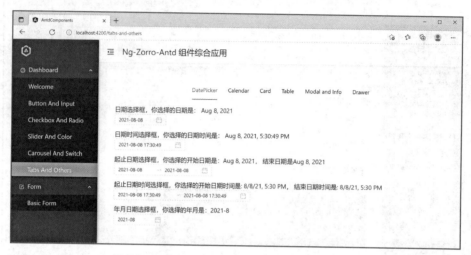

图 7.9 DatePicker 日期选择框标签页的显示效果

（8）当单击 Calendar 日历标签时，将显示日历标签页，当选择某个日期时，将会在日历上方显示你选择的日期，可以从日历右上角的年月下拉框中选择年月，当选择下拉框右侧的"月"按钮时，日历将显示年、月、日和星期，如果单击"年"按钮，日历只显示"年"下拉框，同时下方只显示月份，不能显示日和星期，如图 7.10 所示。

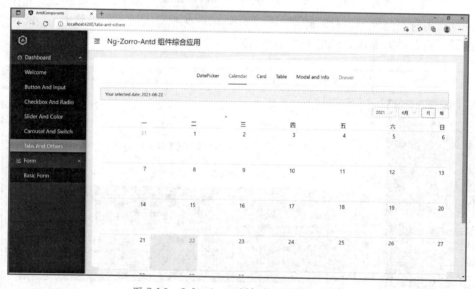

图 7.10 Calendar 日历标签页的显示效果

（9）当单击 Card 卡片标签时，将显示卡片标签页内容，本案例显示了三个卡片，每张卡片都显示卡片标题和卡片内容，卡片内容是一张图片。

（10）当单击 Table 表格标签页时，将在标签下方显示一个表格，如图 7.11 所示。如果表格行数超过一页时，可以通过单击表格右下角的左右箭头进行翻页。

图 7.11　Table 表格标签页显示的效果

（11）当单击 Modal And Info 标签页时，将显示五个按钮。单击上面的 Show Modal 按钮时将弹出一个模态对话框，当单击下方的四个按钮时，将会弹出相应的消息提示框，不同按钮显示的消息框图标是不同的，图 7.12 所示的消息提示框是单击 Success 按钮时显示的内容。

图 7.12　Modal and Info 标签页显示的效果

（12）当单击 Drawer 抽屉标签页时，将显示一个 Open 按钮，单击 Open 按钮时将在窗口右侧打开一个抽屉，其中显示相应内容，再次单击 Open 按钮时抽屉将会隐藏，如图 7.13 所示。

图 7.13　Drawer 抽屉标签页打开时显示的效果

7.3.3 案例实现

（1）建立一个带有路由的项目：AntdComponents。注意在创建时使用 ng new 命令一次性创建，尽量不要跳过安装依赖，如果跳过安装依赖，后面也要使用 npm 命令安装依赖，不能使用 cnpm 安装依赖。

（2）安装 Ng-Zorro-Antd 组件库。利用命令：ng add Ng-Zorro-Antd 安装组件库，在安装组件库时要建立带侧边菜单栏（sidemenu）的项目。

（3）配置 welcome 组件。该组件是在安装 Ng-Zorro-Antd 组件库时自动创建的组件，组件路由已经进行了自动配置。

- 在 welcome 组件中引入和注册 Antd 组件模块。为了在 welcome 组件中使用 nz-image、nz-icon 和 nz-divider 组件，首先要在 welcome 组件模块中引入并注册 nz-image、nz-icon 和 nz-divider 组件模块。

```
// welcome.module.ts
import { NgModule } from '@angular/core';
import { WelcomeRoutingModule } from './welcome-routing.module';
import { WelcomeComponent } from './welcome.component';

import { NzImageModule } from 'ng-zorro-antd/image';       // 引入 NzImageModule
import { NzDividerModule } from 'ng-zorro-antd/divider';   // 引入 NzDividerModule
import { NzIconModule } from 'ng-zorro-antd/icon';         // 引入 NzIconModule

@NgModule({
  imports: [
    WelcomeRoutingModule,
    NzImageModule,      // 注册 NzImageModule
    NzDividerModule,    // 注册 NzDividerModule
    NzIconModule        // 注册 NzIconModule
  ],
  declarations: [WelcomeComponent],
  exports: [WelcomeComponent]
})
export class WelcomeModule { }
```

- 设置 welcome 组件模板视图。其中代码：<nz-divider nzDashed [nzText] = "text"> 表示带有文本的虚线分隔线、<ng-template #text> 是分隔线中间显示的文本内容，<i nz-icon nzType = "star" nzTheme = "twotone" nzTwotoneColor = "red"> 是星型图标，nzTheme = "twotone" 表示图标的主题是双色调，nzTwotoneColor = "red" 表示双色调颜色是红色。代码 <img nz-image nzSrc = "assets/images/shenzhou.png" alt = ""> 表示 nz-image 图片，单击图片可以放大显示。

```
<!-- welcome.component.html -->
<h1>热烈祝贺神舟十二号载人飞船成功发射</h1>
<nz-divider nzDashed [nzText] = "text">
    <ng-template #text>
```

```
            <i nz-icon nzType = "star" nzTheme = "twotone" nzTwotoneColor = "red"></i>
            <i nz-icon nzType = "star" nzTheme = "twotone" nzTwotoneColor = "red"></i>
            <i nz-icon nzType = "star" nzTheme = "twotone" nzTwotoneColor = "red"></i>
    </ng-template>
</nz-divider>
<div>
    <img nz-image nzSrc = "assets/images/shenzhou.png" alt = "">
    <img nz-image nzSrc = "assets/images/shenzhou2.png" alt = "">
</div>
```

◆ 设置 welcome 组件样式。分别设置 div、h1 和 img 三种标签的样式，代码如下：

```
// welcome.component.scss
div {
    display: flex;
}

h1 {
    color       : red;
    text-align  : center;
    font-weight : bolder;
}

img {
    width : 360px;
    height: 360px;
    margin: 10px;
}
```

（4）创建并配置 button-and-input 组件。该组件用于实现人民币和其他货币之间的转换，当在输入框中输入人民币数值并单击"计算"按钮时，对应的其他货币的值将在下方显示出来。创建组件时要使用命令：ng g component pages/button-and-input --module = app，之所以要指定组件的 module 模块，因为本案例中包含了两个 module：app.module 和 welcome.module。

◆ 路由配置。新创建的组件如果要实现导航，首先要进行路由配置，以下是本案例创建的所有组件的路由配置代码，其中包含 button-and-input 组件。

```
// app.component.module.ts
import { NgModule } from '@angular/core';
import { Routes, RouterModule } from '@angular/router';
import { ButtonAndInputComponent } from './pages/button-and-input/button-and-input.component';
import { CarouselAndSwitchComponent } from './pages/carousel-and-switch/carousel-and-switch.component';
import { CheckboxAndRadioComponent } from './pages/checkbox-and-radio/checkbox-and-radio.component';
import { SliderAndColorComponent } from './pages/slider-and-color/slider-
```

```
and-color.component';
import { TabsAndOthersComponent } from './pages/tabs-and-others/tabs-and-
others.component';

const routes: Routes = [        // 手动配置
  { path: 'button-and-input', component: ButtonAndInputComponent },
  { path: 'checkbox-and-radio', component: CheckboxAndRadioComponent },
  { path: 'slider-and-color', component: SliderAndColorComponent },
  { path: 'carousel-and-switch', component: CarouselAndSwitchComponent },
  { path: 'tabs-and-others', component: TabsAndOthersComponent },
  { path: '', pathMatch: 'full', redirectTo: '/welcome' },
  { path: 'welcome', loadChildren: () = > import('./pages/welcome/welcome.
module').then(m = > m.WelcomeModule) }
];

@NgModule({
  imports: [RouterModule.forRoot(routes)],
  exports: [RouterModule]
})
export class AppRoutingModule { }
```

◆ 引入和注册 Antd 组件。为了在案例中使用 Antd 组件库中的组件，需要在项目中引入并注册需要使用的组件模块，代码如下：

```
// app.module.ts
// app.module.ts
import { BrowserModule } from '@angular/platform-browser';
import { NgModule } from '@angular/core';

import { ButtonAndInputComponent } from
  './pages/button-and-input/button-and-input.component';
import { CheckboxAndRadioComponent } from
  './pages/checkbox-and-radio/checkbox-and-radio.component';
import { SliderAndColorComponent } from
  './pages/slider-and-color/slider-and-color.component';
import { CarouselAndSwitchComponent } from
  './pages/carousel-and-switch/carousel-and-switch.component';
import { TabsAndOthersComponent } from
  './pages/tabs-and-others/tabs-and-others.component';

import { AppRoutingModule } from './app-routing.module';
import { AppComponent } from './app.component';
import { NZ_I18N } from 'ng-zorro-antd/i18n';
import { zh_CN } from 'ng-zorro-antd/i18n';
import { registerLocaleData } from '@angular/common';
import zh from '@angular/common/locales/zh';
import { FormsModule } from '@angular/forms';
import { HttpClientModule } from '@angular/common/http' ;
import { BrowserAnimationsModule } from '@angular/platform-browser/animations';
```

```typescript
import { IconsProviderModule } from './icons-provider.module';
import { NzLayoutModule } from 'ng-zorro-antd/layout';
import { NzMenuModule } from 'ng-zorro-antd/menu';

import { NzInputModule } from 'ng-zorro-antd/input'; // 以下是手动引入的组件模块
import { NzButtonModule } from 'ng-zorro-antd/button';
import { NzCheckboxModule } from 'ng-zorro-antd/checkbox';
import { NzRadioModule } from 'ng-zorro-antd/radio';
import { NzSliderModule } from 'ng-zorro-antd/slider';
import { NzCarouselModule } from 'ng-zorro-antd/carousel';
import { NzSwitchModule } from 'ng-zorro-antd/switch';
import { NzTabsModule } from 'ng-zorro-antd/tabs';
import { NzDatePickerModule } from 'ng-zorro-antd/date-picker';
import { NzCalendarModule } from 'ng-zorro-antd/calendar';
import { NzAlertModule } from 'ng-zorro-antd/alert';
import { NzCardModule } from 'ng-zorro-antd/card';
import { NzGridModule } from 'ng-zorro-antd/grid';
import { NzImageModule } from 'ng-zorro-antd/image';
import { NzTableModule } from 'ng-zorro-antd/table';
import { NzDividerModule } from 'ng-zorro-antd/divider';
import { NzModalModule } from 'ng-zorro-antd/modal';
import { NzNotificationModule } from 'ng-zorro-antd/notification';
import { NzDrawerModule } from 'ng-zorro-antd/drawer';

registerLocaleData(zh);

@NgModule({
  declarations: [
    AppComponent,
    ButtonAndInputComponent,
    CheckboxAndRadioComponent,
    SliderAndColorComponent,
    CarouselAndSwitchComponent,
    TabsAndOthersComponent
  ],
  imports: [
    BrowserModule,
    AppRoutingModule,
    FormsModule,
    HttpClientModule,
    BrowserAnimationsModule,
    IconsProviderModule,
    NzLayoutModule,
    NzMenuModule,

    NzInputModule,     // 以下是手动注册的组件模块
    NzButtonModule,
    NzCheckboxModule,
    NzRadioModule,
```

```
        NzSliderModule,
        NzCarouselModule,
        NzSwitchModule,
        NzTabsModule,
        NzDatePickerModule,
        NzCalendarModule,
        NzAlertModule,
        NzCardModule,
        NzGridModule,
        NzImageModule,
        NzTableModule,
        NzDividerModule,
        NzModalModule,
        NzNotificationModule,
        NzDrawerModule
    ],
    providers: [{ provide: NZ_I18N, useValue: zh_CN }],
    bootstrap: [AppComponent]
})
export class AppModule { }
```

◆ 设置 button-and-input 组件模板内容。其中代码：<nz-input-group nzSuffix = "RMB" nzPrefix = " ￥"> 表示 nz-input 组件组，组件中包含前缀 RMB 和后缀￥，中间代码：<input type = "text" nz-input placeholder = "请输入人民币的数值" [(ngModel)] = "CNY" /> 表示 nz-input 组件，利用 [(ngModel)] = "CNY" 实现数据双向绑定。代码：<button nz-button nzType = "primary" (click) = "calc()"> 表示输入框组件，组件类型是 primary，组件事件是 click，该事件对应的函数是 calc()。输入框组件下方是文本提示内容，其中包含了数据绑定内容。

```html
<!-- button-and-input.component.html -->
<nz-input-group nzSuffix = "RMB" nzPrefix = " ￥">
    <input type = "text" nz-input placeholder = "请输入人民币的数值"
        [(ngModel)] = "CNY" />
</nz-input-group>
<button nz-button nzType = "primary" (click) = "calc()">计算</button>
<div>兑换美元为: {{USD}}</div>
<div>兑换英镑为: {{GBP}}</div>
<div>兑换欧元为: {{EUR}}</div>
<div>兑换港币为: {{HKD}}</div>
<div>兑换韩元为: {{KRW}}</div>
<div>兑换日元为: {{JPY}}</div>
<div>兑换加元为: {{CAD}}</div>
<div>兑换澳元为: {{AUD}}</div>
```

◆ 设置 button-and-input 组件样式。这里设置了 nz-input-group、button 和 div 三种标签样式，代码如下：

```scss
// button-and-input.component.scss
nz-input-group {
    width: 50%;
}

button {
    margin: 0px 5px;
}

div {
    margin: 10px;
}
```

- 定义 button-and-input 组件业务逻辑。这里定义了各种货币属性和 calc() 函数，由于人民币属性 CNY 在模板文件的 input 组件中进行了数据双向绑定，因此 input 组件中输入的值将直接传递给这里的 CNY 属性，这样就可以直接利用 CNY 的值在 calc() 函数中计算其他货币的值，其中的汇率采用 2021-6-20 日的汇率（从网上查到）。

```typescript
// button-and-input.component.ts
import { Component, OnInit } from '@angular/core';

@Component({
  selector: 'app-button-and-input',
  templateUrl: './button-and-input.component.html',
  styleUrls: ['./button-and-input.component.scss']
})
export class ButtonAndInputComponent implements OnInit {
  constructor() { }
  ngOnInit(): void { }

  CNY: any = '';       // 定义人民币属性
  USD: number = 0;     // 定义美元属性
  GBP: number = 0;     // 定义英镑属性
  EUR: number = 0;     // 定义欧元属性
  HKD: number = 0;     // 定义港元属性
  KRW: number = 0;     // 定义韩元属性
  JPY: number = 0;     // 定义日元属性
  CAD: number = 0;     // 定义加元属性
  AUD: number = 0;     // 定义澳元属性

  calc() {   // 计算人民币与其他货币之间的转换
    this.USD = this.CNY / 6.3967;
    this.GBP = this.CNY / 9.0193;
    this.EUR = this.CNY / 7.7522;
    this.HKD = this.CNY / 0.8241;
    this.KRW = this.CNY / 0.005719;
    this.JPY = this.CNY / 0.05833;
```

```
        this.CAD = this.CNY / 5.2596;
        this.AUD = this.CNY / 4.9357;
    }
}
```

（5）创建并设计 checkbox-and-radio 组件。该组件利用 checkbox 复选框组件改变字体的样式，包括加粗、倾斜和下划线，利用 radio 单选按钮组件设置字体的大小。

◇ 定义组件模板内容。其中包含用于设置样式的文本、复选框组件和单选按钮组件。

代码：<div [ngClass] = "setClasses()" [ngStyle] = "{'font-size.px':fontSize}"> 用于设置文本样式和大小，其中 [ngClass] = "setClasses()" 用于设置文本样式，[ngStyle] = "{'font-size.px':fontSize}" 用于设置文本大小。代码 <nz-checkbox-group [(ngModel)] = "fontStyles"> 用于设置复选框按钮，其中 [(ngModel)] = "fontStyles" 实现数据双向绑定，fontStyles 是对象数组，用于设置复选框的个数和属性值。代码 <nz-radio-group [(ngModel)] = "fontSize" > 用于设置单选按钮，其中 [(ngModel)] = "fontSize" 实现了数据双向绑定，选中的单选按钮的值通过 fontSize 传递到业务逻辑。

```html
<!-- checkbox-and-radio.component.html -->
<div [ngClass] = "setClasses()" [ngStyle] = "{'font-size.px':fontSize}">
    弘扬以爱国主义为核心的民族精神和以改革创新为核心的时代精神！<br>
</div>
<hr>
<div>
    <!-- 复选框组，用于设置文本样式 -->
    <nz-checkbox-group [(ngModel)] = "fontStyles">
    </nz-checkbox-group>
</div>

<div>
    <!-- 单选按钮组，用于设置文本大小 -->
    <nz-radio-group [(ngModel)] = "fontSize">
        <label nz-radio nzValue = '20'>20px</label>
        <label nz-radio nzValue = '25'>25px</label>
        <label nz-radio nzValue = '30'>30px</label>
    </nz-radio-group>
</div>
```

◇ 定义组件样式类。这里定义了 .bold、.italic、.underline、nz-checkbox-group, nz-radio-group 样式类。

```scss
// checkbox-and-radio.component.scss
.bold {
    font-weight: bolder;
}
```

```css
.italic {
    font-style: italic;
}

.underline {
    text-decoration: underline;
}

nz-checkbox-group,
nz-radio-group {
    margin: 10px 20px;
}
```

- 定义组件业务逻辑。这里定义了字体样式属性 fontStyles、字体大小属性 fontSize、设置字体样式类函数 setClasses()、监听复选框选择变化函数 doCheckboxChange() 和监听单选按钮选择变化函数 doRadioChange()。

```typescript
// checkbox-and-radio.component.ts
import { Component, OnInit } from '@angular/core';

@Component({
  selector: 'app-checkbox-and-radio',
  templateUrl: './checkbox-and-radio.component.html',
  styleUrls: ['./checkbox-and-radio.component.scss']
})
export class CheckboxAndRadioComponent implements OnInit {
  constructor() { }
  ngOnInit(): void { }

  public fontStyles = [          // 字体样式属性数组
    { label: '加粗', value: 'isBold', checked: true },
    { label: '倾斜', value: 'isItalic', checked: false },
    { label: '下划线', value: 'isUnderline', checked: false }
  ];
  public fontSize = '20';        // 控制字体大小属性

  setClasses(): any {            // 定义 ngClass 样式类管理函数
    let classes = {
      bold: this.fontStyles[0].checked,      //bold 为"加粗"复选框的 name 值
      italic: this.fontStyles[1].checked,
      underline: this.fontStyles[2].checked
    }
    return classes;
  }

  doCheckboxChange() {           // 监听复选框选择变化函数
    this.setClasses();
  }
```

```
    doRadioChange() {  // 监听单选按钮选择变化函数
      this.fontSize = this.fontSize;
    }
}
```

（6）创建并设计 slider-and-color 组件。该组件利用四个 slider 滑动条组件改变红、绿、蓝三种颜色值及透明度的值，从而改变颜色块的颜色。

- 定义组件模板内容。这里定义了四个 nz-slider 组件，代码：<nz-slider [(ngModel)] = "red" [nzMin] = "0" [nzMax] = "255"> 是用于控制红色的滑动条组件，其中 [(ngModel)] = "red" 实现了数据双向绑定，即该组件的值通过变量 red 传递到业务逻辑，[nzMin] = "0" [nzMax] = "255" 分别表示滑动条的最小值和最大值，默认步长为 1。其他滑动条的含义与此基本相同。代码 <div class = 'colorArea' style = "background-color: rgba({{red}}, {{green}}, {{blue}}, {{alpha}})"> 用于设置颜色块，颜色块的大小通过 class = 'colorArea' 设置，颜色块的颜色通过 style = "background-color: rgba({{red}}, {{green}}, {{blue}}, {{alpha}} 来设置，其中 red、green、blue、alpha 是数据双向绑定元素。

```
<!-- slider-and-color.component.html -->
<h2>滑动条和颜色 </h2>
<hr>
<div>红色滑动条 </div>
<nz-slider [(ngModel)] = "red" [nzMin] = "0" [nzMax] = "255"></nz-slider>
<div>绿色滑动条 </div>
<nz-slider [(ngModel)] = "green" [nzMin] = "0" [nzMax] = "255"></nz-slider>
<div>蓝色滑动条 </div>
<nz-slider [(ngModel)] = "blue" [nzMin] = "0" [nzMax] = "255"></nz-slider>
<div>透明度滑动条 </div>
<nz-slider [(ngModel)] = "alpha" [nzMin] = "0" [nzMax] = "1" [nzStep] = "0.01">
</nz-slider>
<div class = 'colorArea'
     style = "background-color: rgba({{red}}, {{green}}, {{blue}}, {{alpha}})">
</div>
```

- 定义组件样式类。这里定义了 .colorArea 样式类，用于设置颜色块大小。

```
// slider-and-color.component.scss
.colorArea {
    width          : 100%;
    height         : 100px;
}
```

- 定义组件业务逻辑。这里首先定义了数据双向绑定属性变量 red、green、blue、alpha 并设置了它们的初始值，然后定义了监听滑动条滑块位置变化的函数 doColorChange()。

```
// slider-and-color.component.ts
```

```typescript
import { Component, OnInit } from '@angular/core';

@Component({
  selector: 'app-slider-and-color',
  templateUrl: './slider-and-color.component.html',
  styleUrls: ['./slider-and-color.component.scss']
})
export class SliderAndColorComponent implements OnInit {
  constructor() { }
  ngOnInit(): void { }

  public red: number = 50;        // 设置数据双向绑定属性的初始值
  public green: number = 100;
  public blue: number = 150;
  public alpha: number = 1;
}
```

（7）创建并设计 carousel-and-switch 组件。该组件用于实现轮播图效果，使四个不同颜色的界面轮流出现。轮播图上方有四个单选按钮组件和一个开关组件，四个单选按钮用于控制轮播图指示点的位置，开关组件用于控制轮播图是否自动播放。

- 设计组件的模板内容。代码：<nz-radio-group [(ngModel)] = "dotPosition"> 用于设置四个单选按钮，其中 [(ngModel)] = "dotPosition" 实现了数据双向绑定，即当选择某个单选按钮时，该单选按钮的 nzValue 值传递给变量 dotPosition，该变量的值再传递到逻辑业务文件中的对应的组件类属性，组件类属性的值再传递到本文件中的代码：<nz-carousel [nzDotPosition] = "dotPosition" [nzAutoPlay] = "autoPlay"> 中的 dotPosition，从而实现对轮播图指示点位置的控制。代码：<nz-switch [(ngModel)] = "autoPlay"> 用于设置开关组件，其中的 [(ngModel)] = "autoPlay" 实现数据双向绑定，即首先将开关组件的选择值传递给变量 autoPlay，然后再通过 autoPlay 传递给业务逻辑中的组件类属性，通过组件类属性再传递给本文件中的代码 <nz-carousel [nzDotPosition] = "dotPosition" [nzAutoPlay] = "autoPlay"> 中的 autoPlay，从而实现控制轮播图是否自动播放的目的。代码：<nz-carousel [nzDotPosition] = "dotPosition" [nzAutoPlay] = "autoPlay"> 用于设置轮播图，属性 [nzDotPosition] 用于设置轮播图指示点的位置，属性 [nzAutoPlay] 用于设置轮播图是否自动播放。代码：<div nz-carousel-content style = "background-color: red;"> 用于设置轮播图页面，共包含四个轮播图页面。

```html
<!-- carousel-and-switch.component.html -->
<h2>轮播图和开关控件 </h2>
<hr>
<nz-radio-group [(ngModel)] = "dotPosition">
    <label nz-radio-button nzValue = "bottom">Bottom</label>
    <label nz-radio-button nzValue = "top">Top</label>
    <label nz-radio-button nzValue = "left">Left</label>
    <label nz-radio-button nzValue = "right">Right</label>
</nz-radio-group>
```

```html
<span>自动播放</span>
<nz-switch [(ngModel)] = "autoPlay"></nz-switch>
<div>
    <nz-carousel [nzDotPosition] = "dotPosition" [nzAutoPlay] = "autoPlay">
        <div nz-carousel-content style = "background-color: red;">红色</div>
        <div nz-carousel-content style = "background-color: green;">绿色</div>
        <div nz-carousel-content style = "background-color: blue;">蓝色</div>
        <div nz-carousel-content style = "background-color: purple;">紫色</div>
    </nz-carousel>
</div>
```

✧ 设计组件样式类。其中定义了四个样式类：nz-radio-group、nz-carousel、h3、span。

```scss
// carousel-and-switch.component.scss
nz-radio-group {
    margin-bottom: 8px;
}

nz-carousel {
    line-height: 300px;
    height      : 260px;
    text-align  : center;
    font-size   : x-large;
    background  : #364d79;
    color       : #fff;
    overflow    : hidden;
    margin-top  : 10px;
}

h3 {
    color         : #fff;
    margin-bottom : 0;
}

span {
    margin: 0px 20px;
}
```

✧ 设计组件业务逻辑。这里在组件类中定义了两个属性变量：dotPosition 和 autoPlay 用于实现数据双向绑定。

```typescript
// carousel-and-switch.component.ts
import { Component, OnInit } from '@angular/core';

@Component({
  selector: 'app-carousel-and-switch',
  templateUrl: './carousel-and-switch.component.html',
```

```
  styleUrls: ['./carousel-and-switch.component.scss']
})
export class CarouselAndSwitchComponent implements OnInit {
  constructor() { }
  ngOnInit(): void { }

  dotPosition = 'bottom';      // 数据双向绑定属性变量,控制轮播图指示点位置
  autoPlay: boolean = false;   // 数据双向绑定属性变量,控制轮播图是否自动播放
}
```

（8）创建并设计 tabs-and-others 组件。该组件 antd 组件库中的 tabs 组件（用 nz-tabset 标签），其中包含多个 tab（使用 nz-tab 标签），这里共设计了六个 tab，每个 tab 中使用了 Antd 组件库中的相应组件。

- 设计组件模板内容。这里设计了六个标签：DatePicker（日期选择框）、Calendar（日历）、Card（卡片）、Table（表格）、Modal and Info（模态对话框和消息框）、Drawer（抽屉）。

```html
<!-- tabs-and-others.component.html -->
<nz-tabset>

    <!--DatePicker Tab-->
    <nz-tab nzTitle = "DatePicker">
        <h2> 日期选择框 </h2>
        <div> 日期选择框,你选择的日期是:
            {{myDate1|date:'mediumDate'}}
        </div>
        <nz-date-picker [(ngModel)] = "myDate1"></nz-date-picker>
        <br />
        <div> 日期时间选择框,你选择的日期时间是:
            {{myDate2|date:'medium'}}
        </div>
        <nz-date-picker nzShowTime [(ngModel)] = "myDate2"></nz-date-picker>
        <br>
        <div> 起止日期选择框,你选择的开始日期是: {{myDate3[0]|date}},
            结束日期是 {{myDate3[1]|date}}
        </div>
        <nz-range-picker [(ngModel)] = "myDate3"></nz-range-picker>
        <br>
        <div> 起止日期时间选择框,你选择的开始日期时间是:
            {{myDate4[0]|date:'short'}},
            结束日期时间是: {{myDate4[1]|date:'short'}}
        </div>
        <nz-range-picker nzShowTime [(ngModel)] = "myDate4"></nz-range-picker>
        <br>
        <div> 年月日期选择框,你选择的年月是: {{myDate5|date:'y-M'}}</div>
        <nz-date-picker nzMode = "month" [(ngModel)] = "myDate5">
        </nz-date-picker>
    </nz-tab>
```

```html
<!--Calendar Tab-->
<nz-tab nzTitle = "Calendar">
    <nz-alert nzMessage = "Your selected date:
        {{ selectedDate | date: 'yyyy-MM-dd' }}">
    </nz-alert>
    <nz-calendar [(ngModel)] = "selectedDate"></nz-calendar>
</nz-tab>

<!--Card Tab-->
<nz-tab nzTitle = "Card">
    <div style = "background: #ECECEC;padding:10px;">
        <div nz-row [nzGutter] = "8">
            <div nz-col [nzSpan] = "8">
                <nz-card nzTitle = "建党100周年图片展">
                    <img nz-image nzSrc = "assets/images/01-part.png" alt = "">
                </nz-card>
            </div>
            <div nz-col [nzSpan] = "8">
                <nz-card nzTitle = "建党100周年图片展">
                    <img nz-image nzSrc = "assets/images/02-part.png" alt = "">
                </nz-card>
            </div>
            <div nz-col [nzSpan] = "8">
                <nz-card nzTitle = "建党100周年图片展">
                    <img nz-image nzSrc = "assets/images/03-part.png" alt = "">
                </nz-card>
            </div>
        </div>
    </div>
</nz-tab>

<!--Table Tab-->
<nz-tab nzTitle = "Table">
    <nz-table #basicTable [nzData] = "listOfData">
        <thead>
            <tr>
                <th>Name</th>
                <th>Age</th>
                <th>Address</th>
                <th>Action</th>
            </tr>
        </thead>
        <tbody>
            <tr *ngFor = "let data of basicTable.data">
                <td>{{ data.name }}</td>
                <td>{{ data.age }}</td>
                <td>{{ data.address }}</td>
                <td>
```

```html
                    <a>Action 一 {{ data.name }}</a>
                    <nz-divider nzType = "vertical"></nz-divider>
                    <a>Delete</a>
                </td>
            </tr>
        </tbody>
    </nz-table>
</nz-tab>

<!--Modal and Info Tab-->
<nz-tab nzTitle = "Modal and Info">
    <button nz-button [nzType] = "'primary'" (click) = "showModal()">
        <span>Show Modal</span>
    </button>
    <nz-modal [(nzVisible)] = "isVisible" nzTitle = "The first Modal"
        (nzOnCancel) = "handleCancel()" (nzOnOk) = "handleOk()">
        <ng-container *nzModalContent>
            <p>Content one</p>
            <p>Content two</p>
            <p>Content three</p>
        </ng-container>
    </nz-modal>

    <div style = "margin: 20px;">
        <button nz-button
            (click) = "createNotification('success')"> Success
        </button>
        <button nz-button
            (click) = "createNotification('info')">Info
        </button>
        <button nz-button
            (click) = "createNotification('warning')">Warning
        </button>
        <button nz-button
            (click) = "createNotification('error')">Error
        </button>
    </div>
</nz-tab>

<!--Drawer Tab-->
<nz-tab nzTitle = "Drawer">
    <button nz-button nzType = "primary" (click) = "open()">Open</button>
    <nz-drawer [nzClosable] = "false" [nzVisible] = "visible"
        nzPlacement = "right" nzTitle = "Basic Drawer"
        (nzOnClose) = "close()">
        <ng-container *nzDrawerContent>
            <p>Some contents...</p>
            <p>Some contents...</p>
            <p>Some contents...</p>
```

```
            </ng-container>
        </nz-drawer>
    </nz-tab>

</nz-tabset>
```

- 定义组件样式类。这里定义的样式类包括：nz-date-picker, nz-range-picker、img 和 button。

```scss
// tabs-and-others.component.scss
nz-date-picker,
nz-range-picker {
  margin: 0 8px 12px 0;
}

img {
  width : 180px;
  height: 240px;
  margin: 0px;
}

button {
  margin-right: 1em;
}
```

- 设计组件业务逻辑。这里定义的样式类包括：nz-date-picker, nz-range-picker、img 和 button。

```typescript
// tabs-and-others.component.ts
import { Component, OnInit } from '@angular/core';
import { NzCalendarMode } from 'ng-zorro-antd/calendar';
import { NzNotificationService } from 'ng-zorro-antd/notification';

interface Person {    // 定义 Person 接口作为 Table 数据模型
  key: string;
  name: string;
  age: number;
  address: string;
}

@Component({
  selector: 'app-tabs-and-others',
  templateUrl: './tabs-and-others.component.html',
  styleUrls: ['./tabs-and-others.component.scss']
})
export class TabsAndOthersComponent implements OnInit {
  constructor(private notification: NzNotificationService) { }
  ngOnInit(): void { }
```

```
//DatePicker 标签部分的业务逻辑代码
myDate1: Date = new Date();  // 数据双向绑定变量定义和初始化
myDate2: Date = new Date();
myDate3: Date[] = [new Date(), new Date()];
myDate4: Date[] = [new Date(), new Date()];
myDate5: Date = new Date();

//Calendar 标签部分的业务逻辑代码
selectedDate = new Date('2021-06-22');

//Table 标签部分的业务逻辑代码
listOfData: Person[] = [  // 表格数据初始化
  {
    key: '1',
    name: 'John Brown',
    age: 32,
    address: 'New York No. 1 Lake Park'
  },
  {
    key: '2',
    name: 'Jim Green',
    age: 42,
    address: 'London No. 1 Lake Park'
  },
  {
    key: '3',
    name: 'Joe Black',
    age: 32,
    address: 'Sidney No. 1 Lake Park'
  }
];

//Modal and Info 标签部分的业务逻辑代码
isVisible = false;
showModal(): void {
  this.isVisible = true;     // 显示对话框
}

handleOk(): void {
  console.log('Button ok clicked!');
  this.isVisible = false;    // 关闭对话框
}

handleCancel(): void {
  console.log('Button cancel clicked!');
  this.isVisible = false;    // 关闭对话框
}
```

```
  createNotification(type: string): void {
    this.notification.create( //构造函数中定义的属性
      type,
      'Notification Title',
      'This is the content of the notification.'
    );
  }

  //Drawer 标签部分的业务逻辑代码
  visible = false;
  open(): void {   // 显示抽屉
    this.visible = true;
  }

  close(): void { // 关闭抽屉
    this.visible = false;
  }
}
```

7.3.4 知识要点

1. image 图片

（1）使用时加载模块：import { NzImageModule } from 'ng-zorro-antd/image';。

（2）主要功能：图片可预览，预览时可以拖动、缩放以及旋转等。

（3）用法示例：

```
<img nz-image width = "200px" height = "200px" nzSrc = "imgPath" alt = "" />
```

（4）nz-image 指令参数，见表 7.6。

表 7.6 nz-image 指令参数

参 数	说 明	类 型	默 认 值
nzSrc	图片地址	string	—
nzFallback	加载失败容错地址	string	—
nzPlaceholder	加载占位地址	string	—
nzDisablePreview	是否禁止预览	boolean	false
nzCloseOnNavigation	当用户在历史中前进/后退时是否关闭预览	boolean	false
nzDirection	文字方向	Direction	'ltr'

2. input 输入框

通过鼠标或键盘输入内容，是最基础的表单域的包装。提供组合型输入框，带搜索的输入框，还可以进行大小选择。

（1）使用时加载模块：import { NzInputModule } from 'ng-zorro-antd/input';。

（2）主要功能：

◆ 设置大小，如示例，其中，输入框定义了三种尺寸（大、默认、小），高度分别为 40 px、32 px 和 24 px。

```
<input nz-input placeholder = "large size" nzSize = "large" />
<input nz-input placeholder = "default size" nzSize = "default" />
<input nz-input placeholder = "small size" nzSize = "small" />
```

示例中输入框定义的三种尺寸（大、默认、小）的高度分别为 40 px、32 px 和 24 px，如图 7.14 所示。

图 7.14　nz-input 组件的三种尺寸

◆ 添加前后置标签用于实现固定组合，如示例：

```
<nz-input-group nzAddOnBefore = "Http://" nzAddOnAfter = ".com">
    <input type = "text" nz-input placeholder = "my site" />
```

</nz-input-group> 示例的实现效果如图 7.15 所示。

图 7.15　带有前置/后置标签的 nz-input 组件

◆ 带有搜索按钮的输入框，如示例：

```
<nz-input-group [nzSuffix] = "suffixIconSearch">
    <input type = "text" nz-input placeholder = "input search text" />
</nz-input-group>
```

示例的实现效果如图 7.16 所示。

图 7.16　带有搜索按钮的 nz-input 组件

◆ 带有眼睛图标的密码框，如示例：

```
<nz-input-group [nzSuffix] = "suffixTemplate">
    <input [type] = "passwordVisible ? 'text': 'password'" nz-input
        placeholder = "input password" [(ngModel)] = "password"  />
</nz-input-group>
<ng-template #suffixTemplate>
    <i nz-icon [nzType] = "passwordVisible ? 'eye-invisible' : 'eye'"
        (click) = "passwordVisible = !passwordVisible"></i>
</ng-template>
```

示例的实现效果如图7.17所示。

图7.17 带有眼睛图标的nz-input组件

◆ 带有前缀和后缀的输入框，如示例：

```
<nz-input-group nzSuffix = "RMB" nzPrefix = "￥">
    <input type = "text" nz-input />
</nz-input-group>
```

示例的实现效果如图7.18所示。

图7.18 带有前缀和后缀的nz-input组件

（3）nz-input指令参数，见表7.7。

表7.7 nz-input指令参数说明

参 数	说 明	类 型	默 认 值
[nzSize]	控件大小。注：标准表单内的输入框大小限制为large	'large' | 'small' | 'default'	'default'
[nzAutosize]	只可以用于textarea，自适应内容高度，可设置为boolean或对象：{ minRows: 2, maxRows: 6 }	boolean | { minRows: number, maxRows: number }	false
[nzBorderless]	是否隐藏边框	boolean	false

（4）nz-input-group指令参数，见表7.8。

表7.8 nz-input-group组件参数说明

参 数	说 明	类 型	默 认 值
[nzAddOnAfter]	带标签的input，设置后置标签，可以与nzAddOnBefore配合使用	string | TemplateRef<void>	—
[nzAddOnBefore]	带标签的input，设置前置标签，可以与nzAddOnAfter配合使用	string | TemplateRef<void>	—
[nzPrefix]	带有前缀图标的input，可以与nzSuffix配合使用	string | TemplateRef<void>	—
[nzSuffix]	带有后缀图标的input，可以与nzPrefix配合使用	string | TemplateRef<void>	—
[nzCompact]	是否用紧凑模式	boolean	false
[nzSearch]	是否用搜索框	boolean	false
[nzSize]	nz-input-group中所有的nz-input的大小	'large' | 'small' | 'default'	'default'

3. checkbox多选框

在一组可选项中进行多项选择时使用，单独使用时可以表示两种状态之间的切换，和switch类似。区别在于切换switch会直接触发状态改变，而checkbox一般用于状态标记，需要和提交操作配合。

（1）加载模块：import { NzCheckboxModule } from 'ng-zorro-antd/checkbox';。

（2）应用示例：

```
// 组件模板文件中定义
<nz-checkbox-group [(ngModel)] = "checkOptionsOne"
    (ngModelChange) = "updateSingleChecked()">
</nz-checkbox-group>
// 组件类中定义：
checkOptionsOne = [
    { label: 'Apple', value: 'Apple', checked: true },
    { label: 'Pear', value: 'Pear', checked: false },
    { label: 'Orange', value: 'Orange', checked: false }
];
```

示例的实现效果如图 7.19 所示。

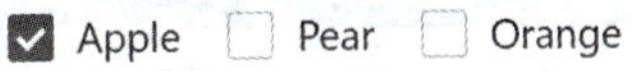

图 7.19 nz-checkbox-group 组件示例

（3）nz-checkbox 指令参数，见表 7.9。

表 7.9 nz-checkbox 指令参数

参　　数	说　　明	类　　型	默 认 值
[nzAutoFocus]	自动获取焦点	boolean	false
[nzDisabled]	设定 disable 状态	boolean	false
[ngModel]	指定当前是否选中，可双向绑定	boolean	false
[nzIndeterminate]	设置 indeterminate 状态，只负责样式控制	boolean	false
[nzValue]	仅与 nz-checkbox-wrapper 的选中回调配合使用	any	—
(ngModelChange)	选中变化时回调	EventEmitter<boolean>	—

（4）nz-checkbox-group 组件属性参数，见表 7.10。

表 7.10 nz-checkbox-group 组件参数说明

参　　数	说　　明	类　　型	默 认 值
[ngModel]	指定可选项，可双向绑定	Array<{ label: string; value: string; checked?: boolean; }>	[]
[nzDisabled]	设定全部 checkbox disable 状态	boolean	false
(ngModelChange)	选中数据变化时的回调	EventEmitter<Array<{ label: string; value: string; checked?: boolean; }>>	—

4. radio 单选框

用于在多个备选项中选中单个状态。和 select 的区别是：radio 所有选项默认可见，方便用户在比较中选择，因此选项不宜过多。

（1）加载模块：import { NzRadioModule } from 'ng-zorro-antd/radio';。

（2）基本用法示例：

```
<nz-radio-group [(ngModel)] = "radioValue">
    <label nz-radio nzValue = "A">A</label>
    <label nz-radio nzValue = "B">B</label>
    <label nz-radio nzValue = "C">C</label>
    <label nz-radio nzValue = "D">D</label>
</nz-radio-group>
```

示例实现效果如图 7.20 所示。

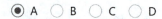

图 7.20　nz-radio-group 组件示例

(3) nz-radio 和 nz-radio-button 指令参数，见表 7.11。

表 7.11　[nz-radio] | [nz-radio-button] 指令参数说明

参　　数	说　　明	类　　型	默 认 值
[nzAutoFocus]	自动获取焦点	boolean	false
[nzDisabled]	设定 disable 状态	boolean	false
[ngModel]	指定当前是否选中，可双向绑定	boolean	false
[nzValue]	设置 value，与 nz-radio-group 配合使用	any	—
(ngModelChange)	选中变化时回调	EventEmitter<boolean>	—

(4) nz-radio-group 组件。单选框组合，用于包裹一组 nz-radio 组件。其参数见表 7.12。

表 7.12　nz-radio-group 组件参数说明

参　　数	说　　明	类　　型	默 认 值
[ngModel]	指定选中的 nz-radio 的 value 值	any	—
[nzName]	nz-radio-group 下所有 input[type = "radio"] 的 name 属性	string	—
[nzDisabled]	设定所有 nz-radio disable 状态	boolean	false
[nzSize]	大小，只对按钮样式生效	'large' | 'small' | 'default'	'default'
(ngModelChange)	选中变化时回调	EventEmitter<boolean>	—
[nzButtonStyle]	RadioButton 的风格样式，目前有描边和填色两种风格	'outline' | 'solid'	'outline'

5. slider 滑动输入条

滑动型输入器，展示当前值和可选范围。一般用于当用户需要在数值区间/自定义区间内进行选择时（可为连续或离散值）。

(1) 加载模块: import { NzSliderModule } from 'ng-zorro-antd/slider';。
(2) 基本用法示例:

```
// 组件模板中定义
<nz-slider [(ngModel)] = "value1" [nzDisabled] = "disabled"></nz-slider>
<nz-slider nzRange [(ngModel)] = "value2" [nzDisabled] = "disabled">
```

```
</nz-slider>
// 组件类中定义
disabled = false;
value1 = 30;
value2 = [20, 50];
```

示例的实现效果如图 7.21 所示。

图 7.21　nz-slider 组件示例

（3）nz-slider 组件属性参数，见表 7.13。

表 7.13　nz-slider 组件属性参数

参　　数	说　　明	类　　型	默　认　值
[nzDisabled]	值为 true 时，滑块为禁用状态	boolean	false
[nzDots]	是否只能拖动到刻度上	boolean	false
[nzIncluded]	marks 不为空对象时有效，值为 true 时表示值为包含关系，false 表示并列	boolean	true
[nzMarks]	刻度标记，key 的类型必须为 number 且取值在闭区间 [min, max] 内，每个标签可以单独设置样式	object	{ number: string/HTML } or { number: { style: object, label: string/HTML } }
[nzMax]	最大值	number	100
[nzMin]	最小值	number	0
[nzRange]	双滑块模式	boolean	false
[nzStep]	步长，取值必须大于 0，并且可被 (max − min) 整除。当 marks 不为空对象时，可以设置 step 为 null，此时 Slider 的可选值仅有 marks 标出来的部分	number | null	1
[nzTipFormatter]	Slider 会把当前值传给 nzTipFormatter，并在 Tooltip 中显示 nzTipFormatter 的返回值，若为 null，则隐藏 Tooltip	(value: number) => string	—
[ngModel]	设置当前取值。当 range 为 false 时，使用 number，否则用 [number, number]	number | number[]	—
[nzVertical]	值为 true 时，Slider 为垂直方向	boolean	false
[nzReverse]	反向坐标轴	boolean	false
[nzTooltipVisible]	值为 always 时总是显示，值为 never 时在任何情况下都不显示	'default' | 'always' | 'never'	default
[nzTooltipPlacement]	设置 Tooltip 的默认位置	string	—
(nzOnAfterChange)	与 onmouseup 触发时机一致，把当前值作为参数传入	EventEmitter<number[] | number>	—
(ngModelChange)	当 Slider 的值发生改变时，会触发 ngModelChange 事件，并把改变后的值作为参数传入	EventEmitter<number[] | number>>	—

6. Carousel 走马灯

旋转木马，一组轮播的区域。常用于以下场合：

◇ 当有一组平级的内容。

◇ 当内容空间不足时，可以用走马灯的形式进行收纳，进行轮播展现。

◇ 常用于一组图片或卡片轮播。

（1）导入模块：import { NzCarouselModule } from 'ng-zorro-antd/carousel';。

（2）应用示例：

```
// 组件模板内容:
<nz-carousel nzAutoPlay>
    <div nz-carousel-content *ngFor = "let index of array">
      <h3>{{ index }}</h3>
    </div>
</nz-carousel>

// 组件样式内容:
[nz-carousel-content] {
    text-align: center;
    height: 160px;
    line-height: 160px;
    background: #364d79;
    color: #fff;
    overflow: hidden;
}

h3 {
    color: #fff;
    margin-bottom: 0;
    user-select: none;
}

// 组件类中的属性定义
array = [1, 2, 3, 4];
```

示例的实现效果如图 7.22 所示。

图 7.22　nz-carousel 组件示例

（3）nz-carousel 组件属性参数，见表 7.14。

表 7.14　nz-carousel 组件参数说明

参　　数	说　　明	类　　型	默 认 值
[nzAutoPlay]	是否自动切换	boolean	false
[nzAutoPlaySpeed]	切换时间(毫秒)，当设置为 0 时不切换	number	3000
[nzDotRender]	Dot 渲染模板	TemplateRef<{ $implicit: number }>	—
[nzDotPosition]	面板指示点位置，可选 top、bottom、left、right	string	bottom
[nzDots]	是否显示面板指示点	boolean	true
[nzEffect]	动画效果函数，可取 scrollx、fade	'scrollx'｜'fade'	'scrollx'
[nzEnableSwipe]	是否支持手势划动切换	boolean	true
(nzAfterChange)	切换面板的回调	EventEmitter<number>	—
(nzBeforeChange)	切换面板的回调	EventEmitter<{ from: number; to: number }>	—

7. switch 开关

常用于需要表示开、关两种状态之间的切换，和 checkbox 的区别是，切换 switch 会直接触发状态改变，而 checkbox 一般用于状态标记，需要和提交操作配合。

（1）使用时需要引入以下模块：import { NzSwitchModule } from 'ng-zorro-antd/switch';。

（2）应用示例：

```
// 组件模板文件代码
<nz-switch [(ngModel)] = "switchValue">
</nz-switch>

// 组件逻辑文件中的属性定义
switchValue = false;
```

示例实现效果如图 7.23 所示，左侧图为关闭状态，右侧图为打开状态。

图 7.23　nz-switch 组件显示效果

（3）nz-switch 组件属性参数，见表 7.15。

表 7.15　nz-switch 组件属性参数

参　　数	说　　明	类　　型	默 认 值
[ngModel]	指定当前是否选中，可双向绑定	boolean	false
[nzCheckedChildren]	选中时的内容	string｜TemplateRef<void>	—
[nzUnCheckedChildren]	非选中时的内容	string｜TemplateRef<void>	—
[nzDisabled]	disable 状态	boolean	false
[nzSize]	开关大小，可选值：small、default	'small'｜'default'	'default'
[nzLoading]	加载中的开关	boolean	false
[nzControl]	是否完全由用户控制状态	boolean	false
(ngModelChange)	当前是否选中的回调	EventEmitter<boolean>	false

8. tabs 标签页

即选项卡切换组件。提供平级的区域将大块内容进行收纳和展现，保持界面整洁。Ant Design 依次提供了三级选项卡，分别用于以下不同的场景：

◇ 卡片式的页签，提供可关闭的样式，常用于容器顶部。
◇ 标准线条式页签，用于容器内部的主功能切换，这是最常用的 tabs。
◇ radiobutton 可作为更次级的页签来使用。

（1）使用时需要引入以下模块：import { NzTabsModule } from 'ng-zorro-antd/tabs';。

（2）应用示例：

```
<nz-tabset>
    <nz-tab nzTitle = "Tab 1">Content of Tab Pane 1</nz-tab>
    <nz-tab nzTitle = "Tab 2">Content of Tab Pane 2</nz-tab>
    <nz-tab nzTitle = "Tab 3">Content of Tab Pane 3</nz-tab>
</nz-tabset>
```

示例的实现效果如图 7.24 所示。

（3）nz-tabset 组件属性参数，见表 7.16。

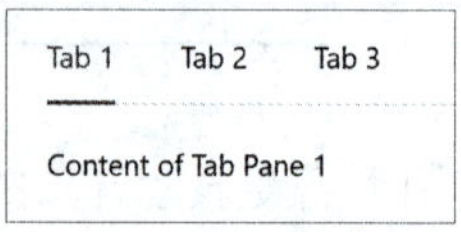

图 7.24 nz-tabset 组件显示效果

表 7.16 nz-tabset 组件参数说明

参　　数	说　　明	类　　型	默　认　值
[nzSelectedIndex]	当前激活 tab 面板的序列号，可双向绑定	number	—
[nzAnimated]	是否使用动画切换 tabs，在 nzTabPosition = top 和 bottom 时有效		boolean | {inkBar:boolean, tabPane:boolean}
[nzSize]	大小，提供 small、large 和 default 三种大小	'large' | 'small' | 'default'	'default'
[nzTabBarExtraContent]	tab bar 上额外的元素	TemplateRef<void>	—
[nzTabBarStyle]	tab bar 的样式对象	object	—
[nzTabPosition]	页签位置，可选值有 top、right、bottom、left	'top' | 'right' | 'bottom' | 'left'	'top'
[nzType]	页签的基本样式	'line' | 'card' | 'editable-card'	'line'
[nzTabBarGutter]	tabs 之间的间隙	number	—
[nzHideAll]	是否隐藏所有 tab 内容	boolean	false
[nzLinkRouter]	与 Angular 路由联动	boolean	false
[nzLinkExact]	以严格匹配模式确定联动的路由	boolean	true
[nzCanDeactivate]	决定一个 tab 是否可以被切换	NzTabsCanDeactivateFn	
[nzCentered]	标签居中展示	boolean	false
(nzSelectedIndex-Change)	当前激活 tab 面板的序列号变更回调函数	EventEmitter<number>	
(nzSelectChange)	当前激活 tab 面板变更回调函数	EventEmitter<{index: number,tab: NzTabComponent}>	—

（4） nz-tab 组件属性参数，见表 7.17。

表 7.17　nz-tab 组件参数说明

参　　数	说　　明	类　　型	默　认　值
[nzTitle]	选项卡头显示文字	string | TemplateRef<TabTemplateContext>	—
[nzForceRender]	被隐藏时是否渲染 DOM 结构	boolean	false
[nzDisabled]	是否禁用	boolean	—
(nzClick)	单击 title 的回调函数	EventEmitter<void>	—
(nzContextmenu)	右键 title 的回调函数	EventEmitter<MouseEvent>	—
(nzSelect)	tab 被选中的回调函数	EventEmitter<void>	—
(nzDeselect)	tab 被取消选中的回调函数	EventEmitter<void>	—

9. datepicker 日期选择框

datepicker 日期选择框，输入或选择日期的控件。当用户需要输入一个日期，可以单击标准输入框，弹出日期面板进行选择时使用。

（1）导入模块：import { NzDatePickerModule } from 'ng-zorro-antd/date-picker';。

注意：nz-date-picker 的部分 locale 来自于 Angular 自身的国际化支持，需要在 app.module.ts 文件中引入相应的 Angular 语言包。

```
import { registerLocaleData } from '@angular/common';
import zh from '@angular/common/locales/zh';
registerLocaleData(zh);
```

此外，所有输入输出日期对象均为 date，可以通过 date-fns 工具库获得需要的数据。

（2）应用示例：

```
<nz-date-picker [(ngModel)] = "date" (ngModelChange) = "onChange($event)">
</nz-date-picker>
<br />
<nz-date-picker nzMode = "week" [(ngModel)] = "date"
  (ngModelChange) = "getWeek($event)">
</nz-date-picker>
<br />
<nz-date-picker nzMode = "month" [(ngModel)] = "date"
  (ngModelChange) = "onChange($event)">
</nz-date-picker>
<br />
<nz-date-picker nzMode = "year" [(ngModel)] = "date"
  (ngModelChange) = "onChange($event)">
</nz-date-picker>
```

示例的实现效果如图 7.25 所示，其中包含选择日期、选择周、选择月份、选择年份。当单击某个选择框右侧图标时将弹出相应的日期窗口，选择日期后，日期将显示在选择框中。

图 7.25　nz-date-picker 组件显示效果

（3）nz-date-picker 和 nz-range-picker 组件属性参数，见表 7.18。

表 7.18　nz-date-picker 和 nz-range-picker 组件参数说明

参　　数	说　　明	类　　型	默 认 值
[nzAllowClear]	是否显示清除按钮	boolean	true
[nzAutoFocus]	自动获取焦点	boolean	false
[nzBackdrop]	浮层是否应带有背景板	boolean	false
[nzDefaultPickerValue]	默认面板日期	Date	Date[]
[nzDisabled]	禁用	boolean	false
[nzDisabledDate]	不可选择的日期	(current: Date) => boolean	—
[nzDropdownClassName]	额外的弹出日历 className	string	—
[nzFormat]	展示的日期格式，见 nzFormat 特别说明	string	—
[nzInputReadOnly]	为 input 标签设置只读属性（避免在移动设备上触发小键盘）	boolean	false
[nzLocale]	国际化配置	object	默认配置
[nzMode]	选择模式	'date'	'week'
[nzPlaceHolder]	输入框提示文字	string	''
[nzPopupStyle]	额外的弹出日历样式	object	{}
[nzRenderExtraFooter]	在面板中添加额外的页脚	TemplateRef | string | (() => TemplateRef | string)	—
[nzSize]	输入框大小，large 高度为 40 px，small 为 24 px，默认是 32 px	'large' | 'small'	—
[nzSuffixIcon]	自定义的后缀图标	string	TemplateRef
[nzBorderless]	移除边框	boolean	false
[nzInline]	内联模式	boolean	false
(nzOnOpenChange)	弹出日历和关闭日历的回调	EventEmitter<boolean>	—

10. calendar 日历

calendar 日历,按照日历形式展示数据的容器。一般用于日期或按照日期划分的日程、课表、农历等。目前支持年／月切换。

(1) 引入模块：import { NzCalendarModule } from 'ng-zorro-antd/calendar';。

注意：calendar 的部分 locale 来自于 Angular 自身的国际化支持,需要在 app.module.ts 文件中引入相应的 Angular 语言包。例如：

```
import { registerLocaleData } from '@angular/common';
import zh from '@angular/common/locales/zh';
registerLocaleData(zh);
```

(2) 应用示例：

```
@Component({
  selector: 'nz-demo-calendar-basic',
  template: ' <nz-calendar [(ngModel)] = "date" [(nzMode)] = " mode" (nzPanelChange) = "panelChange($event)"></nz-calendar> '
})
export class NzDemoCalendarBasicComponent {
  date = new Date(2012, 11, 21);
  mode: NzCalendarMode = 'month';

  panelChange(change: { date: Date; mode: string }): void {
    console.log(change.date, change.mode);
  }
}
```

选择"月"时示例的显示效果如图 7.26 所示,此时日历显示年、月、日和星期。选择"年"时示例的显示效果如图 7.27 所示,此时日历只显示年和月。

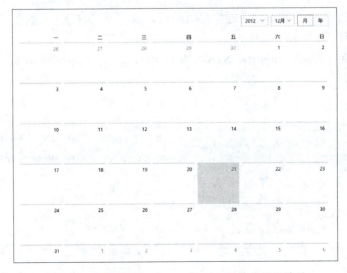

图 7.26　选择"月"时 nz-calendar 组件的显示效果

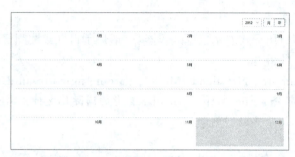

图 7.27 选择"年"时 nz-calendar 组件的显示效果

(3) nz-calendar 组件属性参数,见表 7.19。

表 7.19 nz-calendar 组件参数说明

参　　数	说　　明	类　　型	默 认 值
[(ngModel)]	(可双向绑定)展示日期	Date	当前日期
[(nzMode)]	(可双向绑定)显示模式	'month' | 'year'	'month'
[nzFullscreen]	是否全屏显示	boolean	true
[nzDateCell]	(可作为内容)自定义渲染日期单元格,模板内容会被追加到单元格	TemplateRef<Date>	—
[nzDateFullCell]	(可作为内容)自定义渲染日期单元格,模板内容覆盖单元格	TemplateRef<Date>	—
[nzMonthCell]	(可作为内容)自定义渲染月单元格,模板内容会被追加到单元格	TemplateRef<Date>	—
[nzMonthFullCell]	(可作为内容)自定义渲染月单元格,模板内容覆盖单元格	TemplateRef<Date>	—
[nzDisabledDate]	不可选择的日期	(current: Date) = > boolean	—
(nzPanelChange)	面板变化的回调	EventEmitter<{ date: Date, mode: 'month' | 'year' }>	—
(nzSelectChange)	选择日期的回调	EventEmitter<Date>	—

11. alert 警告提示

当某个页面需要向用户显示警告的信息时使用,以非浮层的静态展现形式始终展现,不会自动消失,用户可以单击关闭。

(1) 使用时导入模块: import { NzAlertModule } from 'ng-zorro-antd/alert';。

(2) 应用示例:

```
<nz-alert
  nzType = "success"
  nzMessage = "Success Tips"
  nzDescription = "Detailed description and advices about successful copywriting."
  nzShowIcon
></nz-alert>
<nz-alert
  nzType = "info"
  nzMessage = "Informational Notes"
  nzDescription = "Additional description and informations about copywriting."
  nzShowIcon
></nz-alert>
```

```
<nz-alert
  nzType = "warning"
  nzMessage = "Warning"
  nzDescription = "This is a warning notice about copywriting."
  nzShowIcon
></nz-alert>
<nz-alert
  nzType = "error"
  nzMessage = "Error"
  nzDescription = "This is an error message about copywriting."
  nzShowIcon
></nz-alert>
```

示例实现效果如图 7.27 所示。图中包含了四种类型的 alert 窗口：Success、Info、WArning、ERro，每种窗口的背景颜色和图标是不同的，图标右侧是标题，标题的下方是内容描述。

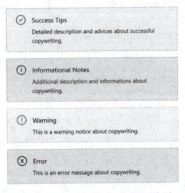

图 7.28　nz-alert 组件显示效果

（3）nz-alert 组件属性参数，见表 7.20。

表 7.20　nz-alert 组件参数

参　　数	说　　明	类　　型	默　认　值
[nzBanner]	是否用作顶部公告	boolean	false
[nzCloseable]	是否显示关闭按钮	boolean	—
[nzCloseText]	自定义关闭按钮	string | TemplateRef<void>	—
[nzDescription]	警告提示的辅助性文字介绍	string | TemplateRef<void>	—
[nzMessage]	警告提示内容	string | TemplateRef<void>	—
[nzShowIcon]	是否显示辅助图标，nzBanner 模式下默认值为 true	boolean	false
[nzIconType]	自定义图标类型，nzShowIcon 为 true 时有效	string	—
[nzType]	指定警告提示的样式，nzBanner 模式下默认值为 'warning'	'success' | 'info' | 'warning' | 'error'	'info'
(nzOnClose)	关闭时触发的回调函数	EventEmitter<void>	—

12. card 卡片

通用卡片容器，它是最基础的卡片容器，可承载文字、列表、图片、段落，常用于后台概览页面。

（1）导入模块：import { NzCardModule } from 'ng-zorro-antd/card';。

（2）应用示例：

```
<nz-card style = "width:300px;" nzTitle = "Card title" [nzExtra] = "extraTemplate">
    <p>Card content</p>
    <p>Card content</p>
    <p>Card content</p>
</nz-card>
<ng-template #extraTemplate>
    <a>More</a>
</ng-template>
```

示例实现效果如图 7.28 所示，卡片上部是标题，标题下方是内容。

图 7.29 nz-card 组件显示效果

（3）nz-card 组件属性参数，见表 7.21。

表 7.21 nz-card 组件参数

参数	说明	类型	默认值
[nzActions]	卡片操作组，位置在卡片底部	Array<TemplateRef<void>>	—
[nzBodyStyle]	内容区域自定义样式	{ [key: string]: string }	—
[nzBorderless]	是否移除边框	boolean	false
[nzCover]	卡片封面	TemplateRef<void>	—
[nzExtra]	卡片右上角的操作区域	string|TemplateRef<void>	—
[nzHoverable]	鼠标移过时可浮起	boolean	false
[nzLoading]	当卡片内容还在加载中时，可以用 loading 展示一个占位	boolean	false
[nzTitle]	卡片标题	string|TemplateRef<void>	—
[nzType]	卡片类型，可设置为 inner 或不设置	'inner'	—
[nzSize]	卡片的尺寸	'default'|'small'	'default'

13. table 表格

用于展示行列数据。当有大量结构化的数据需要展现，且需要对数据进行排序、搜索、分页、自定义操作等复杂行为时使用。

（1）导入模块：import { NzTableModule } from 'ng-zorro-antd/table';。
（2）应用示例：

```
import { Component } from '@angular/core';

interface Person {
  key: string;
  name: string;
  age: number;
  address: string;
}

@Component({
  selector: 'nz-demo-table-basic',
  template: '
    <nz-table #basicTable [nzData] = "listOfData">
      <thead>
        <tr>
          <th>Name</th>
          <th>Age</th>
          <th>Address</th>
          <th>Action</th>
        </tr>
      </thead>
      <tbody>
        <tr *ngFor = "let data of basicTable.data">
          <td>{{ data.name }}</td>
          <td>{{ data.age }}</td>
          <td>{{ data.address }}</td>
          <td>
            <a>Action 一{{ data.name }}</a>
            <nz-divider nzType = "vertical"></nz-divider>
            <a>Delete</a>
          </td>
        </tr>
      </tbody>
    </nz-table>
})
export class NzDemoTableBasicComponent {
  listOfData: Person[] = [
    {
      key: '1',
      name: 'John Brown',
      age: 32,
      address: 'New York No. 1 Lake Park'
    },
    {
      key: '2',
```

```
            name: 'Jim Green',
            age: 42,
            address: 'London No. 1 Lake Park'
        },
        {
            key: '3',
            name: 'Joe Black',
            age: 32,
            address: 'Sidney No. 1 Lake Park'
        }
    ];
}
```

示例代码如图 7.29 所示。从图中可以看出，表格上面是标题行，标题行下面是 3 行数据。当表格因列数较多不能全部显示时，可以通过单击右下角的箭头来移动表格列位置。

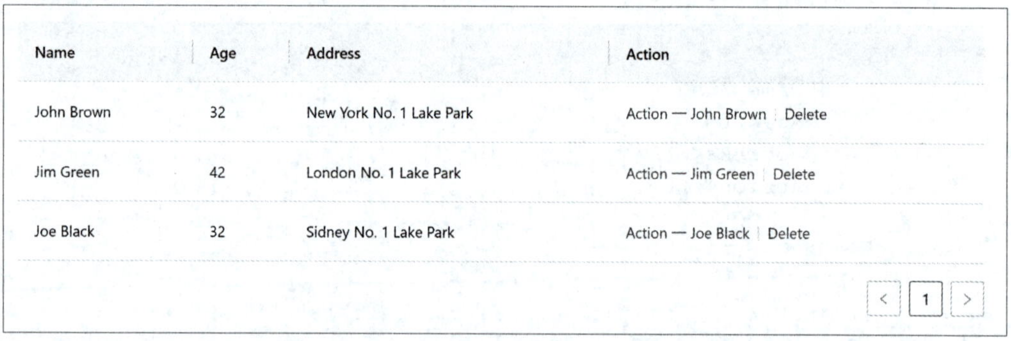

图 7.30 nz-table 组件显示效果

（3）nz-card 组件属性参数，见表 7.22。

表 7.22 nz-table 组件参数说明

参 数	说 明	类 型	默 认 值
[nzData]	数据数组	T[]	—
[nzFrontPagination]	是否在前端对数据进行分页，如果在服务器分页数据或者需要在前端显示全部数据时传入 false	boolean	true
[nzTotal]	当前总数据，在服务器渲染时需要传入	number	—
[nzPageIndex]	当前页码，可双向绑定	number	—
[nzPageSize]	每页展示多少数据，可双向绑定	number	—
[nzShowPagination]	是否显示分页器	boolean	true
[nzPaginationPosition]	指定分页显示的位置	'top' | 'bottom' | 'both'	bottom
[nzPaginationType]	指定分页显示的尺寸	'default' | 'small'	default
[nzBordered]	是否展示外边框和列边框	boolean	false
[nzOuterBordered]	是否显示外边框	boolean	false

参 数	说 明	类 型	默认值
[nzWidthConfig]	表头分组时指定每列宽度，与 th 的 [nzWidth] 不可混用	string[]	[]
[nzSize]	正常或迷你类型	'middle' | 'small' | 'default'	'default'
[nzLoading]	页面是否加载中	boolean	false
[nzLoadingIndicator]	加载指示符	TemplateRef<void>	—
[nzLoadingDelay]	延迟显示加载效果的时间（防止闪烁）	number	0
[nzScroll]	横向或纵向支持滚动，也可用于指定滚动区域的宽高度：{ x: "300px", y: "300px" }	object	—
[nzTitle]	表格标题	string | TemplateRef<void>	—
[nzFooter]	表格尾部	string | TemplateRef<void>	—
[nzNoResult]	无数据时显示内容	string | TemplateRef<void>	—
[nzPageSizeOptions]	页数选择器可选值	number[]	[10, 20, 30, 40, 50]
[nzShowQuickJumper]	是否可以快速跳转至某页	boolean	false
[nzShowSizeChanger]	是否可以改变 nzPageSize	boolean	false
[nzShowTotal]	用于显示数据总量和当前数据范围，用法参照 Pagination 组件	TemplateRef<{ $implicit: number, range: [number, number] }>	—
[nzItemRender]	用于自定义页码的结构，用法参照 Pagination 组件	TemplateRef<{ $implicit: 'page' | 'prev' | 'next', page: number }>	—
[nzHideOnSinglePage]	只有一页时是否隐藏分页器	boolean	false
[nzSimple]	当添加该属性时，显示为简单分页	boolean	—
[nzTemplateMode]	模板模式，无须将数据传递给 nzData	boolean	false
[nzVirtualItemSize]	虚拟滚动时每一列的高度，与 cdk itemSize 相同	number	0
[nzVirtualMaxBufferPx]	缓冲区最大像素高度，与 cdk maxBufferPx 相同	number	200
[nzVirtualMinBufferPx]	缓冲区最小像素高度，低于该值时将加载新结构，与 cdk minBufferPx 相同	number	100
[nzVirtualForTrackBy]	虚拟滚动数据 TrackByFunction 函数	TrackByFunction<T>	—
(nzPageIndexChange)	当前页码改变时的回调函数	EventEmitter<number>	—
(nzPageSizeChange)	页数改变时的回调函数	EventEmitter<number>	—
(nzCurrentPageDataChange)	当前页面展示数据改变的回调函数	EventEmitter<T[]>	—
(nzQueryParams)	当服务端分页、筛选、排序时，用于获得参数	EventEmitter<NzTableQueryParams>	—

14. modal 对话框

需要用户处理事务，又不希望跳转页面以致打断工作流程时，可以使用 modal 在当前页面正中打开一个浮层，承载相应的操作。另外当需要一个简洁的确认框询问用户时，可以使用精心封装好的 NzModalService.confirm() 等方法。推荐使用加载 Component 的方式弹出 modal，这样弹出层的 Component 逻辑可以与外层 Component 完全隔离，并且做到可以随时复用。在弹出层 Component 中可以通过依赖注入 NzModalRef 方式直接获取模态框的组件实例，用于控制在弹出层组件中控制模态框行为。

（1）导入模块：import { NzAlertModule } from 'ng-zorro-antd/alert';。

（2）应用示例：

```
@Component({
  selector: 'nz-demo-modal-basic',
  template: '
    <button nz-button [nzType] = "'primary'"
      (click) = "showModal()"><span>Show Modal</span>
    </button>
    <nz-modal [(nzVisible)] = "isVisible" nzTitle = "The first Modal"
      (nzOnCancel) = "handleCancel()" (nzOnOk) = "handleOk()">
      <ng-container *nzModalContent>
        <p>Content one</p>
        <p>Content two</p>
        <p>Content three</p>
      </ng-container>
    </nz-modal>
  `
})
export class NzDemoModalBasicComponent {
  isVisible = false;
  constructor() {}
  showModal(): void {
    this.isVisible = true;
  }
  handleOk(): void {
    console.log('Button ok clicked!');
    this.isVisible = false;
  }
  handleCancel(): void {
    console.log('Button cancel clicked!');
    this.isVisible = false;
  }
}
```

代码实现效果如图 7.30 所示。当单击 Show Modal 按钮后显示右侧对话框，对话框的上面是标题，中间部分是内容，右下角有"取消"和"确定"按钮，右上角是关闭按钮，可以用于关闭窗口。

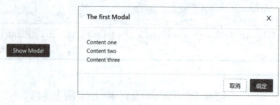

图 7.31　nz-modal 对话框示例

15. notification 通知提醒框

在系统四个角显示通知提醒信息，经常用于以下情况：
- 较为复杂的通知内容。
- 带有交互的通知，给出用户下一步的行动点。
- 系统主动推送。

（1）引入模块：import { NzNotificationModule } from t'ng-zorro-antd/notificationt';。

（2）应用示例：

```
import { Component } from '@angular/core';
import { NzNotificationService } from 'ng-zorro-antd/notification';

@Component({
  selector: 'nz-demo-notification-basic',
  template: '
    <button nz-button [nzType] = "'primary'"
        (click) = "createBasicNotification()">Open the notification box
    </button>
  `
})
export class NzDemoNotificationBasicComponent {
  constructor(private notification: NzNotificationService) {}

  createBasicNotification(): void {
    this.notification
      .blank(
        'Notification Title',
        'This is the content of the notification. This is the content of the notification. This is the content of the notification. '
      )
      .onClick.subscribe(()  = > {
        console.log('notification clicked!');
      });
  }
}
```

Notification 通知提醒框示例实现效果如图 7.31 所示。开始时显示 Open the notification box 按钮，单击该按钮时弹出右侧的通知提醒框，该提醒框上部是标题，下部是内容，右上角是"关闭"按钮，当单击"关闭"按钮时可以关闭提醒框，如果不单击"关闭"按钮，提醒框显示 4.5 秒后会自动关闭。

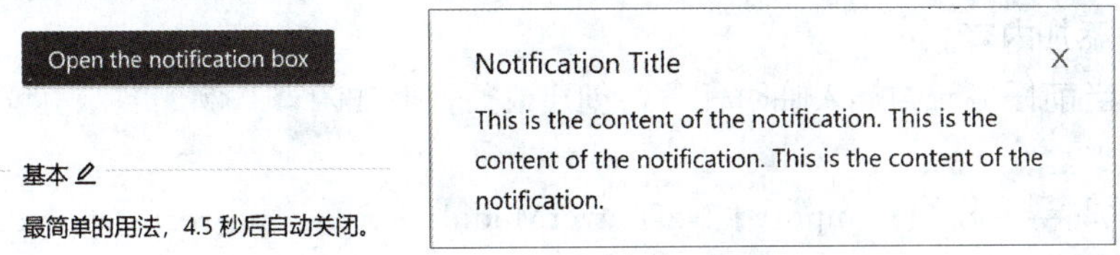

图 7.32 notification 通知提醒框示例

（3）NzNotificationService 服务提供了如下方法：
◆ NzNotificationService.blank(title, content, [options])：不带图标的提示。
◆ NzNotificationService.success(title, content, [options])。
◆ NzNotificationService.error(title, content, [options])。
◆ NzNotificationService.info(title, content, [options])。
◆ NzNotificationService.warning(title, content, [options])。
（4）NzNotificationService 方法参数说明见表 7.23。

表 7.23 NzNotificationService 服务方法参数说明

参　　数	说　　明	类　　型	默 认 值
title	标题	string	—
content	提示内容	string	—
options	支持设置针对当前提示框的参数，见表 7.24	object	—

其中 options 支持设置的参数见表 7.24。

表 7.24 options 支持设置的参数及说明

参　　数	说　　明	类　　型
nzKey	通知提示的唯一标识符	string
nzDuration	持续时间（毫秒），当设置为 0 时不消失	number
nzPauseOnHover	鼠标移上时禁止自动移除	boolean
nzAnimate	开关动画效果	boolean
nzStyle	自定义内联样式	object
nzClass	自定义 CSS class	object
nzData	任何想要在模板中作为上下文的数据	any
nzCloseIcon	自定义关闭图标	TemplateRef<void> | string

16. drawer 抽屉

抽屉从父窗体边缘滑入，覆盖住部分父窗体内容。用户在抽屉内操作时不必离开当前任务，操作完成后，可以平滑地回到原任务。经常用于以下情况：

当需要一个附加的面板来控制父窗体内容，这个面板在需要时呼出。例如控制界面展示样式、向界面中添加内容。

当需要在当前任务流中插入临时任务，创建或预览附加内容。例如展示协议条款、创建子对象等。

（1）使用时导入模块：import { NzDrawerModule } from 'ng-zorro-antd/drawer';。
（2）应用示例：

```
import { Component } from '@angular/core';

@Component({
  selector: 'nz-demo-drawer-basic-right',
  template: '
    <button nz-button nzType = "primary" (click) = "open()">Open</button>
    <nz-drawer
      [nzClosable] = "false"
      [nzVisible] = "visible"
      nzPlacement = "right"
      nzTitle = "Basic Drawer"
      (nzOnClose) = "close()"
    >
      <ng-container *nzDrawerContent>
        <p>Some contents...</p>
        <p>Some contents...</p>
        <p>Some contents...</p>
      </ng-container>
    </nz-drawer>
  `
})
export class NzDemoDrawerBasicRightComponent {
  visible = false;
  open(): void {
    this.visible = true;
  }
  close(): void {
    this.visible = false;
  }
}
```

示例实现效果如图 7.32 所示。开始时只显示 Open 按钮，当单击 Open 按钮时，在浏览器右侧弹出抽屉窗口，窗口上面是标题，下面是内容。当单击抽屉外浏览器区域时关闭抽屉。

图 7.33　nz-drawer 抽屉组件示例

（3）nz-drawer 组件属性参数，见表 7.25。

表 7.25 nz-drawer 组件属性参数

参 数	说 明	类 型	默 认 值
[nzClosable]	是否显示右上角的关闭按钮	boolean	true
[nzCloseIcon]	自定义关闭图标	string | TemplateRef<void> | null	'close'
[nzMaskClosable]	单击蒙层是否允许关闭	boolean	true
[nzMask]	是否展示遮罩	boolean	true
[nzCloseOnNavigation]	当用户在历史中前进/后退时是否关闭抽屉组件。注意，这通常不包括单击链接（除非用户使用 HashLocationStrategy）	boolean	true
[nzMaskStyle]	遮罩样式	object	{}
[nzKeyboard]	是否支持键盘 Esc 关闭	boolean	true
[nzBodyStyle]	Drawer body 样式	object	{}
[nzTitle]	标题	string | TemplateRef<void>	—
[nzFooter]	抽屉的页脚	string | TemplateRef<void>	—
[nzVisible]	Drawer 是否可见，可以使用 [(nzVisible)] 双向绑定	boolean	
[nzPlacement]	抽屉的方向	'top' | 'right' | 'bottom' | 'left'	'right'
[nzWidth]	宽度，只在方向为 'right' 或 'left' 时生效	number | string	256
[nzHeight]	高度，只在方向为 'top' 或 'bottom' 时生效	number | string	256
[nzOffsetX]	x 坐标移量 (px)，只在方向为 'right' 或 'left' 时生效	number	0
[nzOffsetY]	y 坐标移量 (px)，高度，只在方向为 'top' 或 'bottom' 时生效	number	0
[nzWrapClassName]	对话框外层容器的类名	string	
[nzZIndex]	设置 Drawer 的 z-index	number	1000
(nzOnClose)	单击遮罩层或右上角叉的回调	EventEmitter<MouseEvent>	—

7.4 案例：服务器部署——网站发布

视频
服务器部署——网站发布

7.4.1 案例描述

设计一个案例，将利用 Angular 做成的网站部署到服务器，能够利用 IP 地址或域名进行访问。

7.4.2 实现效果

案例运行后的效果如图 7.34 所示。在本机可以使用 localhost 访问网站，如图 7.34（a）所示。

在其他计算机上可以使用 IP 地址访问网站，如图 7.14（b）所示。

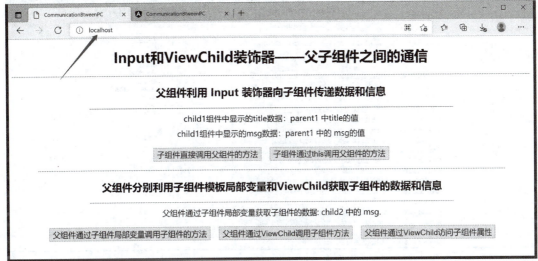

（a）利用localhost访问网站

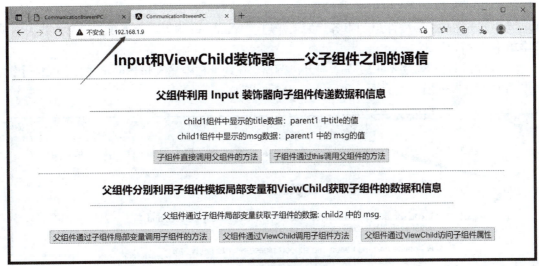

（b）利用IP地址访问网站

图 7.34　Welcome 导航项显示的效果

7.4.3　案例实现

（1）服务器选择。选择 nginx 服务器，它是一个高性能的 HTTP 和反向代理 web 服务器，同时也提供了 IMAP/POP3/SMTP 服务。

（2）服务器下载。下载网址：http://nginx.org/en/download.html，选择 Stable version 版本，Windows 系统下选择 nginx/Windows-1.20.1，如图 7.35 所示。

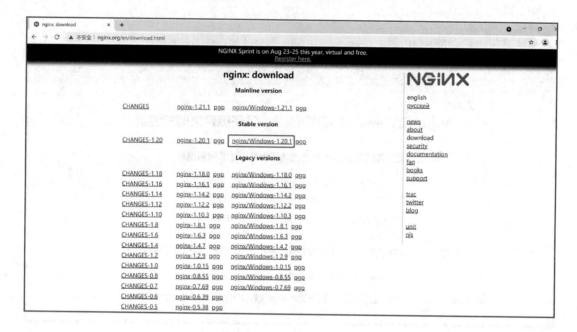

图 7.35 下载 Nginx 服务软件

（3）启动服务。下载后解压，将解压后的文件夹移动到 C 盘根目录下，然后打开该文件夹，双击其中的 Nginx.exe 文件启动服务。如果开启了 Windows 防火墙，需要在弹出的防火墙窗口中单击"允许访问"。

（4）测试服务器。启动服务后，打开浏览器，在地址栏中输入 localhost 并按【Enter】键，如果出现如图 7.36 所示的界面，表示 ngnix 启动成功。

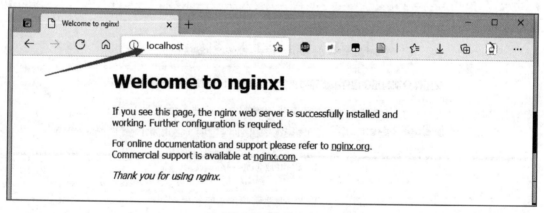

图 7.36 启动服务

（5）打包 Angular 项目。在 VS Code 中打开 Angular 项目，利用命令：ng bulid 打包项目，打包完成后会在项目根目录下生成 dist 文件夹。

（6）项目上传。将 dist 文件夹中的所有文件复制到 "C:/nginx-1.20.1/html/" 中，在粘贴时替换掉目标文件夹中的 index.html 文件。

（7）本地测试。在浏览器地址栏中输入 localhost 并按【Enter】键，若配置正确则会正常运行 Angular 项目。

（8）利用 IP 地址访问。在 cmd 面板中利用 ipconfig 命令查看本机 IPv4 地址，如图 7.37 所示。利用此 IP 地址直接在本机或者局域网内的其他计算机上访问即可。

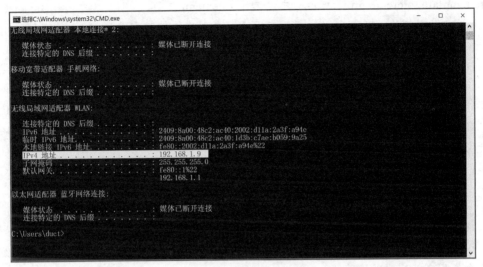

图 7.37　查看本机 IP 地址

7.4.4　知识要点

（1）Nginx 服务器简介。Nginx 是一个高性能的 HTTP 和反向代理轻量级 Web 服务器，其特点：占用内存少，处理并发能力强。Nginx 专为性能优化而开发，性能是其最重要的考量，能经受高负载的考验，能支持高达 50 000 个连接并发数。

（2）Nginx 服务器的下载、安装、启动和测试。下载网址：http://nginx.org/en/download.html，最好选择 Stable version 版本。将解压后的文件夹移动到 C 盘根目录下，然后打开该文件夹，双击其中的 Nginx.exe 文件启动服务。如果开启了 Windows 防火墙，需要在弹出的防火墙窗口中单击"允许访问"。启动服务器后在浏览器地址栏中输入 localhost，如果显示 nginx 的欢迎页面表示服务器运行正常。

（3）Angular 项目打包及上传。利用命令：ng bulid 打包项目，打包完成后会在项目根目录下生成 dist 文件夹。将 dist 文件夹中的所有文件复制到 Nginx 服务器的 html 文件夹中，在粘贴时替换掉目标文件夹中的 index.html 文件。

（4）本地和远程服务测试。在本机浏览器地址栏中输入 localhost 或本机 IP 地址并按【Enter】键，若能正常显示 Angular 项目表明部署成功。本地 IP 地址的查看命令是：ipconfig。也可以利用 IP 地址通过远程其他计算机进行测试，如果网络连接正常则会显示部署的 Angular 项目。

习　题　七

一、判断题

1．ng-zorro-antd 是开箱即用的高质量 Angular 组件库，与 Angular 保持同步升级。　　（　　）

2．ng-zorro-antd 使用 TypeScript 构建，提供完整的类型定义文件。　　（　　）

3．如果要使用 ng-zorro-antd 组件库，创建项目时可以使用 cnpm 安装依赖。（   ）

4．如果要创建带有侧边菜单栏的 Angular 应用，在安装 ng-zorro-antd 组件库时，在提示：? Choose template to create project: 后面应该选择 sidemenu 类型。（   ）

5．创建带有侧边菜单栏的 Angular 应用后，在创建组件时需要通过 "--module = app" 指明组件所属模块。（   ）

6．nz-layout 布局容器中可嵌套 nz-header、nz-sider、nz-content、nz-footer 或 nz-layout 本身。（   ）

7．nz-image 图片可预览，预览时可以拖动、缩放以及旋转图片。（   ）

8．Nginx 是一个高性能的 HTTP 和反向代理轻量级 Web 服务器，其特点：占用内存少，处理并发能力强。（   ）

二、选择题

1．安装 ng-zorro-antd 组件库的命令是（   ）。
    A．ng new ng-zorro-antd   B．ng g ng-zorro-antd
    C．ng add ng-zorro-antd   D．ng install ng-zorro-antd

2．ng-zorro-antd 是遵循 Ant Design 设计规范的 Angular UI 组件库，主要用于研发企业级中后台产品，其官网网址是（   ）。
    A．https://ng.ant.design   B．https://ng.antd.com
    C．https://ng.antd.com.cn   D．https://ng.antd.org

3．如果要使用 ng-zorro-antd 组件库中的按钮组件，需要导入的模块是（   ）。
    A．NzButtonModule   B．NzIconModule
    C．NzDividerModule   D．NzRadioModule

4．使用 ng-zorro-antd 组件库中的按钮组件正确的代码是（   ）。
    A．<nz-button nzType = "default">Default Button</nz-button >
    B．<button nz-button nzType = "default">Default Button</button>
    C．<nz-icon nzType = "default">Default Button</nz-icon >
    D．<button nz-icon nzType = "default">Default Button</button>

5．使用 ng-zorro-antd 组件库中的图标组件正确的代码是（   ）。
    A．<nz-icon nzType = "search"></nz-icon >
    B．<button nz-icon nzType = "search">Search</button>
    C．<i nz-icon nzType = "search"></i>
    D．<icon nz-icon nzType = "search"></icon>

6．使用 ng-zorro-antd 组件库中的分割线组件正确的代码是（   ）。
    A．<nz-divider nzDashed></nz-divider>
    B．<divider nz-divider nzDashed></ divider>
    C．<d nz-divider nzDashed></ d>
    D．<divide nz-divider nzDashed></ divide>

7．如果要设置 nz-button 按钮类型为虚线框，则需要设置按钮属性 nzType 的值为（   ）。
    A．primary   B．dashed   C．link   D．text

8. 如果要设置 nz-button 按钮具有复杂背景色，则需要设置按钮属性（　　）。
   A. disabled   B. nzGhost
   C. nzLoading   D. nzShape
9. 如果要设置 nz-button 按钮带有加载图标，则需要设置按钮属性（　　）。
   A. disabled   B. nzGhost
   C. nzLoading   D. nzShape
10. 如果要设置 nz-icon 图标带有旋转动画，则需要设置属性（　　）。
    A. nzType   B. nzTheme
    C. nzSpin   D. nzTwotoneColor
11. 如果要设置 nz-icon 图标为双色主题，则需要首先设置属性（　　）。
    A. nzType   B. nzTheme
    C. nzSpin   D. nzTwotoneColor
12. 如果要设置 nz-divider 分隔线中文本的位置，则需要设置属性（　　）。
    A. nzDashed   B. nzText
    C. nzPlain   D. nzOrientation
13. 在多数情况下，Ant Design 将整个设计建议区域按照（　　）等分的原则进行划分。
    A. 12   B. 24   C. 36   D. 48
14. 在栅格布局中，如果要设置3个等宽的列，可以使用代码（　　）来创建。
    A. <div nz-col [nzSpan] = "3" />
    B. <div nz-col [nzSpan] = "6" />
    C. <div nz-col [nzSpan] = "8" />
    D. <div nz-col [nzSpan] = "12" />
15. nz-row 栅格组件属性（　　）用于设置垂直对齐方式。
    A. nzAlign   B. nzGutter
    C. nzJustify   D. nzCenter
16. nz-row 栅格组件属性（　　）用于设置水平对齐方式。
    A. nzAlign   B. nzGutter
    C. nzJustify   D. nzCenter
17. nz-row 栅格组件属性（　　）用于设置栅格间隔。
    A. nzAlign   B. nzGutter
    C. nzJustify   D. nzCenter
18. nz-col 栅格组件属性（　　）用于设置栅格向左移动格数。
    A. nzOffset   B. nzOrder
    C. nzPull   D. nzPush
19. nz-col 栅格组件属性（　　）用于设置栅格顺序。
    A. nzOffset   B. nzOrder
    C. nzPull   D. nzPush
20. nz-image 图片的正确使用方法是（　　）。
    A. <nz-image width = "200px" height = "200px" nzSrc = "imgPath" alt = "" />

B. `<img nz-image width = "200px" height = "200px" nzSrc = "imgPath" alt = "" />`
C. `<img nz-image width = "200px" height = "200px" src = "imgPath" alt = "" />`
D. `<nz-image width = "200px" height = "200px" src = "imgPath" alt = "" />`

21．如果要禁止 nz-image 图片预览，需要设置属性（　　）。
  A．nzFallback   B．nzPlaceholder
  C．nzDisablePreview   D．nzDirection

22．nz-input 输入框的正确使用方法是（　　）。
  A．`<input nz-input placeholder = "large size" nzSize = "large" />`
  B．`<input nz-input placeholder = "large size" size = "large" />`
  C．`<nz-input placeholder = "large size" nzSize = "large" />`
  D．`<nz-input placeholder = "large size" size = "large" />`

23．nz-input-group 组件参数（　　）用于设置前缀图标。
  A．nzAddOnAfter   B．nzAddOnBefore
  C．nzPrefix   D．nzSuffix

24．nz-checkbox 指令参数（　　）用于指定当前复选框是否被选中，可双向绑定。
  A．nzDisabled   B．ngModel
  C．nzAutoFocus   D．nzValue

25．nz-radio 指令参数（　　）用于自动获取焦点。
  A．nzDisabled   B．ngModel
  C．nzAutoFocus   D．nzValue

26．nz-slider 组件属性参数（　　）用于设置滑块是否只能拖拽到刻度上。
  A．nzDisabled   B．nzDots
  C．nzIncluded   D．nzMarks

27．nz-slider 组件属性参数（　　）用于设置双滑块模式。
  A．nzMax   B．nzMin
  C．nzRange   D．nzStep

28．nz-carousel 组件参数（　　）用于设置是否自动切换。
  A．nzAutoPlay   B．nzAutoPlaySpeed
  C．nzDotRender   D．nzDotPosition

29．nz-carousel 组件参数（　　）用于设置动画效果函数。
  A．nzAutoPlay   B．nzEffect
  C．nzDotRender   D．nzDotPosition

30．nz-carousel 组件参数（　　）用于设置面板指示点位置。
  A．nzAutoPlay   B．nzEffect
  C．nzDotRender   D．nzDotPosition

31．nz-switch 组件属性参数（　　）用于指定当前是否选中，可双向绑定。
  A．nzDisabled   B．nzUnCheckedChildren
  C．nzCheckedChildren   D．ngModel

32．nz-tabset 组件参数（　　）用于设置是否使用动画切换 Tabs。

    A. nzSelectedIndex   B. nzAnimated
    C. nzSize   D. nzTabBarExtraContent
33. nz-tabset 组件参数（   ）用于设置标签居中展示。
    A. nzTabBarGutter   B. nzCentered
    C. nzHideAll   D. nzCanDeactivate
34. nz-date-picker 组件参数（   ）用于设置默认面板日期。
    A. nzAllowClear   B. nzAutoFocus
    C. nzBackdrop   D. nzDefaultPickerValue
35. nz-date-picker 组件参数（   ）用于设置选择模式。
    A. nzFormat   B. nzInputReadOnly
    C. nzMode   D. nzPlaceHolder
36. nz-date-picker 组件参数（   ）用于设置全屏显示。
    A. nzFullscreen   B. nzDateCell
    C. nzDateFullCell   D. nzMonthCell
37. nz-alert 组件参数（   ）用于设置是否显示关闭按钮。
    A. nzBanner   B. nzCloseable
    C. nzCloseText   D. nzDescription
38. nz-alert 组件参数（   ）用于设置是否用作顶部公告。
    A. nzBanner   B. nzCloseable
    C. nzCloseText   D. nzDescription
39. nz-alert 组件参数（   ）用于设置是否显示辅助图标。
    A. nzType   B. nzIconType
    C. nzShowIcon   D. nzDescription
40. nz-alert 组件参数（   ）用于指定警告提示的样式。
    A. nzType   B. nzIconType
    C. nzShowIcon   D. nzDescription
41. nz-card 组件参数（   ）用于设置鼠标移过时是否具有可浮起效果。
    A. nzHoverable   B. nzExtra
    C. nzCover   D. nzActions
42. nz-card 组件参数（   ）用于设置卡片标题。
    A. nzTitle   B. nzType
    C. nzCover   D. nzSize
43. nz-table 组件参数（   ）用于设置表格数据。
    A. nzData   B. nzFrontPagination
    C. nzTotal   D. nzPageIndex
44. nz-table 组件参数（   ）用于设置是否展示表格外边框和列边框。
    A. nzPageSize   B. nzShowPagination
    C. nzOuterBordered   D. nzBordered
45. 需要用户处理事务，又不希望跳转页面以致打断工作流程时，可以使用（   ）在当前页面正中打开一个浮层，承载相应的操作。

  A．Modal   B．Alert

  C．Notification   D．Dialog

46．NzNotificationService 服务提供的方法不包括（ ）。

  A．NzNotificationService.notice(title, content, [options])

  B．NzNotificationService.success(title, content, [options])

  C．NzNotificationService.error(title, content, [options])

  D．NzNotificationService.info(title, content, [options])

47．nz-drawer 组件参数（ ）用于设置是否显示右上角的关闭按钮。

  A．nzClosable   B．nzCloseIcon

  C．nzMaskClosable   D．nzMask

48．nz-drawer 组件参数（ ）用于设置是否支持键盘 esc 关闭。

  A．nzClosable   B．nzCloseIcon

  C．nzMaskClosable   D．nzKeyboard

49．测试 Nginx 服务器是否正常启动时，在浏览器的地址栏中输入（ ），如果显示 nginx 的欢迎页面表示服务器运行正常。

  A．localhost:4200   B．localhost

  C．http://nginx.org/en/download.html   D．http://nginx.org/en/

50．Angular 项目打包命令是（ ）。

  A．ng new   B．ng generate

  C．ng g   D．ng build

51．Angular 项目打包完成后会在项目根目录下生成（ ）文件夹。

  A．web   B．html   C．angular   D．dist

52．本地 IP 地址的查看命令是（ ）。

  A．localhost   B．ip   C．ipconfig   D．localip

附录
习题参考答案

习 题 一

一、判断题

题号	答案	题号	答案	题号	答案	题号	答案	题号	答案
1	√	11	×	21	√	31	√	41	×
2	√	12	×	22	√	32	×	42	×
3	×	13	√	23	√	33	√	43	×
4	√	14	×	24	√	34	×	44	√
5	√	15	√	25	×	35	√	45	√
6	×	16	√	26	√	36	√	46	×
7	√	17	√	27	√	37	×	47	×
8	√	18	√	28	√	38	√	48	×
9	×	19	×	29	√	39	√	49	√
10	√	20	√	30	×	40	×	50	√

二、选择题

题号	答案	题号	答案	题号	答案	题号	答案	题号	答案
1	B	9	A	17	D	25	D	33	B
2	A	10	A	18	D	26	D	34	C
3	B	11	D	19	B	27	C	35	B
4	D	12	A	20	B	28	D	36	B
5	D	13	B	21	B	29	D	37	D
6	C	14	D	22	D	30	A	38	C
7	A	15	A	23	D	31	C	39	B
8	C	16	A	24	A	32	D	40	C

习 题 二

一、判断题

题号	答案	题号	答案	题号	答案	题号	答案	题号	答案
1	√	2	√	3	√	4	√	5	√

二、选择题

题号	答案	题号	答案	题号	答案	题号	答案	题号	答案
1	C	12	B	23	A	34	C	45	D
2	B	13	A	24	D	35	A	46	D
3	C	14	C	25	B	36	B	47	A
4	A	15	D	26	C	37	A	48	C
5	D	16	A	27	A	38	C	49	B
6	C	17	B	28	D	39	A	50	B
7	A	18	D	29	C	40	A	51	A
8	B	19	A	30	B	41	A	52	C
9	A	20	C	31	D	42	B	53	B
10	B	21	A	32	D	43	C	54	D
11	C	22	C	33	A	44	A	55	D

习 题 三

一、判断题

题号	答案	题号	答案
1	√	2	√

二、选择题

题号	答案	题号	答案	题号	答案	题号	答案	题号	答案
1	A	7	B	13	A	19	B	25	A
2	C	8	C	14	B	20	C	26	A
3	A	9	A	15	C	21	D	27	B
4	B	10	B	16	B	22	B	28	B
5	A	11	A	17	A	23	B		
6	A	12	A	18	A	24	D		

习 题 四

一、判断题

题号	答案	题号	答案	题号	答案	题号	答案	题号	答案
1	×	6	×	11	√	16	×	21	√
2	×	7	√	12	√	17	√	22	√
3	√	8	√	13	√	18	√		
4	×	9	√	14	√	19	√		
5	√	10	√	15	×	20	√		

二、选择题

题号	答案	题号	答案	题号	答案	题号	答案	题号	答案
1	A	7	B	13	C	19	A	25	C
2	B	8	B	14	A	20	C	26	A
3	B	9	C	15	A	21	B	27	B
4	C	10	C	16	A	22	D	28	B
5	D	11	D	17	B	23	C		
6	C	12	C	18	B	24	C		

习 题 五

一、判断题

题号	答案	题号	答案	题号	答案	题号	答案	题号	答案
1	×	6	√	11	√	16	√	21	√
2	√	7	√	12	√	17	√	22	√
3	√	8	√	13	√	18	√	23	√
4	√	9	√	14	√	19	×	24	×
5	√	10	√	15	√	20	√	25	×

二、选择题

题号	答案	题号	答案	题号	答案	题号	答案	题号	答案
1	A	3	B	5	A	7	D	9	C
2	C	4	A	6	A	8	C	10	D

习 题 六

一、判断题

题号	答案	题号	答案	题号	答案	题号	答案	题号	答案
1	√	3	√	5	√	7	√	9	√
2	√	4	×	6	√	8	√	10	√

二、选择题

题号	答案	题号	答案	题号	答案	题号	答案	题号	答案
1	A	7	D	13	B	19	A	25	B
2	C	8	D	14	C	20	B	26	C
3	D	9	C	15	C	21	C	27	D
4	B	10	A	16	D	22	D	28	A
5	A	11	C	17	B	23	B	29	B
6	A	12	B	18	A	24	A	30	C

习 题 七

一、判断题

题号	答案	题号	答案	题号	答案	题号	答案
1	√	3	×	5	√	7	√
2	√	4	√	6	√	8	√

二、选择题

题号	答案	题号	答案	题号	答案	题号	答案	题号	答案
1	C	12	D	23	C	34	D	45	A
2	A	13	B	24	B	35	C	46	A
3	A	14	C	25	C	36	A	47	A
4	B	15	A	26	B	37	B	48	D
5	C	16	C	27	C	38	A	49	B
6	A	17	B	28	A	39	C	50	D
7	B	18	C	29	B	40	A	51	D
8	B	19	B	30	D	41	A	52	C
9	C	20	B	31	D	42	A		
10	C	21	C	32	B	43	A		
11	B	22	A	33	B	44	D		

参考文献

[1] 勒纳，库里，默里，等. Angular 权威教程 [M]. Nice Angular 社区，译. 北京：人民邮电出版社，2017.

[2] 基彻. 迈向 Angular 2：基于 TypeScript 的高性能 SPA 框架 [M]. 大漠穷秋，熊三，译. 北京：电子工业出版社，2016.

[3] 阿罗拉，汉尼斯. Angular 2 实例 (影印版)[M]. 南京：东南大学出版社，2017.

[4] 成龙. Angular 应用程序开发指南 [M]. 北京：人民邮电出版社，2020.